基于 FPGA 的 Qsys 实践教程

杨军 张坤 梁颖 李克丽 编著

科学出版社
北京

内 容 简 介

本书共分 9 章。第 1 章为概述；第 2 章详细介绍 VHDL 语法规范；第 3 章和第 4 章分别介绍 Quartus II 13.0、ModelSim、Nios II 13.0 软件的使用方法，并针对每款软件选择一个经典实例引导读者熟悉使用软件进行设计的过程；第 5 章介绍 9 个基于 FPGA 的基础实验，引领读者快速入门；第 6 章介绍 12 个综合实验，进一步促使读者熟练使用 FPGA 设计数字系统，掌握基本设计技巧；第 7 章是基于 Qsys 的 SOPC 系统实验，前面用 8 个实例循序渐进地讲解系统的设计，每个系统都是在前一个系统的基础上添加特殊功能构成一个新系统，这是本书的一大特点，读者可全面了解各个模块在系统设计中所起的作用，从而掌握 Qsys 系统设计的关键技术，后面用两个综合工程案例，进一步加强对 Qsys 系统的理解；第 8 章介绍使用 Quartus II 13.0、ModelSim、Nios II 13.0 设计过程中的常见错误提示和解决方法；第 9 章介绍 TD-EDA/SOPC 综合实验平台和 DE2 开发板。

本书可作为普通高等院校计算机科学与技术、信息安全、电子信息工程、通信工程、自动化等专业学生的教材，也可供从事 FPGA 开发的科研人员使用。

图书在版编目（CIP）数据

基于 FPGA 的 Qsys 实践教程/杨军等编著. —北京：科学出版社，2019.9
ISBN 978-7-03-061498-8

Ⅰ. ①基… Ⅱ. ①杨… Ⅲ. ①可编程序逻辑阵列－系统设计－教材 Ⅳ. ①TP332.1

中国版本图书馆 CIP 数据核字（2019）第 110151 号

责任编辑：于海云　董素芹 / 责任校对：王萌萌
责任印制：张　伟 / 封面设计：迷底书装

科 学 出 版 社 出版
北京东黄城根北街 16 号
邮政编码：100717
http://www.sciencep.com

北京虎彩文化传播有限公司 印刷
科学出版社发行　各地新华书店经销
*

2019 年 9 月第 一 版　开本：787×1092　1/16
2019 年 11 月第二次印刷　印张：21 3/4
字数：550 000

定价：88.00 元
（如有印装质量问题，我社负责调换）

前　言

　　基于 FPGA（Field Programmable Gate Array）的电子系统设计技术是 21 世纪电子应用工程师必备的基本技能之一，而基于 FPGA 的 SOPC（System on Programmable Chip）设计技术还是当前电子系统设计领域最前沿的重点技术之一，也是电子系统设计领域的发展趋势，将在未来电子设计领域发挥越来越重要的作用。随着现代电子设计技术的迅速发展，基于 FPGA 的 Qsys 系统设计技术应运而生，Qsys 是 Altera 公司最新的 SOPC 系统集成开发工具，用其开发 SOPC 系统不仅可以有效地提高开发者的工作效率，且相比于传统 SOPC Builder 系统互连架构，基于 NoC 体系的高性能 Qsys 互连架构可使设计的系统拥有更快的时序收敛，可较大地提升系统识别指令的速度和精度。

　　基于 Qsys 的 SOPC 设计具体包括以 32 位基于 Qsys 的 Nios Ⅱ 为核心的嵌入式系统的硬件配置、硬件设计、硬件仿真、软件设计以及软件调试等。基于 Qsys 的 SOPC 系统设计的基本软件工具包括以下几种。

　　（1）Quartus Ⅱ 13.0：用于完成 Nios Ⅱ 系统的综合、硬件优化、适配、编程下载以及硬件系统调试等。

　　（2）Qsys：提供对基于 ARM 的 Cyclone V SoC 的扩展支持，Qsys 可以在 FPGA 架构中生成业界标准 AMBA AHB 和 APB 总线接口，同时是 Altera Nios Ⅱ 嵌入式处理器开发软件包，用于实现 Nios Ⅱ 系统的配置、生成。

　　（3）ModelSim：用于对 SOPC 生成的 Nios Ⅱ 系统的 HDL 描述进行系统功能仿真。

　　（4）Nios Ⅱ 13.0：用于软件开发、调试。

　　本书的特色在于将传统的以 Quartus Ⅱ 13.0 软件、Nios Ⅱ 嵌入式系统软件和 FPGA 技术来设计数字系统的单一教材，整合为基于 FPGA 技术面向三个不同层次（基础数字系统—综合数字系统—嵌入式 Qsys 系统设计）的实践类教材。同时从可编程器件+EDA 软件+硬件描述语言+基于 Qsys 的 SOPC 现代数字系统的设计方法出发，使读者在掌握了 VHDL 或 Verilog HDL 后，进一步学习本书介绍的设计软件 Quartus Ⅱ 13.0、SOPC、Qsys、ModelSim 以及 Nios Ⅱ IDE，这对他们今后的设计工作有很大的帮助。

　　本书是作者结合近几年的实践教学经验，针对读者面临的实际问题，参考了大量设计书籍和技术文献组织编写的，在这里向这些资料的作者表示衷心的感谢。本书的实验内容充分吸纳借鉴了西安唐都科教仪器开发有限责任公司和 Altera 公司的工程师的经验和资料，尤其感谢西安唐都科教仪器开发有限责任公司的技术人员，他们在实例设计中给予了大量的技术支持，提高了本书的实用价值。

　　另外参加本书编写的李娟、田粉仙、孙欣欣、陈艳霜、毕方鸿、张玉明、田野和王璞等，在资料的收集、整理和源代码的设计、分析、仿真、硬件平台的验证等技术支持方面以及书稿的录入、排版、绘图方面做了大量的工作，在此一并向他们表示衷心的感谢！

基于 FPGA 的 Qsys 电子系统设计技术涉及的知识范围广，本书只是为初学者提供一些帮助和指导。本书还包含丰富的实例工程文件和程序源代码等电子资源，读者稍加修改便可应用于自己的工作中或者完成自己的课题。资源下载方法：打开网址 www.ecsponline.com，在页面最上方注册或通过 QQ、微信等方式快速登录，在页面搜索框输入书名，找到图书后进入图书详情页，在"资源下载"栏目中下载。

由于作者水平有限，加之编写时间仓促，书中难免有不足之处，还望读者批评指正，只要读者能从中获得一些帮助，都会令作者感到欣慰。

作 者

2019 年 5 月

目 录

第一篇 FPGA 基础

第 1 章 概述 ···1
　1.1 实验须知 ···1
　1.2 实验报告要求 ···2
第 2 章 硬件描述语言 ···3
　2.1 硬件描述语言特点 ··3
　2.2 VHDL 程序基本结构 ··3
　2.3 VHDL 程序主要构件 ··4
　　2.3.1 库 ···5
　　2.3.2 实体 ··5
　　2.3.3 结构体 ···6
　　2.3.4 包集合 ···7
　　2.3.5 配置 ··8
　2.4 VHDL 数据类型 ···10
　　2.4.1 标准数据类型 ···10
　　2.4.2 IEEE 定义的逻辑位与矢量 ··11
　　2.4.3 用户自定义数据类型 ··11
　　2.4.4 数据类型转换 ···13
　2.5 运算符 ··13
　　2.5.1 算术运算符 ··13
　　2.5.2 逻辑运算符 ··14
　　2.5.3 关系运算符 ··14
　　2.5.4 其他运算符 ··14
　　2.5.5 运算优先级 ··14
　2.6 VHDL 数据对象 ···15
　　2.6.1 常量 ··15
　　2.6.2 变量 ··15
　　2.6.3 信号 ··16
　　2.6.4 信号与变量的比较 ··17
　2.7 VHDL 基本语句 ···17

	2.7.1 并行语句	17
	2.7.2 顺序语句	25
	2.7.3 属性描述语句	30
2.8	测试基准	32
2.9	其他语句和有关规定的说明	32
	2.9.1 命名规则和注解的标记	32
	2.9.2 ATTRIBUTE（属性）描述与定义	33
	2.9.3 GENERATE 语句	41
2.10	VHDL 程序的其他构件	45
	2.10.1 块	45
	2.10.2 函数	46
	2.10.3 过程	48
	2.10.4 程序包	49
2.11	结构体的描述方法	50

第 3 章　常用 FPGA 开发工具

3.1	硬件开发工具 Quartus Ⅱ 13.0	53
	3.1.1 Quartus Ⅱ 13.0 简介	53
	3.1.2 Quartus Ⅱ 13.0 设计流程	53
	3.1.3 Quartus Ⅱ 13.0 设计方法	57
	3.1.4 Quartus Ⅱ 13.0 功能详解	58
	3.1.5 时序约束与分析	66
	3.1.6 设计优化	72
	3.1.7 SignalTap Ⅱ	79
	3.1.8 实例讲解	87
3.2	ModelSim 开发工具	95
	3.2.1 ModelSim 简介	95
	3.2.2 ModelSim 基本仿真步骤	95
	3.2.3 ModelSim 各界面介绍	99
	3.2.4 ModelSim 调试功能	103
	3.2.5 实例讲解	106
3.3	本章小结	113

第二篇　SOPC 系统

第 4 章　SOPC 系统设计入门

4.1	SOPC 技术简介	114
	4.1.1 SOPC 技术的主要特点	114
	4.1.2 SOPC 技术实现方式	115

	4.1.3 SOPC 系统开发流程	116
4.2	基于 Qsys 的 Nios II 处理器设计	117
	4.2.1 Qsys 功能	117
	4.2.2 Qsys 组成	119
	4.2.3 Qsys 组件	122
	4.2.4 Qsys 应用实例	133
4.3	本章小结	148

第三篇　FPGA 实验

第 5 章　数字系统基础实验设计 149
- 5.1 编码器实验 149
- 5.2 译码器实验 157
- 5.3 加法器实验 159
- 5.4 乘法器实验 164
- 5.5 寄存器实验 167
- 5.6 计数器实验 171
- 5.7 分频器实验 176
- 5.8 存储器实验 181
- 5.9 数据选择器实验 183

第 6 章　数字系统综合实验设计 185
- 6.1 键盘扫描输入实验 185
- 6.2 扫描数码显示器实验 189
- 6.3 点阵显示实验 191
- 6.4 交通灯控制实验 193
- 6.5 数字钟实验 196
- 6.6 液晶显示实验 197
- 6.7 PS/2 接口实验 204
- 6.8 VGA 显示实验 207
- 6.9 SPI 串行同步通信实验 210
- 6.10 电梯控制器实验 212
- 6.11 抢答器实验 214
- 6.12 数字频率计实验 216

第四篇　基于 Qsys 的 SOPC 系统实验

第 7 章　SOPC 嵌入式系统实验 223
- 7.1 流水灯实验 223

7.2　JTAG UART 通信实验 ·· 239
7.3　LCM 显示实验 ··· 247
7.4　按键中断实验 ·· 249
7.5　计数显示实验 ·· 253
7.6　串口通信实验 ·· 256
7.7　外部 Flash 扩展实验 ·· 259
7.8　添加用户组件外设实验 ·· 263
7.9　DS18B20 数字温度传感器应用实验 ··· 271
7.10　基于 PCF8563 的时钟应用 ··· 296

第五篇　常见问题与常用实验平台简介

第 8 章　常见问题 ··· 322
8.1　Quartus Ⅱ 13.0 常见问题 ·· 322
8.2　ModelSim 常见问题 ·· 327
8.3　Nios Ⅱ 13.0 常见问题 ··· 328

第 9 章　FPGA 常用综合实验平台 ··· 332
9.1　TD-EDA/SOPC 综合实验平台简介 ·· 332
9.2　DE2 开发板简介 ··· 337

参考文献 ·· 339

第一篇 FPGA 基础

第 1 章 概 述

基于 FPGA 的 Qsys 实践课程是计算机科学与技术、信息安全、电子信息工程、通信工程、自动化等专业必修的一门专业基础课。要求掌握数字逻辑的基本理论、基本分析与设计方法，具备用 VHDL（或 Verilog HDL）进行数字逻辑设计的能力，为后续专业课程的学习和今后从事数字系统设计工作打下良好的基础。基于 FPGA 的 Qsys 实践课程是一门理论与实践相结合的课程，注重提高学生对所学内容的感性认识和对知识点的理解，培养学生分析问题、解决问题的能力。

开设基于 FPGA 的 Qsys 实践课程，可以巩固、加深和拓宽课堂教学的内容；可以帮助学生更好地了解数字系统设计的思想和方法，熟悉数字系统设计自顶向下的层次概念及模块化的设计思路。随着电子技术的发展，芯片的复杂程度越来越高，用可编程逻辑器件设计出的数字系统电路，具有简化系统设计、增强系统可靠性及灵活性的优良性能。可编程技术是当前电子工程设计人员设计数字系统时所采用的先进技术手段。体现了现代 EDA 电子技术的发展动态，有较强的实际应用价值。为使学生跟上电子技术的发展步伐，我们将先进的 FPGA 技术和 Qsys 工具引入 SOPC 系统设计实验教学，目的就是让学生在初步掌握数字系统设计思想和方法的同时，能够在计算机上使用 Quartus Ⅱ 13.0 进行 VHDL（或 Verilog HDL）的编程、编译，使用专业仿真软件 ModelSim 对数字系统进行功能和时序仿真，进一步学习使用 Qsys 进行嵌入式系统设计。因此实验就是设计的过程，通过对这些设计软件平台和工具的学习运用，要求学生掌握使用 EDA 软件进行数字系统的设计与调试的方法，掌握基于 VHDL（或 Verilog HDL）的模块设计方法，最终学会多种数字系统的分析、设计、电路调试及故障查找方法。目的是培养学生在整个实验过程中耐心、细致的科研作风，鼓励他们勇于开拓创新；培养学生的实践动手能力和团队合作精神，以及分析和解决实际问题的能力。

1.1 实 验 须 知

本书对实验过程中用到的软件进行了详细的实例讲解，建议读者在开始实验之前先认真学习本书前面的理论知识，并按实例讲解进行演练，这将有助于读者快速掌握设计软件的使用。

基于 FPGA 的 Qsys 系统设计实验可分为实验准备、设计调试、实验后的总结分析并书写实验报告三个阶段。实验前要认真预习和充分准备，实验过程中仔细操作和认真记录，对实验中出现的故障和问题，要逐级按流程查找，在排除故障和问题的过程中，应对错误和问题的现象、查找错误的方法、修改后的设计方案等做详细的分析记录。为完成每次实验任务，需要做好以下三方面的工作。

(1) 实验课前必须认真预习，写出实验预习报告。学生根据实验任务书中的任务，复习相关的理论知识，了解实验目的、实验原理、实验任务及要求、实验方法、实验设备，并完成任务设计，写出预习报告。

(2) 实验课中认真仔细地操作，完成实验任务。实验过程中积极思考、认真操作、互相配合；对实验中遇到的故障、问题及解决方案进行分析、总结、归纳。

(3) 课后认真进行实验总结、分析，书写实验报告。对实验结果进行总结、分析，书写实验报告，实验报告要体现出设计者的设计实现、方法、手段，分析问题及解决问题的能力，实验的现象及结论。

1.2 实验报告要求

实验报告是实验的总结，认真填写实验报告可加深对实验的理解和掌握。实验报告的具体要求如下。

(1) 将实验预习报告和实验总结报告按规定统一排版装订成完整的实验报告。
(2) 实验报告要体现出设计者的设计思想、分析问题和解决问题的方法。
(3) 分析实验结果，判断设计电路的逻辑功能是否满足设计要求，对调试中遇到的问题及解决方法进行分析总结。
(4) 实验报告需粘贴仿真波形、引脚分配情况、封装后的元件符号等截图，并附上实验设计源程序。

第 2 章　硬件描述语言

超高速集成电路硬件描述语言(Very-High-Speed Integrated Circuit Hardware Description Language，VHDL)诞生于 1982 年。1987 年底，VHDL 被 IEEE 和美国国防部确认为标准硬件描述语言。自 IEEE 公布了 VHDL 的标准版本 IEEE-1076 之后，各 EDA 公司相继推出了自己的 VHDL 设计环境，或宣布自己的设计工具可以和 VHDL 兼容。此后 VHDL 在电子设计领域得到了广泛的认同，并逐步取代了原有的非标准硬件描述语言。1993 年，IEEE 对 VHDL 进行了修订，从更高的抽象层次和系统描述能力上扩展了 VHDL 的内容，公布了新版本的 VHDL，即 IEEE 标准的 1076—1993 版本。

2.1　硬件描述语言特点

VHDL 主要用于描述数字系统的结构、行为、功能和接口。VHDL 的语言形式、描述风格和句法与计算机高级程序语言非常类似，不同的是，VHDL 中很多语句具有硬件特征。从执行方式上看，一般的程序语言是顺序执行方式，而 VHDL 是并行执行方式。应用 VHDL 进行数字系统设计，具有以下突出优点。

(1) 系统硬件描述能力强，适于大型项目与团队合作开发。
(2) 强大的行为描述能力可以避开具体的底层器件结构的设计。
(3) 设计具有独立性，设计者可以不懂硬件结构，也不必管最终设计实现的目标器件是什么，而进行独立的设计。
(4) VHDL 符合 IEEE 工业标准，编写的模块容易实现共享和复用。
(5) 丰富的仿真语句和库函数，使得任何大系统的设计在早期就能查验功能可行性，随时对设计进行仿真模拟。
(6) 程序可读性好，符合人类的思维习惯。

2.2　VHDL 程序基本结构

下面通过一个简单的二路选择器例子，来说明一般 VHDL 程序的基本结构。图 2.2.1 所示的二路选择器，输入端为两个数据端口 d0、d1 和一个控制端口 sel，输出端为 q。这个二路选择器要完成的工作可以描述为"q 输出端根据控制端口 sel，选择相应的输入端数据进行输出"，要搭建这样一个二路选择器模块，在未接触 VHDL 之前，可以用与门、非门、或门等具体的电路底层器件按图 2.2.2 的连接方式组成，而硬件描述语言的出现，可以使我们彻底摆脱具体的电路底层器件。

采用 VHDL 描述的二路选择器如下。
【例 2-1】二路选择器的 VHDL 程序。

```
LIBRARY IEEE;
USE IEEE.STD_LOGIC_1164.ALL;
ENTITY MUX2 IS
```

```
      PORT(d0,d1: IN STD_LOGIC;
           sel: IN STD_LOGIC;
           q: OUT STD_LOGIC);
END ENTITY;
ARCHITECTURE BEHAVE OF MUX2 IS
BEGIN
  PROCESS(d0, d1, sel) IS
BEGIN
  IF sel ='0'THEN
  q<=d0;
ELSEIF sel='1'THEN
  q<=d1;
ELSE q<='Z';
END IF;
END PROCESS;
END ARCHITECTURE BEHAVE;
```

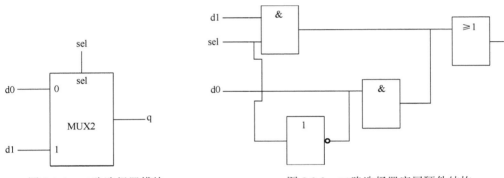

图 2.2.1　二路选择器模块　　　　图 2.2.2　二路选择器底层硬件结构

　　用 VHDL 来描述的二路选择器不需要设计者具备底层的硬件知识，整个描述符合人的思维习惯。从这个例子我们可以总结得到，一个完整的 VHDL 程序包括库的调用、程序包的调用、实体说明和结构体描述 4 个部分。

　　库和库中程序包的调用类似于高级程序语言的程序头，程序中的函数及一些数据类型如 STD_LOGIC 等都在库中的程序包中有定义，因此程序要用到这些函数及数据类型则必须调用库和库的程序包。

　　实体是 VHDL 程序的基本单元，用于说明设计系统的外部接口信息，相当于提供一个设计单元的公共信息。对于一个已经确定的系统，实体的描述是唯一的。

　　结构体用于描述相应实体的行为、功能和电路结构，特别需要注意的是结构体与实体不是一一对应的，一个实体可以对应多个结构体，但一个结构体只能对应一个实体。当一个实体有多个结构体与其对应时，在仿真综合时，就需要对实体配置所需的结构体，在这种情况下，一个完整的 VHDL 程序就还应包括配置部分。

2.3　VHDL 程序主要构件

　　VHDL 程序的基本构件包括库、实体、结构体、块、子程序(包括函数和过程)、程序包等。其中实体、结构体、库、程序包是一个完整的 VHDL 程序所必需的，块和子程序并不一定在每个 VHDL 程序中都出现。另外，在本书中，虽然所有的标识符均以大写的形式出现，事实上，在 VHDL 中，EDA 工具一般对标识符不区分大小写，但对单引号和双引号中的字母是区分的。下面先说明库、实体和结构体的使用及格式。

2.3.1 库

库(LIBRARY)是编译后数据的集合。常用的库有 IEEE 库、STD 库(VHDL 标准库)、WORK 库(作业库，调用时不需说明)。库调用的格式如下：

```
LIBRARY 库名;
```

例如：

```
LIBRARY IEEE;
USE IEEE.STD_LOGIC_1164.ALL;
USE IEEE.STD_LOGIC_UNSIGNED.ALL;
```

除了编译器已经定义好的 IEEE 库、STD 库(VHDL 标准库)及其程序包，用户还可以将一些常用的子程序等定义到用户的自定义程序包中，用户自定义的程序包将由编译器默认地归入 WORK 库中。

2.3.2 实体

实体(ENTITY)包括实体名、类属参数说明、端口说明三部分，由保留字"ENTITY"引导，格式如下：

```
ENTITY 实体名 IS
[类属参数说明];
[端口说明];
END [ENTITY][实体名];
```

实体名不能以数字开头，应尽可能表达功能上的含义，且不能与保留字相同。实体结束有两种格式，可以以"END ENTITY;"结束，也可以以"END 实体名;"结束。

类属参数表通常用于说明时间参数(器件时延)或总线宽度等静态信息，注意类属参数是常数，在实体中不是必需的。由保留字 GENERIC 引导，格式如下：

```
GENERIC(常数名：数据类型:=设定值);
```

例如：

```
GENERIC(m:TIME:=1ns);
```

注意，实体类属(GENERIC)中定义的参量(常数)对所有的结构体均有效，并且可以从结构体动态地对其赋值。常用于不同层次间的信息传递，有利于高层次的仿真。

端口说明是一个设计实体界面的描述，提供外部接口信息(引脚名、方向等)，在一般的 VHDL 程序中，端口说明是不可默认的(除了在测试基准 TestBench 中，测试基准将在后面予以说明)。由关键字 PORT 引导，格式如下：

```
PORT(端口名：端口方向 数据类型;
...);
```

其中,端口方向有下面4种。

IN(输入):信号进入实体。

OUT(输出):信号离开实体,且不会在内部反馈使用。

INOUT(双向):信号可离开或进入实体。

BUFFER(输出缓冲):信号离开实体,但在内部有反馈。

下面通过一个 my_design 的实体例子,来进一步说明实体的描述。图 2.3.1 是 my_design 的实体框图,具体端口信息说明如下。

d:16bit 的输入总线。

clk、oe、reset:输入位信号。

q:16bit 的三态输出总线。

int:输出信号,但其内部有反馈。

ad:双向 16bit 总线。

as:三态输出信号。

根据实体说明的一般描述格式,图 2.3.1 的实体可以描述为:

```
ENTITY my_design IS
PORT(d: IN STD_LOGIC_VECTOR(15 DOWNTO 0);
    clk,reset,oe:IN STD_LOGIC;
    q:OUT STD_LOGIC_VECTOR(15 DOWNTO 0);
    ad:INOUT STD_LOGIC_VECTOR(15 DOWNTO 0);
    int:BUFFER STD_LOGIC;
    as:OUT STD_LOGIC);
END ENTITY my_design;
```

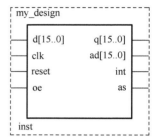

图 2.3.1 my_design 的实体框图

2.3.3 结构体

结构体(ARCHITECTURE)是设计实体的具体描述,指明设计实体的具体行为、所用元件及其连接关系,即具体描述设计电路所具有的功能,由定义说明和具体功能描述两部分组成。格式如下:

```
ARCHITECTURE 结构体名 OF 实体号名 IS
    [定义语句] 信号(SIGNAL);
常数(CONSTANT);
数据类型(TYPE);
函数(FUNCTION);
元件(COMPONENT)等;
BEGIN
    [并行处理语句];
END 结构体名;
```

结构体中的定义语句是对本结构体中要用到的信号、数据类型、常数、元件、函数、过程等进行定义,注意,该定义只对本结构体有效。

下面举例说明结构体的格式。

【例2-2】半加器

```
LIBRARY IEEE;
```

```
USE IEEE.STD_LOGIC_1164.ALL;
ENTITY half_adder IS
    PORT(x, y: IN BIT;sum,carry:OUT BIT);
END ENTITY half_adder;
ARCHITECTURE DATAFLOW OF half_adder IS
BEGIN
    sum<=x XOR y;
    carry<=x AND y;
END ARCHITECTURE DATAFLOW;
```

和其他大多数编程语言最大的不同之处在于：结构体里面的语句是并行的，也就是说其程序所实现的功能不会受到语句书写顺序的影响。在 VHDL 中也有实现功能与书写顺序有关的顺序语句，若要使用它们，则必须把它们封装在进程 PROCESS 当中。而进程本身则是一种并行语句。有关进程的使用格式与特点，将在后面结合实际的例子予以讨论。

2.3.4 包集合

包集合(PACKAGE)说明像 C 语言中的 include 语句一样，用来单纯地罗列 VHDL 中所有要用到的信号定义、常数定义、数据类型、元件语句、函数定义和过程定义等，它是一个可编译的设计单元，也是库结构中的一个层次。要使用包集合时可以用 USE 语句说明。

格式如下：

```
PACKAGE 包集合 IS
[说明语句];
END PACKAGE 包集合名;包集合标题
PACKAGE BODY 包集合 IS
[说明语句];
END PACKAGE BODY 包集合名;包集合体
```

一个包集合由两大部分组成：包集合标题(HEADER)和包集合体。包集合体(PACKAGE BODY)是一个可选项。也就是说，包集合可以只由包集合标题构成。一般包集合标题列出所有项的名称，而包集合具体给出各项的细节。

【例 2-3】包集合标题和包集合体。

```
LIBRARY IEEE;
USE IEEE.STD_LOGIC.ALL;
PACKAGE MATH IS
TYPE tw16 IS ARRAY(0 TO 15)OF T_WLOGIC;    ⎫
FUNCTION ADD(a,b:IN tw 16)RETURN tw 16;    ⎬ 包集合标题
FUNCTION SUB(a,b:IN tw 16)RETURN tw 16;    ⎭
END PACKAGE MATH;
PACKAGE BODY MATH IS
FUNCTION VECT_TO_INT(s:tw16)
RETURN INTEGER IS                          ⎫
VARIABLE result:INTEGER:=0;                ⎬ 包集合体
BEGIN
FOR I IN 0 TO 15 LOOP
    result: result*2;
```

```
    IF s(i)='1' THEN;
        result:=result+1;
    END IF;
END LOOP;
RETURN result;
END FUNCTION VECT_TO_INT;
FUNCTION int_to_tw16(s: INTEGER)
RETURN tw16 IS
VARIABLE result: tw16;
VARIABLE digit: INTEGER:=2**15;
VARIABLE local: INTEGER;
BEGIN
local:=s;
FOR i IN 0 TO 15 LOOP
IF local/digit>=1 THEN
    result(i):=1;
    local:=local-digit;
ELSE
    Result (i):=0;
END IF;
digit:=digit/2;
END LOOP
RETURN result;
END FUNCTION int_to_tw16;
FUNCTION ADD(a, b: IN tw16)
RETURN tw16 IS
VARIABLE result: INTEGER;
BEGIN
result:=VECT_TO_INT(a)+ VECT_TO_INT(b);
RETURN int_to_tw16(result);
END FUNCTION ADD;
FUNCTION SUB(a, b: IN tw16)
RETURN tw16 IS
VARIABLE result: INTEGER;
BEGIN
result:=VECT_TO_INT(a)-VECT_TO_INT(b);
RETURN int_to_tw16(result);
END FUNCTION SUB;
END PACKAGE BODY MATH;
```

例 2-3 的包集合由包集合标题和包集合体两部分组成。在包集合标题中，定义了数据类型和函数的调用说明，而在包集合中才具体地描述实现该函数功能的语句和数据的赋值。这样分开描述的好处是：当函数的功能需要进行某些调整或数据赋值需要变化时，只要改变包集合体的相关语句即可，而不需要改变包标题的说明，从而可以使重新编译的单元数目尽可能少。

2.3.5 配置

配置(CONFIGURATION)语句描述层与层之间的连接关系以及实体与结构体之间的连

接关系。设计者可以利用这种配置语句来选择不同的构造体，使其与要设计的实体相对应。在仿真某一个实体时，可以利用配置来选择不同的构造体，进行性能对比试验以得到性能最佳的构造体。例如，要设计一个二输入四输出的译码器。如果一种结构中的基本元件采用反相器和三输入与门，而另一种结构中的基本单元都采用与非门，它们各自的构造体是不一样的，而且都放在各自不同的库中，那么现在要设计的译码器就可以利用配置语句实现对两种不同构造体的选择。

格式如下：

```
CONFIGURATION 配置名 OF 实体名 IS
[语句说明]
END CONFIGURATION 配置名;
```

配置语句根据不同的情况，其说明语句有简有繁。

【**例 2-4**】最简单的默认配置格式结构。

```
CONFIGURATION 配置名 OF 实体名 IS
FOR 选配构造体名
END FOR;
END CONFIGURATION 配置名;
```

这种配置用于选择不包含块(BLOCK)和元件(COMPONENTS)的构造体。在配置语句中，只包含由实体所选配的构造体名，没有其他内容。典型的例子是对计数器实现多种形式的配置，即：

```
LIBRARY IEEE;
USE IEEE.STD_LOGIC_1164.ALL;
ENTITY counter IS
PORT(load, clear, clk: IN_STD_LOGIC;
data_in: IN INTEGER;
data_out: OUT INTEGER);
END ENTITY counter;
ARCGITECTURE count_225 OF count IS
BEGIN
PROCESS(clk)IS
VARIBLE count: INTEGER:=0;
BEGIN
IF clear='1' THEN
    count:=0;
ELSEIF load='1' THEN
    count:= data_in;
ELSEIF(clk'EVENT)AND(clk='1')AND(clk'LAST_VALUE='0')THEN
    IF(count=225)THEN
        count:=0;
    ELSE
        count:=count+1;
    END IF;
ENDIF;
data_out<=count;
```

```
    END PROCESS;
  END ARCHITECTURE count_255;
  ARCHITECTURE count_64K OF IS
  BEGIN
    PROCESS(clk)IS
    VARIBLE count: INTEGER:=0;
    BEGIN
    IF(clear='1')THEN
        count:=0;
    ELSEIF load='1'THEN
        count:= data_in;
    ELSEIF(clk'EVENT)AND(clk='1')AND(clk'LAST_VALUE='0')THEN
        IF(count=65535)THEN
            count:=0;
        ELSE
            count:=count+1;
        END IF;
    END IF;
        data_out<=count;
    END PROCESS;
  END ARCHITECTURE count_64K;
  CONFIGURATION small_count OF counter IS
  FOR count_255
  END FOR;
  END CONFIGURATION small_count;
  CONFIGURATION big_count OF counter IS
  FOR count_64K
  END FOR;
  END CONFIGURATION big_count;
```

在这个例子中，一个计数器实体可以实现两个不同构造体的配置。需要注意的是，未达到这个目的，计数器实体中，对装入计数器和构成计数器的数据位宽度不应进行具体说明，只将输入和输出数据作为 INGETER（整型）数据来对待。这样就可以支持多种形式的计数器。

2.4　VHDL 数据类型

VHDL 数据类型包括标准数据类型和用户自定义数据类型。

2.4.1　标准数据类型

VHDL 中定义了 10 种标准数据类型。

（1）INTEGER（整数）：整数占 4B，范围为 $-2147483647 \sim 2147483647$。不能按位操作，不能进行逻辑运算，常用于表示系统总线宽度。例如，+125、-345。

（2）REAL（实数）：浮点数，范围为 $-1.0 \times 10^{38} \sim 1.0 \times 10^{38}$。用于表现电源供电电压或算法研究，书写时加小数点，如 -1.0、+2.15。但大多数 EDA 工具不支持浮点运算。例如，1.0、2.5×10^{23}。

（3）BIT（位）：逻辑'0'或'1'。位通常用于表示一个信号的值，包括逻辑 0 和逻辑 1，用单引号括起来，如'1''0'。

(4) BIT_VECTOR（位矢量）：多个位串在一起（也称字符矢量）。位矢量可以看作位的数组，用双引号括起来，如"001100"，常用来表示总线状态。例如，"0110"。

(5) BOOLEAN（布尔）：逻辑"真"或逻辑"假"。布尔量存在两种值：TRUE 和 FALSE，表示真和假，常用于信号的状态或总线上的控制权、仲裁情况等。例如，TRUE。

(6) CHARACTER（字符）：ASCII 码字符。用单引号括起来，如'b'和'B'，要注意的是，虽然 VHDL 对英文字母大小写不敏感，但字符是区分大小写的，如高阻态'Z'，而不是'z'。

(7) STRING（字符串）：字符数组（也称字符矢量）。字符串可看作字符的数组，用双引号括起来，如"study"，通常用于程序仿真的提示或结果的说明等场合。例如，"start"。

(8) TIME（时间）：时间单位，如 fs、ps、ns、μs、ms、sec、min、hr 等。时间通常用于定义信号时延等场合，一般用于仿真，综合时会被忽略。例如，20μs。

(9) SEVERITY LEVEL（错误等级）：NOTE、WARNING、ERROR、FAILURE。在仿真中，错误等级用于提示程序的状态，如是存在 ERROR，还是 WARNING 或者 FAILURE 等。例如，NOTE、WARNING 可以忽略，ERROR 不可以忽略，FAILURE 不可以忽略。

(10) NATURAL，POSITIVE（自然数、正整数）：整数的子集（自然数为大于等于 0 的整数）。例如，0,1,2,3,…；1,2,3,4,…。

自然数和正整数是整数的子集，考虑到硬件资源的有限性，一般在定义自然数或正整数时，需要进行区间约束。例如，INTEGER RANGE 100 DOWNTO 1。

其中 RANGE…DOWNTO…用于给定一个数值的范围，也可用 RANGE…TO…来表示，它们只是用不同的语句表达同等的信息，并无本质的区别。例如，INTEGER RANGE 1 TO 100。

2.4.2　IEEE 定义的逻辑位与矢量

在 IEEE 的程序包 STD_LOGIC_1164 中定义了两个非常重要的数据类型。

1. STD_LOGIC

取值：0，1，Z，X，W，L，H。
Z 表示高阻；X 表示不定；W 表示弱信号不定；L 表示弱信号 0；H 表示弱信号 1。

2. STD_LOGIC_VECTOR

注意：①在使用 STD_LOGIC 和 STD_LOGIC_VECTOR 时，在程序中必须声明库及程序包说明语句，即 LIBRARY IEEE 和 STD_LOGIC_1164.ALL 这两句在程序中必不可少；②STD_LOGIC 有多个取值，与 BIT 不同，在编程时应特别注意，需要考虑所有情况。

2.4.3　用户自定义数据类型

VHDL 允许用户定义自己的数据类型，格式如下：

```
TYPE 数据类型名 IS 数据类型定义 OF 基本数据类型
```

或

```
TYPE 数据类型名 IS 数据类型定义
```

(1)枚举类型。枚举类型就是把类型中的各个元素都罗列出来。

例如：

```
TYPE WEEK IS(sum, mon, tue, wed, thu, fri, sat);
```

在后面的时序电路设计中，控制器可以由状态机描述，状态机中的状态一般采用枚举类型来定义。

(2)子类型 SUBTYPE。SUBTYPE 只是由 TYPE 所定义的原数据类型的一个子集。

例如：

```
SUBTYPE NATURAL IS INTEGER RANGE 0 TO INTEGER'HIGH;
```

(3)整数类型和实数类型。整数和实数的数据类型的取值范围太大，综合器无法综合，因此需要给它们限定一个范围。

例如：

```
TYPE PERCENT IS INTEGER RANGE -100 TO 100;
```

(4)数据类型。

```
TYPE 数组名 IS ARRAY(数组范围)OF 数据类型;
```

例如：

```
TYPE stb IS ARRAY (7 downto 0) OF STD_LOGIC;
```

又如：

```
TYPE x IS (low, high);
TYPE data_bus IS ARRAY (0 to 7, x)OF BIT;
```

(5)记录类型。

```
TYPE 记录类型名 IS RECORD
元素名：元素数据类型；
元素名：元素数据类型；
…
END RECORD[记录类型名];
```

例如：

```
TYPE bank IS RECORD
addr0: STD_LOGIC_VECTOR(7 DOWNTO 0);
addr1: STD_LOGIC_VECTOR(7 DOWNTO 0);
r0: INTEGER;
END RECORD;
```

记录(RECODE) 类型

例如：

```
CONSTANT LEN: INTEGER:=100;
TYPE ARRAY LOGIC IS ARRAY (99 DOWNTO 0) OF STD_LOGIC_VECTOR(7 DOWNTO 0)
TYPE table IS RECORD
a: ARRAY LOGIC;
```

```
    b: STD_LOGIC_VECTOR(7 DOWNTO 0);
    c: INTEGER RANGE 0 to LEN;
    END RECORD;
```

2.4.4 数据类型转换

VHDL 中的数据类型可以通过 IEEE 库中的类型转换函数进行强制性转换,详见表 2.4.1。

表 2.4.1 类型转换函数

程序包	函数名	功能
STD_LOGIC_1164	TO_STDLOGICVECTOR(A)	由 BIT_VECTOR 转换为 STD_LOGIC_VECTOR
	TO_BITVECTOR(A)	由 STD_LOGIC_VECTOR 转换为 BIT_VECTOR
	TO_STDLOGIC(A)	由 BIT 转换为 STD_LOGIC
	TO_BIT(A)	由 STD_LOGIC 转换为 BIT
STD_LOGIC_ARITH	CONV_STD_LOGIC_VECTOR(A,n)(n 为位长)	由 INGETER、UNSIGNED、SIGNED 转换为 STD_LOGIC_VECTOR
	CONV_INTEGER(A)	由 UNSIGNED、SIGNED 转换为 INGETER
STD_LOGIC_UNSIGNED	CONV_INTEGER(A)	由 STD_LOGIC_VECTOR 转换为 INGETER

2.5 运算符

VHDL 中的运算符主要分为算术运算符、逻辑运算符、关系运算符和其他运算符 4 类。本节简要地说明这些运算符,关于它们的具体应用将在后面的例子中说明。

2.5.1 算术运算符

算术运算符主要有加(+)、减(-)、乘(*)、除(/)、乘方(**)、取模(MOD)、取余(REM)、取绝对值(ABS)、算术左移(SLA)和算术右移(SRA)等。

其中算术左移(SLA)和算术右移(SRA)的示意图如图 2.5.1 所示。

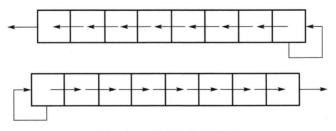

图 2.5.1 算术移位示意图

注意:a REM b 所得运算结果的符号与 a 相同,其绝对值小于 b 的绝对值;a MOD b 所得的运算结果的符号与 b 相同,其绝对值小于 b 的绝对值。

例如:

```
    a:=12 MOD(-5)
    a:=12 REM(-5)
```

2.5.2 逻辑运算符

主要的逻辑运算符有与(AND)、或(OR)、与非(NAND)、或非(NOR)、异或(XOR)、异或非(XNOR)、非(NOT)、逻辑左移(SLL)、逻辑右移(SRL)、逻辑循环左移(ROL)和逻辑循环右移(ROR)等。

其中逻辑左移(SLL)、逻辑右移(SRL)、逻辑循环左移(ROL)和逻辑循环右移(ROR)的示意图如图2.5.2所示。

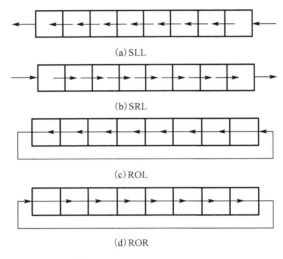

图 2.5.2　逻辑移位示意图

2.5.3 关系运算符

主要的关系运算符有相等(=)、不等(/=)、小于(<)、大于(>)、小于等于(<=)和大于等于(>=)等。

2.5.4 其他运算符

其他运算符有正(+)、负(−)和并置(&)等。

2.5.5 运算优先级

VHDL运算符的优先级见表2.5.1(同一级运算符优先级相同)。

表 2.5.1　运算符优先级

优先级	运算符
高	AND、OR、NAND、NOR、XOR、XNOR
	=、/=、<、>、<=、>=
	SLA、SRA、SLL、SRL、ROL、ROR
	+(加)、−(减)、&
	+(正)、−(负)
	*、/、MOD、REM
低	**、ABS、NOT

2.6 VHDL 数据对象

在 VHDL 中，可以赋值的客体称为对象。VHDL 中的数据对象包括常量、变量和信号。

2.6.1 常量

常量是指定义在设计描述中不变化的值，是一个全局量，在实体、结构体、程序包、函数、过程、进程中保持静态数据，以改善程序的可读性，并使修改程序变得容易。实体中定义的类属参数就是常量。由保留字 CONSTANT 引导，格式如下：

```
CONSTANT 常数名：数据类型:=表达式;
```

例如：

```
CONSTANT VCC: REAL:=5.0;
CONSTANT delay:=TIME:=10ns;
CONSTANT fbus: BIT_VECTOR:="0101";
```

下面以一个例子说明常量的使用。

【例 2-5】常使能及清零端的寄存器。

```
LIBRARY IEEE;
USE IEEE.STD_LOGIC_1164.ALL;
ENTITY example IS
  PORT(rst,clk,en: IN STD_LOGIC;
       data: IN STD_LOGIC_VECTOR(7 DOWNTO 0);
       Q: BUFFER STD_LOGIC_VECTOR(7 DOWNTO 0));
END ENTITY example;
ARCHITECTURE BEHAVE OF example IS
BEGIN
  PROCESS(rst,clk,en) IS
    CONSTANT zero: STD_LOGIC_VECTOR(7 DOWNTO 0):="00000000";
  BEGIN
    IF clk'EVENT AND clk='1'THEN
      IF(rst='1')THEN q<=zero;
      ELSEIF(en='1')THEN q<=data;
      ELSEIF q<=q;
      END IF;
    END IF;
  END PROCESS;
END ARCHITECTURE BEHAVE;
```

2.6.2 变量

变量是定义在进程或子程序(包括函数和过程)中的变化量，用于计算或暂存中间数据，是一个局部量。变量的赋值是立刻生效的，由保留字 VARIABLE 引导，格式为：

```
VARIABLE 变量名：数据类型:=初始值;
```

下面用一个例子来说明变量的使用。

【例2-6】6分频器(描述方式一)。

```
LIBRARY IEEE;
USE IEEE.STD_LOGIC_1164.ALL;
ENTITY frequencies IS
    PORT(clk: IN  STD_LOGIC;
         Q: OUT STD_LOGIC);
END ENTITY frequencies;
ARCHITECTURE BEHAVE OF frequencies IS
BEGIN
    PROCESS(clk) IS
      VARIABLE time: INTEGER RANGE 0 TO 6;
    BEGIN
      IF rising_edge(clk) THEN
      time:=time+1;
          IF time =6 THEN
             q<='1';
             time:=0;
          ELSE
             Q<='0';
          END IF;
        END IF;
      END PROCESS;
    END ARCHITECTURE BEHAVE;
```

2.6.3 信号

信号对应着硬件内部实实在在的连线,在元件间起互连作用,或作为一种数据容器,以保留历史值和当前值。用于实体、结构体、程序包的说明定义部分。实体中的描述端口就是信号。信号由保留字 SIGNAL 引导,格式如下:

    SIGNAL 信号名:数据类型:=表达式;

":="表示对信号的赋初值,一般不产生时延。(若为"<=",则表示信号的代入赋值,有时延。)

实体中的端口也是信号,但不需要用 SIGNAL 来定义。

仍然用例2-6的题目,这次用信号来做,请读者注意对比两段程序的不同点。

【例2-7】6分频器(描述方式二)。

```
LIBRARY IEEE;
USE IEEE.STD_LOGIC_1164.ALL;
ENTITY frequencies IS
    PORT (clk: IN STD_LOGIC;
          Q: OUT STD_LOGIC);
END ENTITY frequencies;
ARCHITECTURE BEHAVE OF frequencies IS
SIGNAL time: INTEGER RANGE 0 TO 5;
```

```
      BEGIN
        PROCESS(clk) IS
      BEGIN
        IF rising_edge (clk) THEN
        time<=time+1;
           IF time =5 THEN
             q<='1';
             time:=0;
           ELSE
             Q<='0';
           END IF;
        END IF;
      END PROCESS;
    END ARCHITECTURE BEHAVE;
```

从例 2-7 可以看出信号的赋值具有一定的延迟性，每次时钟触发进程后，在进程结束时，信号的赋值才有效，而此时进程被挂起，直到第二次时钟信号的到来才再次执行进程内的语句。故当比较 time 和 5 的大小时，语句 time<=time+1 还未生效，time 的值是上次进程结束时的结果。

2.6.4 信号与变量的比较

信号与变量的不同点可以归纳为以下几点。

（1）信号可以是全局量，变量只能是局部量；如信号可以在进程间传递数据，而变量不行。

（2）信号赋值有延迟，变量赋值没有延迟，在描述中，信号的赋值不会立即生效，而是要等待一个 delta 延迟后才会变化，否则该信号的值在 delta 延迟之前仍是原来的值。

（3）信号除当前值外有很多信息（历史信息、波形值）；而变量只有当前值，所以信号可以仿真，变量不可以仿真。

（4）进程 PROCESS 对信号敏感，对变量不敏感，信号可以是多个进程的全局信号；而变量只在定义它的进程中可见。

（5）信号是硬件中连线的抽象描述，功能是保存变化的数据值和连接子元件，信号在元件的端口连接元件，变量在硬件中没有对应关系，而是用于硬件特性的高层次建模所需要的计算中。

2.7 VHDL 基本语句

VHDL 与高级程序语言最大的不同就是 VHDL 语句是并行执行的，但是 VHDL 的基本语句包括顺序语句和并行语句，正如前面所说的，并行语句可以直接放在 VHDL 程序的结构体中，顺序语句不能直接用在结构体中，需要加一件"外套"，即需要用 PROCESS 进程语句对其"封装"后才能在结构体中使用。

2.7.1 并行语句

VHDL 与一般高级程序语言最大的不同，就在于 VHDL 程序结构体内部的语句是并行执行的,其执行方式与书写顺序无关。注意每一条并行语句内部的语句运行方式可以是并行执行方式,也可以是顺序执行方式。

1. 赋值语句

赋值语句的功能是将一个值或一个表达式的运算结果传递给某一数据对象。赋值语句的格式为:

```
赋值目标 赋值符号 赋值源
```

赋值语句可以分为信号赋值语句、变量赋值语句和常量赋值语句。信号赋值符号为"<=",变量和常量的赋值符号为":="。除了变量赋值语句只能作为顺序语句,其他赋值语句不能简单地归为顺序语句或并行语句,主要看它使用的场合,如果用在进程中,就是顺序语句,如果直接用在结构体中,就是并行语句。类似的语句还有过程调用语句,既可作为顺序语句使用,又可作为并行语句使用。

例如,把"00100000"赋值给信号 q 的赋值语句为:

```
q<="00100000";
```

也可用下面的赋值语句:

```
q<=(5=>'1', others=>'0');
```

2. 条件信号赋值语句

条件信号赋值语句格式为:

```
赋值目标<= 表达式 WHEN 赋值条件 ELSE
          表达式 WHEN 赋值条件 ELSE
             ...
          表达式;
```

在执行条件信号赋值语句时,每一个赋值条件是按书写的先后关系逐项测定的,一旦发现赋值条件为 TRUE,立即将表达式赋值给赋值目标,并结束该语句。所以,条件信号赋值语句具有顺序性,注意条件信号赋值语句中的 ELSE 不可省。另外,条件信号赋值语句的赋值条件还允许有重叠。

【例 2-8】条件信号赋值语句设计的选择器。

```
LIBRARY IEEE;
USE IEEE.STD_LOGIC_1164.ALL;
ENTITY mux IS
    PORT(a, b, c: IN  BIT;
         p1, p2: IN  BIT;
         z: OUT  BIT);
END ENTITY mux;
ARCHITECTURE BEHAVE OF mux IS
BEGIN
    z<=a WHEN p1='1'ELSE
    b WHEN p2='1' ELSE
    c;
END ARCHITECTURE BEHAVE;
```

请读者自己思考一下，当 p1 和 p2 同时为'1'时，z 应该输出什么？

【例 2-9】条件信号赋值语句描述的四选一多路选择器。

```
LIBRARY IEEE;
USE IEEE.STD_LOGIC_1164.ALL;
ENTITY mux4_1 IS
    PORT(input: IN STD_LOGIC_VECTOR(3 DOWNTO 0);
         a, b: IN STD_LOGIC;
         y: OUT STD_LOGIC);
END ENTITY mux4_1;
ARCHITECTURE BEHAVE OF mux4_1 IS
SIGNAL sel: STD_LOGIC_VECTOR(1 DOWNTO 0);
BEGIN
    sel<=b&a;
    y <=input (0)WHEN "00" ELSE
        input (1)WHEN "00" ELSE
        input (2)WHEN "10" ELSE
        input (3);
END ARCHITECTURE BEHAVE;
```

3. 选择信号赋值语句

选择信号赋值语句格式为：

```
WITH 选择表达式 SELECT
赋值目标<=表达式 WHEN 选择值,
           ...
         表达式 WHEN 选择值;
```

选择信号赋值语句的每条子句结尾是逗号，最后一句是分号。条件信号赋值语句与选择信号赋值语句不同，每条子句结尾没有任何标点，只有最后一句有分号。

选择信号赋值语句对选择支路的测试具有同期性，不像条件信号赋值语句那样是按照子句的书写顺序进行测试的。所以，选择信号赋值语句不允许有条件重叠现象，也不运行存在条件涵盖不全的情况。

【例 2-10】一个简化的指令译码器。

```
LIBRARY IEEE;
USE IEEE.STD_LOGIC_1164.ALL;
ENTITY encoder IS
    PORT(a, b, c: IN STD_LOGIC;
         data1, data2: IN STD_LOGIC;
         dataout: OUT STD_LOGIC);
END ENTITY encoder;
ARCHITECTURE BEHAVE OF encoder IS
    SIGNAL instuction: STD_LOGIC_VECTOR(2 DOWNTO 0);
BEGIN
    instuction <=c&b&a;
    WITH instruction SELECT
    dataout <=data1 AND data2 WHEN"000",
```

```
                data1 OR data2 WHEN"001",
                data1 XOR data2 WHEN"011",
                'Z' WHEN OTHERS;
    END ARCHITECTURE BEHAVE;
```

【例 2-11】选择信号赋值语句描述的四选一多路选择器。

```
    LIBRARY IEEE;
    USE IEEE.STD_LOGIC_1164.ALL;
    ENTITY mux4_1 IS
        PORT(input: IN STD_LOGIC_VECTOR(3 DOWNTO 0);
            a, b: IN STD_LOGIC;
            y: OUT STD_LOGIC);
    END  ENTITY mux4_1;
    ARCHITECTURE BEHAVE OF mux4_1 IS
        SIGNAL sel: STD_LOGIC_VECTOR(1 DOWNTO 0);
    BEGIN
        sel<=b&a;
        WITH sel SELECT
        y <=input (0)WHEN "00",
            input (1)WHEN "00",
            input (2)WHEN "10",
            input (3)WHEN "11",
            UNAFFECTED WHEN OTHERS;
            --UNAFFECTED 是保留字，表示不执行任何操作
    END ARCHITECTURE BEHAVE;
```

4. 进程语句

进程语句是最具 VHDL 特色的语句，本身是一个并行语句，内部是由顺序语句组成的，代表着实体的部分逻辑行为。进程的启动有两种方式：敏感参数表和 WAIT 语句。

进程语句由保留字 PROCESS 引导，一般格式为：

```
    [标号]PROCESS
        内部变量的说明；
    BEGIN
        顺序语句；
    END PROCESS;
```

【例 2-12】D 触发器。

```
    LIBRARY IEEE;
    USE IEEE.STD_LOGIC_1164.ALL;
    ENTITY D_FF IS
        PORT(reset, clk, d: IN STD_LOGIC;
            q: OUT  STD_LOGIC);
    END ENTITY D_FF;
    ARCHITECTURE BEHAVE OF D_FF IS
    BEGIN
        PROCESS(reset, clk, d) IS
```

```
        BEGIN
            IF reset='1' THEN q<='0';
            ELSEIF clk 'event and clk ='1' THEN q<=d;
            END IF;
        END PROCESS;
    END ARCHITECTURE BEHAVE;
```

例 2-12 中，是由敏感参数表来启动进程的，要注意的是，敏感参数表中包含的参数是指所有能引起进程变化的敏感信号。在上述例子中，敏感信号包括 reset、clk、d 三个，但在一般情况下，d 可以省略，因为 q<=d 是在时钟上升沿下面进行的。关于 IF 语句的使用，将在 2.7.2 节中予以说明。

【例 2-13】 由 WAIT 语句启动进程的例子。

```
    LIBRARY IEEE;
    USE IEEE.STD_LOGIC_1164.ALL;
    ENTITY sample IS
        PORT(in1, in2: IN STD_LOGIC;
            output: OUT STD_LOGIC);
    END ENTITY sample;
    ARCHITECTURE BEHAVE OF sample IS
    BEGIN
        PROCESS
        BEGIN
            output<=in1 OR in2;
            WAIT ON in1, in2;
        END PROCESS;
    END ARCHITECTURE BEHAVE;
```

例 2-13 中，是由 WAIT 语句引导的，等待语句中列出了敏感信号 in1 和 in2，当敏感信号发生变化时，进程就会启动。

现把进程语句的特点总结如下。

(1) 进程本身是并行语句，一个结构体可以包含多个进程。

(2) 已列出敏感量的进程不能使用 WAIT 语句，也就是说使用敏感参数表和 WAIT 语句都可以启动进程，但两者不能并存。

(3) 进程语句的启动只能是信号的变化，即敏感参数表和 WAIT 语句中的内容只能是信号。

(4) 当一个进程执行结束后，便挂起来，一直到有新的信号变化。

5. 元件例化语句

元件例化是指引入一种连接关系，将预先设计好的设计实体定义为一个元件，利用特定的语句将此元件与当前设计实体中的指定端口相连接。当前设计实体相当于一个较大的电路系统，所定义的例化元件相当于一个要插在这个电路板上的芯片，而当前设计实体中指定的端口相当于此芯片的插座。在结构体的结构描述法中常常要用到元件例化语句。

元件例化语句由两部分组成，第一部分是把一个现成的设计实体定义为一个元件，第二部分则是此元件与当前设计实体中的连接说明。格式如下：

```
    COMPONENT 元件名 IS    --元件定义
```

```
GENERIC(类属表)
PORT(端口名表)
END COMPONENT;
例化名：元件名 GENERIC MAP(...);
            PORT([端口名=>]连接端口名，...)
```

图 2.7.1 是由 3 个 AND2 构成一个 AND4 的电路连接图，用元件例化语句的描述见例 2-14。

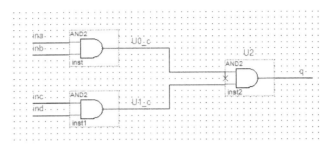

图 2.7.1 由 3 个 AND2 构成一个 AND4 的电路连接图

【例 2-14】由 3 个 AND2 构成一个 AND4 的程序(假定已设计好"与门"实体)。

```
LIBRARY IEEE;
USE IEEE.STD_LOGIC_1164.ALL;
ENTITY AND4 IS
    PORT(ina, inb, inc, ind: IN BIT;
         q: OUT BIT);
END ENTITY AND4;
ARCHITECTURE STRU OF AND4 IS
    COMPONENT AND2 IS              --定义一个已经描述好的元件
    PORT(a, b: IN BIT; c: OUT BIT);
    END COMPONENT;
    SIGNAL U0_C, U1_C: BIT;
BEGIN
    U0: AND2  PORT MAP(ina, inb, U0_C);    --元件例化
    U1: AND2  PORT MAP(inc, ind, U1_C);
    U2: AND2  PORT MAP(U0_C, U1_C, q);
END ARCHITECTURE STRU;
```

6. 生成语句

生成语句是一种具有复制作用的语句，在设计中，只要根据某些条件设计好某一元件或设计单元，就可以利用生成语句复制一组完全相同的并行元件或设计单元电路结构。生成语句有 FOR…GENERATE 和 IF…GENERIC 两种格式。

FOR…GENERATE 格式如下：

```
[标号：]FOR 循环变量 IN 取值范围 GENERATE
        说明部分；
        BEIGIN  --可省
        并行语句；
        END GENERATE[标号]；
```

这种 FOR 格式语句主要用来描述电路内部的规则部分，循环变量不需要定义和说明。
IF…GENERATE 格式如下：

```
[标号: ] IF 条件 GENERATE
说明部分;
        BEIGIN  --可省
并行语句;
        END GENERATE[标号];
```

IF 结构用来描述电路内部的不规则部分。
上面两种格式都是由如下 4 部分组成的。
(1) 生成方式：有 FOR 语句结构或 IF 语句结构。
(2) 说明部分：这部分包括对元件数据类型、子程序、数据对象进行局部说明。
(3) 并行语句：生成语句中的并行语句是用来循环使用的基本单元。
(4) 标号：标号并非必需的，在嵌套生成语句中标号非常有用。

【例 2-15】用生成语句描述的 4 位移位寄存器。

```
LIBRARY IEEE;
USE IEEE.STD_LOGIC_1164.ALL;
ENTITY shift4 IS
    PORT(a, clk: IN STD_LOGIC;
         b: OUT STD_LOGIC);
END ENTITY shift4;
ARCHITECTURE GEN OF shift4 IS
    COMPONENT dff;
        PORT(d, clk: IN STD_LOGIC;
             Q: OUT STD_LOGIC);
    END COMPONENT;
    SIGNAL z: STD_LOGIC_VECTOR(0 TO 4);
BEGIN
    z(0)<=a;
    g1: FOR i IN TO 3 GENERATE
      BEGIN
        dffx: dff PORT MAP(z(1), clk, z(i+1));
      END GENERATE;
    b<=z(4);
END ARCHITECTURE GEN;
```

上述描述方法是对电路两端不规则的部分进行了简单的处理 z(0)<=a 和 b<=z(4)，再使用 FOR…GENERATE 来实现的。本例也可以采用例 2-14 的描述方法。

【例 2-16】4 位移位寄存器的另一种描述。

```
LIBRARY IEEE;
USE IEEE.STD_LOGIC_1164.ALL;
ENTITY shift4 IS
    PORT(a, clk: IN STD_LOGIC;
         b: OUT STD_LOGIC);
END ENTITY shift4;
```

```
ARCHITECTURE GEN OF shift4 IS
    COMPONENT dff;
        PORT(d, clk: IN STD_LOGIC;
             Q: OUT STD_LOGIC);
    END COMPONENT;
BEGIN
    G1: FOR i IN TO 3 GENERATE
      T1: IF i=0 GENERATE
        dffx0: dff PORT MAP(a, clk, z(0));
      END GENERATE T1;
      T2: IF i>0 AND I <3 GENERATE
        dffx1: dff PORT MAP(z(i-1), clk, z(1));
      END GENERATE T2;
      T3: IF i=3 GENERATE
        dffx2: dff PORT MAP(z(2), clk, b);
      END GENERATE T3;
    END GENERATE G1;
END ARCHITECTURE GEN;
```

7. 子程序调用语句

子程序调用语句包括过程调用语句和函数调用语句，这里只简单地说明过程调用语句的使用，子程序的具体格式和使用将在 2.9 节给予详细的说明。过程调用语句与前面所讲的简单赋值语句类似，既可以作为顺序语句使用，又可以作为并行语句使用。例如，在 PROCESS 进程中使用，就可当作顺序语句，若直接放在结构体中使用，就应该看作并行语句。格式如下：

过程名([形参名=>]实参表达式, ...)

形参名作为当前预调用的过程中已说明的参数名，实参是当前调用过程形参的接受体，被调用的形参名与调用语句中的实参的对应关系有两种：一类是位置关联法(位置相对应)，可以省去形参名；另一类是名字关联法(=>表示相关联)。

过程调用的步骤如下。

(1)将 IN 和 INOUT 模式的实参值赋给欲调用的过程中与它们对应的形参。

(2)执行这个过程。

(3)将过程中 OUT 和 INOUT 模式的形参值返回给对应的实参。

例如：

```
ARCHITECTURE BEHAVE OF examp IS
    PROCEDURE ADDER(SIGNAL a, b : IN STD_LOGIC; SIGNAL sum: OUT STD_LOGIC);
    ...
    END PROCEDURE;
    --上面定义了一个过程;
BEGIN
    ADDER (a1, b1, sum1);   --并行过程调用(在结构体中)
    ...
END ARCHITECTURE  BEHAVE;
```

函数调用与过程调用相似。

2.7.2 顺序语句

顺序语句是指执行(指仿真执行)顺序与书写顺序一致的语句。需要注意的是,顺序仅仅指语句执行的顺序性,并不意味着顺序语句对应的硬件逻辑行为也具有相同的顺序性。例如,硬件中的组合逻辑具有最典型的并行逻辑功能,但它也可以用顺序语句表达。顺序语句只能出现在进程和子程序(包括函数和过程)中。前面讲的赋值语句及子程序调用语句放在进程中则为顺序语句,需要注意的是,顺序语句还包括变量赋值语句,这里不再赘述。

1. IF 语句

IF 语句是一种流程控制语句,判断条件有先后次序,而且允许条件涵盖不完整,共有下面三种格式。

(1)
```
IF 条件 THEN 顺序语句; END IF;
```
例如:
```
IF en='1' THEN C<=B; END IF;
```

(2)
```
IF 条件 THEN 顺序语句; ELSE 顺序语句; END IF;
```
例如,一个简单的二路选择器。

(3)
```
IF sel='1' THEN C<=A;
ELSE C<=B;
END IF;
IF 条件 THEN 顺序语句;
ELSEIF 条件 THEN 顺序语句;
ELSE 顺序语句;
END IF;
```

例如,带异步复位功能的 D 触发器。
```
IF reset='0' THEN q<=; '0';
END IF;
```

【例 2-17】用 IF 语句描述的四选一多路选择器。
```
LIBRARY IEEE;
USE IEEE.STD_LOGIC_1164.ALL;
ENTITY mux4_1 IS
    PORT(a, b, d0, d1, d2, d3: IN STD_LOGIC;
         y: OUT STD_LOGIC);
END ENTITY mux4_1;
ARCHITECTURE BEHAVE OF mux4_1 IS
    SIGNAL sel: INTEGER RANGE 0 TO 3;
BEGIN
```

```
            PROCESS(a, b, d0, d1, d2, d3, sel) IS
                BEGIN
                sel<=0;
                IF(a='1') THEN sel <=sel+1;
                END IF;
                IF(b='1') THEN sel <=sel+2;
                END IF;
                IF sel=0 THEN y<=d0;
                ELSEIF sel=1 THEN y<=d1;
                ELSEIF sel=2 THEN y<=d2;
                ELSE y<=d3;
                END IF;
            END PROCESS;
        END ARCHITECTURE  BEHAVE;
```

2. CASE 语句

CASE 语句与 IF 语句类似，也是一种流程控制语句。格式如下：

```
        CASE 表达式 IS
        WHEN 选择值=>处理语句;
        END CASE;
```

CASE 语句要注意的是，选择值必须在表达式的取值范围之内；除非所有条件句中的选择值能完全覆盖 CASE 语句中表达式的取值，否则最末一个条件句中的选择值必须用 OTHERS，它代表所有未能列出的取值，且 OTHERS 只能出现一次，作为最后一种条件取值。如果在 WHEN OTHERS 条件下，不想执行任何操作，可用保留字 NULL 来描述。

CASE 语句与 IF 语句不同的是，CASE 语句的所有选择条件具有相同的优先权（把任意两个换一下位置，结果一样），所以 CASE 语句中每一种选择值只能出现一次，不能有相同选择值的条件句出现。

选择值有下面 4 种表达方式。

(1)单个普通数值，如 6。

(2)数值选择范围，如(2 TO 4)，表示取值为 2、3 和 4。

(3)并列数值，如 3|5，表示取值为 3 或 5。

(4)混合方式，以上三种方式的混合。

【例 2-18】用 CASE 语句描述的四选一多路选择器。

```
        LIBRARY IEEE;
        USE IEEE.STD_LOGIC_1164.ALL;
        ENTITY mux4_1 IS
            PORT(a, b, d0, d1, d2, d3: IN STD_LOGIC;
                y: OUT STD_LOGIC);
        END ENTITY mux4_1;
        ARCHITECTURE BEHAVE OF mux4_1 IS
            SIGNAL sel: INTEGER RANGE 0 TO 3;
        BEGIN
            PROCESS(a, b, d0, d1, d2, d3, sel) IS
```

```
            BEGIN
            sel<=0;
            IF(a='1') THEN sel <=sel+1;
            END IF;
            IF(b='1') THEN sel <=sel+2;
            END IF;
            CASE sel IS
                WHEN 0=>y<=d0;
                WHEN 1=>y<=d1;
                WHEN 2=>y<=d2;
                WHEN 3=>y<=d3;
            END CASE;
        END PROCESS;
    END ARCHITECTURE BEHAVE;
```

至此，我们已分别在例 2-9、例 2-11、例 2-17 和例 2-18 中用不同的语句描述了四选一多路选择器，请读者自己比较它们的不同。

3. LOOP 循环语句

一个语句集在某些情况下需要重复执行若干次，或者要重复执行直到满足退出循环条件。VHDL 提供了 LOOP 循环语句完成上述的迭代操作，LOOP 语句一共有三种情况，分别是简单 LOOP 语句、FOR…LOOP 语句以及 WHILE…LOOP 语句。对于简单 LOOP 语句，需要用到 EXIT 退出语句与其配合。

简单 LOOP 语句格式为：

```
    [标号: ]LOOP
            顺序处理语句;
    END LOOP[标号];
```

例如：

```
    L1: LOOP
            a:=a+1;
            ...
            EXIT L1WHEN a>10;
    END LOOP L1;
    FOR...LOOP[标号];
```

值得注意的是，这里的循环变量也是不用定义和说明的。

例如：

```
    ASUM: FOR i IN 1 TO 9 LOOP   --i 变量不用定义和说明
          SIM:=i+SUM;
    END LOOP ASUM;
```

WHILE…LOOP 语句格式为：

```
    [标号: ] WHILE 条件 LOOP
                顺序处理语句;
    END LOOP[标号];
```

【例2-19】8位奇偶校验电路(偶校验)。

```
LIBRARY IEEE;
USE IEEE.STD_LOGIC_1164.ALL;
ENTITY check IS
    PORT(a: IN STD_LOGIC_VECTOR(7 DOWNTO 0);
         y: OUT STD_LOGIC);
END ENTITY check;
ARCHITECTURE BEHAVE OF check IS
BEGIN
    PROCESS(a) IS
        VARIABLE tmp: STD_LOGIC;
        VARIABLE i: INTEGER RANGE 0 TO 10;
    BEGIN
        tmp:='0';
        i:=0;
        WHILE(i<8)LOOP
            tmp: tmp XOR a(1);
        i:=i+1;
        END LOOP;
        y<=tmp;
    END PROCESS;
END ARCHITECTURE BEHAVE;
```

上述三种LOOP语句的共同点是允许多层嵌套。

4. EXIT语句

EXIT语句是LOOP语句的内部循环控制语句，执行了EXIT语句后，立即退出循环。EXIT的语句格式有下面三种：

```
EXIT;                    --无条件终止循环，跳到本循环体结束处，即离开本循环
EXIT 标号;               --无条件终止循环，跳到标号指定的循环体结束处
EXIT 标号 WHEN 条件;     --条件成立，跳到标号指定的循环体结束处
```

例如：

```
LP1: FOR i IN 10 DOWNTO 1 LOOP
    LP2: FOR j IN 10 DOWNTO 1 LOOP
            EXIT LP2 WHEN i=j;   --当i=j时终止LP2循环
            MATRIX(i, j):=i*(j+1);
        END LOOP LP2;
END LOOP LP1;
```

5. NEXT语句

NEXT语句与EXIT语句具有相似的语句格式和跳转功能，是另一种用于LOOP内部循环控制的语句，有条件或无条件终止当前循环迭代并开始下一循环。它的语句格式有三种：

```
NEXT;                    --无条件终止循环，跳回到当前循环开始处
NEXT 标号;               --无条件终止循环，跳到标号指定的循环语句开始处
NEXT 标号 WHEN 条件;     --条件成立，跳到标号指定的循环语句开始处
```

例如：

```
LP1: FOR i IN 1 DOWNTO 10 LOOP
    LP2: FOR j IN 10 DOWNTO 1 LOOP
            NEXT LP1 WHEN  i=j;         --条件成立，跳到 LP1 处
            MATRIX(i, j):=i*(j+1);    --条件不成立，继续内循环 LP2 的执行
        END LOOP LP2;
END LOOP LP1;
        y<=k;
        …
```

6. WAIT 等待语句

等待语句由保留字 WAIT 引导，共有下面 4 种格式。

WAIT：未设置停止挂起条件的表达式，表示永远挂起。

WAIT ON 信号表：敏感信号等待语句，敏感信号的任何变化将结束挂起，重新启动进程。

WAIT UNTIL 条件表达式：条件等待语句，当条件表达式中信号发生了改变，且满足 WAIT 语句所设的条件时，将结束挂起。

WAIT FOR 时间表达式：超时等待语句。

例如：

```
SIGNAL s1, s2: STD_LOGIC;
…
PROCESS
BEGIN
…
    WAIT ON s1, s2;
END PROCESS;
```

另外：

```
WAIT UNTIL clock='1';
WAIT UNTIL RISING_EDGE(clock);
WAIT UNTIL NOT clock 'stable AND clock='1';
WAIT UNTIL clock 'EVENT AND clock='1';
```

以上 4 条 WAIT 语句所设的进程启动条件都表示时钟上升沿，所以它们所对应的硬件结构是一样的。要注意的是，用 RISING_EDGE() 函数来检测时钟上升沿时，时钟信号必须定义为 STD_LOGIC 类型。

7. RETURN 返回语句

返回语句只能用于子程序中，执行返回语句将结束子程序的执行，无条件地跳转到子程序的 END 处，有下面两种格式：

```
RETURN;              --只能用于过程(PROCEDURE)，它只能结束过程，并不返回任何值
RETURN 表达式；       --只能用于函数(FUNCTION)，必须要返回一个值
```

8. NULL 空操作语句

NULL 语句常用于 CASE 语句中，利用 NULL 来排除一些不用的条件。

例如：

```
CASE opcode IS
    WHEN "001"=> tmp:=rega AND regb;
    WHEN "101"=> tmp:=rega OR regb;
    WHEN "110"=> tmp:=NOT rega;
    WHEN OTHERS=> NULL;         --不做任何操作，跳到下一语句
END CASE;
```

2.7.3 属性描述语句

VHDL 中具有属性的项目包括：类型、子类型、过程、函数、信号、变量、常量、实体结构体、配置、程序包、元件和语句标号等，属性就是这些项目的特性。

某一项目的特定属性通常可以用一个值或一个表达式来表示，通过 VHDL 的预定义属性描述语句就可以加以访问，可以在结构体中直接使用，也可以用在进程语句中。

常用综合器支持的属性有 LEFT、RIGHT、HIGH、LOW、RANGE、REVERSE_RANGE、LENGTH、EVENT、STABLE。

预定义描述语句格式：属性对象'属性名。

1. 信号类属性

信号类属性最常用的是 EVENT 和 STABLE。EVENT 表示信号发生了动作，属性 STABLE 的测试功能恰与 EVENT 相反，它表示信号在 delta 时间内无事件发生，就返回 TRUE。

例如：

```
NOT clock 'STABLE AND clock='1';
clock 'EVENT AND clock='1';
```

这两个语句功能一样，都表示检测时钟的上升沿，在实际应用中，EVENT 比 STABLE 更常用。对于目前常用的 VHDL 综合器，EVENT 只能用于 IF 和 WAIT 语句。

2. 数据区间类属性

数据区间类属性有 RANGE 和 REVERSE_RANGE 两种，两者函数返回的区间次序相反，前者与原项目次序相同，后者相反。

例如：

```
SIGNAL vector: IN STD_LOGIC_VECTOR(0 TO 7);
...
FOR i IN vector 'RANGE LOOP
--等同于 FOR I IN 0 TO 7 LOOP
FOR i IN vector 'REVERSE_RANGE LOOP
--等同于 FOR I IN 7 DOWNTO 0 LOOP
```

3. 数值类属性

'LEFT、'RIGHT、'HIGH 及'LOW 这些属性函数主要用于对属性测试目标一些数值特性进行测试。

例如：

```
TYPE obj IS ARRAY(0 TO 15) OF BIT;
SIGNAL ele1, ele2, ele3, ele4: INTEGER;
BEGIN
    ele1<= obj 'RIGHT;   --ele1=15
    ele2<= obj 'LEFT;    --ele2=0
    ele3<= obj 'HIGH;    --ele3=15
    ele4<= obj 'LOW;     --ele4=0
END PROCESS;
```

【例 2-20】 奇偶校验电路。

```
LIBRARY IEEE;
USE IEEE.STD_LOGIC_1164.ALL;
ENTITY parity IS
    GENERIC(bus_size: INTEGER:=8);
    PORT(input: IN STD_LOGIC_VECTOR(bus_size-1 DOWNTO 0);
         Even_numbits, odd_numbits: OUT STD_LOGIC);
END ENTITY parity;
ARCHITECTURE BEHAVE OF parity IS
BEGIN
    PROCESS(input) IS
        VARIABLE temp: STD_LOGIC;
    BEGIN
        temp:='0';
        FOR i IN input 'LOW TO input 'HIGH LOOP
            temp:=temp XOR input(i);
        END LOOP;
        odd_numbits<= NOT temp;
        even_numbits<=temp;
    END PROCESS;
END ARCHITECTURE BEHAVE;
```

例 2-19 描述了奇偶校验电路的实现，然而由于本例的校验位数可以通过改变 bus_size 的值进行改变，因此其与例 2-19 相比更具有一般性。

4. 数组属性

'LENGTH 这个函数用于对数组宽度或元素个数进行测定。
例如：

```
TYPE array1 ARRAY(0 TO 7) OF BIT;
SIGNAL wth: INTEGER;
...
wth<= array1 'Length;    --wth=8;
```

5. 用户定义属性

属性与属性值的定义格式如下：

```
ATTRIBUTE  属性名：数据类型；
ATTRIBUTE  属性名 OF 对象名：数据类型 IS 值；
```

例如：

```
ENTITY cntbuf IS
    PORT(dir, clk: IN STD_LOGIC;
        Q: INOUT STD_LOGIC_VECTOR(3 DOWNTO 0));
    ATTRIBUTE pinnum : STRING;
    ATTRIBUTE pinnum OF dir : SIGNAL IS "1";
    ATTRIBUTE pinnum OF dir : SIGNAL IS "3";
    ATTRIBUTE pinnum OF dir : SIGNAL IS "17,16,15,14";
END ENTITY;
```

上面这个例子用属性 pinnum 为端口锁定芯片引脚。

2.8 测 试 基 准

一旦设计者描述了一个设计，必须对其进行验证，以检查是否符合设计规范。最常用的方法是在模拟时施加输入激励信号。另外一种方法是用 VHDL 写一个测试模型发生器和要检查的输出，称为测试基准(TestBench)，它既提供输入信号，又测试设计的输出信号。

测试基准包含两部分：一部分是产生测试需要的激励输入信号，另一部分是要检查的输出信号。注意，测试基准通常不能被 VHDL 综合器综合。测试基准描述方法与其他实体完全一样，主要用信号赋值语句表示输入波形数据。被模拟的电路作为它的一个例化元件调用。

例如：

```
ENTITY testand2 IS
END ENTITY;          --实体中没有端口描述，这是测试基准的特点
ARCHITECTURE TEST OF testand2 IS
    SIGNAL a,b,c:BIT;
BEGIN
    G1:ENTITY WORK.AND2(ex1) PORT MAP(a,b,c);
    a<='0','1' AFTER 100ns;
    b<='0','1' AFTER 150ns;
END ARCHITECTURE TEST;
```

上面是一个简单的测试基准的例子，它提供了信号来运行仿真，但是在测试基准中没有对输出是否正确进行测试。另外值得注意的是，这里的元件例化采用的是直接例化形式，在结构体的说明部分没有声明元件 AND2，但是明确定义了在哪里可以找到这个实体以及该实体所用的结构体，WORK 库指当前的工作库，每个实体和结构体编译时，都被保存到 WORK 目录下。

2.9 其他语句和有关规定的说明

2.9.1 命名规则和注解的标记

在 VHDL 中，除了顺序描述语句和并发描述语句，还有说明语句、定义语句和一些具体的规定，本节将对这些内容进行详细说明。

在 VHDL 中大写字母和小写字母是没有区别的,即在所有的语句中写大写字母也可以,写小写字母也可以,甚至混合写也可以。但是,有两种情况例外,一种是用单引号括起来的字符常数,一种是用双引号括起来的字符。这时大写字母和小写字母是有区别的。例如,在 STD_LOGIC 和 STD_LOGIC_VECTOR 代入不定值'X'时应注意。

```
SIGNAL a: STD_LOGIC;
SIGNAL b: STD_LOGIC_VECTOR(3 DOWNTO 0);
a<='X';           --X 用小写字母是错误的
b<="XXXX";        --X 用小写字母是错误的
```

在 VHDL 中所使用的名字(名称),如信号、实体名、构造体、变量名等,在命名时应遵守以下规则。

(1) 名字的最前面应该是英文字母。
(2) 能使用的字符只有英文字母、数字和"_"。
(3) 不能连续使用"_"符号,在名字的最后也不能使用"_"符号。

例如:

```
SIGNAL a_bus: STD_LOGIC_VECTOR(7 DOWNTO 0);
SIGNAL 302_bus: ...      --数字开头的名字是错误的
SIGNAL b_@bus: ...       --@符号不能作为名称的字母,是错误的
SIGNAL a__bus_: ...      --"_"符号在名称中不能连着使用,是错误的
SIGNAL b_bus_: ...       --"_"符号不能在名称最后使用,是错误的
```

像其他高级语言一样,VHDL 的程序有注释栏目,可以对所编写的语句进行注释。注释时从"--"符号开始,到该项目末尾(回车、换行符)结束。注释文字虽然不作为 VHDL 的语句予以处理,但是有时也用于其他工具盒接口。

2.9.2 ATTRIBUTE(属性)描述与定义

属性是指关于设计实体、结构体、类型、信号等项目的指定特性。属性提供了描述特定对象的多个侧面值的手段;信号属性在检测信号变化和建立详细的时域模型时非常重要。

(1) 电路元件需要时钟信号同步。
(2) 需要控制信号控制整个电路的行为(进程的执行)。
(3) 时钟信号与控制信号的使用多种多样。
(4) 利用属性可以使 VHDL 源代码更加简明扼要,便于理解。

VHDL 提供 5 类预定义属性:①数值类属性;②函数类属性;③信号类属性;④数据类型属性;⑤数组区间类属性。

1. 数值类属性

1) 常用数据的数值类属性

常用数据的数值类属性主要用于返回常用数据类型、数组或块的有关值,返回数组长度、数据类型的上下界等。

常用数据类型的数值类属性如下。

(1) 'LEFT:返回一个数据类型或子类型最左边的值。
(2) 'RIGHT:返回一个数据类型或子类型最右边的值。

(3) 'HIGH：返回一个数据类型或子类型的最大值。
(4) 'LOW：返回一个数据类型或子类型的最小值。

属性规则如下。

上下限：对数值取最大、最小值；对枚举类型数据下限取左边界值，上限取右边界值；对数组取数组区间的最大、最小值。

左右边界：按书写顺序取左边或右边值。

例如：

```
SUBTYPE nat IS NATURAL RANGE 0 TO 255;
X:=nat'HIGH;        --x 等于 255
X:=nat'LOW;         --x 等于 0
X:=nat'RIGHT;       --x 等于 255
X:=nat'LEFT;        --x 等于 0
```

【例 2-21】数值类属性。

```
PROCESS(a) IS
    TYPE bit16 IS ARRAY(15 DOWNTO 0) OF STD_LOGIC;
    VARIABLE lef, rig, up, low: NATURAL;
    BEGIN
    lef:=bit16'LEFT;     --15
    rig:=bit16'RIGHT;    --0
    up:=bit16'HIGH;      --15
    low:=bit16'LOW;      --0
END PROCESS;
PROCESS(a) IS
    TYPE bit16 IS ARRAY(0 TO 15) OF STD_LOGIC;
    VARIABLE lef, rig, up, low: NATURAL;
    BEGIN
    lef:=bit16'LEFT;     --0
    rig:=bit16'RIGHT;    --15
    up:=bit16'HIGH;      --15
    low:=bit16'LOW;      --0
END PROCESS;
```

【例 2-22】枚举类型数据数值类属性描述。

```
ARCHITECTURE VOLTB OF VOLTA IS
    TYPE volt IS (uV,mV,V,kV);
    SUBTYPE s_volt IS voltRANGE(V DOWNTO mV);
    SIGNAL S1,S2,S3,S4: VOLT;
    BEGIN
    S1<=volt'HIGH;         --kV
    S2<=volt'LOW;          --uV
    S3<=s_volt'LEFT;       --V
    S4<=s_volt'RIGHT;      --mV
END ARCHITECTURE VOLTB;
```

2）数组的数值类属性

数组属性只有一个：取数组的长度值。格式为：

    <数组名>'LENGTH(n);

其中 n 是多维数组的维数；如二维数组 n=2；对一维数组 n 省略。

【例 2-23】一维数组数值类属性描述。

```
PROCESS(b) IS
    TYPE bit8 IS ARRAY (7 DOWNTO 0) OF BIT;
    TYPE bit31_8 IS ARRAY (31 DOWNTO 8) OF BIT;
    VARIABLE b1,b2: INTEGER;
    BEGIN
    b1:=bit8'LENGTH;           --b1=8
    b2:=bit31_8'LENGTH;        --b2=24
END PROCESS;
```

2. 函数类属性

函数类属性指属性以函数的形式返回有关数据类型、数组或信号的信息。

函数类属性使用时以函数表达式的形式出现，属性根据输入的自变量值来执行函数，返回一个相应的值。该返回值可能是数组区间的某一个值，也可能是信号的变化值，或是枚举数据的位置序号等。

函数类属性分为三类：①数据类型属性函数；②数组类型属性函数；③信号类型属性函数。

1）数据类型属性函数

数据类型属性函数主要用来得到数据类型的各种相关信息，共 6 种。

(1)'POS(x)：返回数据类型定义中输入的 x 值的位置序号。

(2)'VAL(x)：返回输入的位置序号 x 处的值。

(3)'SUCC(数据值)：返回数据类型定义中该值的下一个对应值。

(4)'PRED(数据值)：返回数据类型定义中该值的前一个对应值。

(5)'LEFTOF(数据值)：返回数据类型定义中该值的左边值。

(6)'RIGHTOF(数据值)：返回数据类型定义中该值的右边值。

对于递增区间：

```
'SUCC(x) = 'RIGHTOF(x)
'PRED(x) = 'LEFTOF(x)
```

对于递减区间：

```
'SUCC(x) = 'LEFTOF(x)
'PRED(x) = 'RIGHTOF(x)
```

2）数组类型属性函数

数组类型属性函数主要用来得到数组的信息，共有 4 种属性。

(1)'LEFT(n)：得到 n 区间的左端边界号。

(2)'RIGHT(n)：得到 n 区间的右端边界号。

(3)'HIGH(n)：得到 n 区间的高端边界号。

(4)'LOW(n)：得到 n 区间的低端边界号。

其中 n 表示数组的区间序号(即维数)。当 n=1 时可以省略，默认为一维数组。

在递减区间：

```
'LEFT='HIGH
'RIGHT='LOW
```

在递增区间：

```
'LEFT='LOW
'RIGHT='HIGH
```

3)信号类型属性函数

信号类型属性函数主要用来得到信号的各种行为功能信息，包括信号值的变化、信号变化后经过的时间、变化前的信号值等，共有 5 种属性。

(1)'EVENT：当前很短的时间内信号发生了变化，则返回 TRUE，否则返回 FALSE。
(2)'ACTIVE：当前信号等于 1，则返回 TRUE，否则返回 FALSE。
(3)'LAST_EVENT：返回信号从前一个事件发生到现在的时间值。
(4)'LAST_VALUE：返回信号在最近一个事件发生以前的值。
(5)'LAST_ACTIVE：返回信号从上一次等于 1 到现在的时间值。

下面具体介绍其中 3 种属性。

(1)属性函数'EVENT 和'LAST_VALUE。'EVENT 主要用来检测脉冲信号的正跳变或负跳变边沿，也可以检查信号是否刚发生变化并且正处于某一个电平值。

【例 2-24】D 触发器时钟脉冲上升沿的检测。

```
LIBRARY IEEE;
USE IEEE.STD_LOGIC_1164.ALL;
ENTITY dff IS
    PORT(d,clk: IN cal_resist STD_LOGIC;
        q: OUT STD_LOGIC);
END ENTITY dff;
ARCHITECTURE dff OF dff IS
BEGIN
    PROCESS(clk) IS
    BEGIN
        IF clk='1' AND clk'EVENT THEN
            q <= d;
        END IF;
    END PROCESS;
END ARCHITECTURE dff;
```

(2)属性函数'LAST_EVENT。

【例 2-25】D 触发器建立时间的检测。

```
LIBRARY IEEE;
USE IEEE.STD_LOGIC_1164.ALL;
ENTITY DFF IS
    GENERIC(setup_time,hold_time: TIME);
```

```
        PORT(d,clk: IN cal_resist STD_LOGIC;
             q: OUT STD_LOGIC);
    END ENTITY dff;
    ARCHITECTURE dff_BEHAVE OF dff IS
    BEGIN
    Setup_check:PROCESS(clk) IS
        BEGIN
            IF clk'LAST_VALUE ='0' AND clk'EVENT THEN
                ASSERT(d'LAST_EVENT >= setup_time)
                REPORT "SETUP VIOLATON"
                SEVERITY ERROR;
            END IF;
        END PROCESS;
        dff_process: PROCESS(clk) IS
        BEGIN
            IF clk'LAST_VALUE='0' AND clk'EVENT THEN
                q <= d;
            END IF;
        END PROCESS;
    END ARCHITECTURE dff_BEHAVE;
```

3. 信号类属性

根据所加属性的信号建立一个新的信号，称为信号类属性。信号类属性有3种。

(1)'DELAYED(t)：t 为时间表达式，该属性将产生一个特别的延迟信号，该信号使主信号按 t 确定的时间产生附加的延迟。新信号与主信号类型相同。该属性可以用来检查信号的保持时间。

(2)'STABLE(t)：若所加属性的信号在时间 t 内没有发生变化，则返回 TRUE，否则返回 FALSE。该属性中当 t=0 时可以得到与属性'EVENT 相反的值。

(3)'QUIET(t)：信号在时间 t 内不活跃，则返回 TRUE，否则返回 FALSE。典型应用是对中断优先处理机制进行建模。

1) 属性'DELAYED(t)

可以用'DELAYED(t)属性的信号建立一个延迟信号附加在该信号上。

【例2-26】如图 2.9.1 所示，二输入与门附加延迟的描述。

```
    LIBRARY IEEE;
    USE IEEE.STD_LOGIC_1164.ALL;
    ENTITY AND2 IS
        GENERIC (a_ipd, b_ipd, c_opd: TIME);
        PORT(a, b: IN cal_resist STD_LOGIC;
             c: OUT STD_LOGIC);
    END ENTITY AND2;
    ARCHITECTURE int_signals OF AND2 IS
        SIGNAL inta, intb : STD_LOGIC;
    BEGIN
        inta <= TRANSPORT a AFTER a_ipd;
```

```
        intb <= TRANSPORT b AFTER b_ipd;
        c <= inta AND intb AFTER c_opd;
END ARCHITECTURE int_signals;
ARCHITECTURE ATTR OF AND2 IS
BEGIN
    c <= a'DELAYED(a_ipd) AND b'DELAYED(b_ipd) AFTER c_opd;
END ARCHITECTURE ATTR;
```

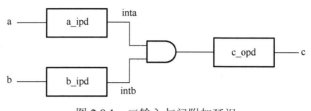

图 2.9.1　二输入与门附加延迟

还可以用'DELAYED(t)属性检测信号的保持时间。

【例 2-27】D 触发器的保持时间检测的描述。

```
LIBRARY IEEE;
USE IEEE.STD_LOGIC_1164.ALL;
ENTITY dff IS
    GENERIC(setup_time,hold_time: TIME);
    PORT(d,clk: IN cal_resist STD_LOGIC;
        q: OUT STD_LOGIC);
END ENTITY dff;
ARCHITECTURE dff_BEHAVE OF dff IS
BEGIN
Setup_check:PROCESS(clk) IS
    BEGIN
        IF clk'LAST_VALUE ='0' AND clk'EVENT THEN
            ASSERT(d'LAST_EVENT >= setup_time)
            REPORT "SETUP VIOLATON"
            SEVERITY ERROR;
        END IF;
hold_check:PROCESS(clk'DELAYED(2*hold_time)) IS
    BEGIN
        IF(clk'DELAYED(hold_time*2)='1')AND (clk'DELAYED(hold_time*2)'EVENT)then
            ASSERT ((d'LAST_EVENT = 0 ns) OR (d'LAST_EVENT < hold_time) )
            REPORT "HOLD VIOLATON"
            SEVERITY ERROR;
        END IF;
END PROCESS;
dff_process: PROCESS(clk) IS
    BEGIN
        IF clk'LAST_VALUE='0' AND clk'EVENT THEN
            q <= d;
        END IF;
```

```
        END PROCESS;
    END ARCHITECTURE dff_BEHAVE;
```

2)属性'STABLE(t)

可以用'STABLE(t)属性确定在指定的时间内,参考信号是否变化从而返回一个布尔值,可以用这个布尔值赋给另外一个信号,使这个信号产生变化。

【例2-28】如图2.9.2所示,信号属性'STABLE(t)的代码描述。

```
LIBRARY IEEE;
USE IEEE.STD_LOGIC_1164.ALL;
ENTITY exam IS
    PORT(a: IN STD_LOGIC;
         b: OUT STD_LOGIC);
END ENTITY;
ARCHITECTURE pulse OF exam IS
BEGIN
    b <= a'STABLE(10 ns);
END ARCHITECTURE PULSE;
```

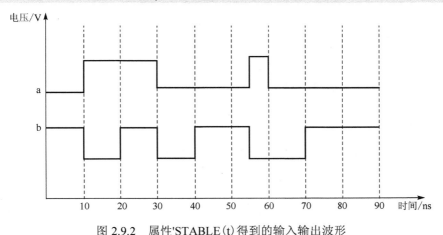

图 2.9.2 属性'STABLE(t)得到的输入输出波形

如果属性'STABLE(t)中 t 的时间值为 0(也是默认值),则时间值可以没有,可以检测信号的边沿。

3)属性'QUIET(t)

可以用'QUIET(t)属性确定在指定的时间内,参考信号是否变化从而返回一个布尔值,可以用这个布尔值赋给另外一个信号,使这个信号产生变化。

【例2-29】具有优先级中断的描述。

```
ARCHITECTURE test OF test IS
    TYPE t_int IS (int1,int2,int3,int4,int5);
    SIGNAL int,intsig1,intsig2,intsig3 : t_INT;
    SIGNAL lock_out : BOOLEAN;
BEGIN
    int1_proc: PROCESS
    BEGIN
```

```
            ……
            WAIT ON trigger1;
            WAIT UNTIL clk = '1';
            IF NOT(lock_our) THEN
                intsig1 <= int1;
            END IF;
        END PROCESS;
    int2_proc: PROCESS
        BEGIN
            ……
            WAIT ON trigger2;
            WAIT UNTIL clk = '1';
            IF NOT(lock_our) THEN
                intsig2 <= int2;
            END IF;
        END PROCESS;
    int3_proc: PROCESS
        BEGIN
            ……
            WAIT ON trigger3;
            WAIT UNTIL clk = '1';
            IF NOT(lock_our) THEN
                intsig3 <= int3;
            END IF;
        END PROCESS;
        int <= intsig1 WHEN NOT(intsig1'QUIET) ELSE
               intsig2 WHEN NOT(intsig2'QUIET) ELSE
               intsig3 WHEN NOT(intsig3'QUIET) ELSE
               int;
    int_handle : PROCESS
        BEGIN
            WAIT ON int'TRANSACTION;
        lock_out <= TRUE;
            WAIT FOR 10ns;
        CASE int IS
                WHEN int1 =>……
                WHEN int2 =>……
                WHEN int3 =>……
                WHEN int4 =>……
                WHEN int5 =>……
        END CASE;
        lock_out <= FALSE;
        END PROCESS;
END ARCHITECTURE test;
```

4. 数据类型属性

根据所加属性可以得到一个数据类型值。只有一种：类型名'BASE。用该属性可以得到一个数据类型或子类型的基本类型,并且使用时只能作为其他属性的前缀来使用。

【例 2-30】数据类型属性。

```
DO_NOTHING:PROCESS(x)IS
    TYPE color IS (red,blue,green,yellow,brown,black);
    SUBTYPE color_gun IS color RANGE red TO green;
    VARIABLE a:color;
BEGIN
    a:=color_gun'BASE'RIGHT;
    a:=color'BASE'LEFT;
    a:=color_gun'BASE'SUCC(green);
END PROCESS;
```

5. 数组区间类属性

该属性按指定输入参数可以得到一个确定的数组区间范围。只能用于数组,只有两种:①'RANGE,该属性可以得到一个递减顺序的自然数区间,即 n DOWNTO 0,其中 n 是数组长度减一;②'REVERSE_RANGE,该属性可以得到一个递增顺序的自然数区间,即 0 TO n。

【例 2-31】数组区间类属性。

```
FUNCTION VECTOR_TO_INT(vect:STD_LOGIC_VECTOR)
    RETURN INTEGER IS
    VARIABLE result: INTEGER :=0;
BEGIN
    FOR i IN vect' REVERSE_RANGE LOOP
        result := result + vect(i) * (2**i);
    END LOOP;
    RETURN result;
END VECTOR_TO_INT;
```

2.9.3 GENERATE 语句

GENERATE(生成)语句是一种可以建立重复结构或者在多个模块的表示形式之间进行选择的语句。由于生成语句可以用来产生多个相同的结构,因此使用生成语句就可以避免多段相同结构的 VHDL 程序的重复书写(相当于复制)。

生成语句有两种形式:FOR…GENERATE 模式和 IF…GENERATE 模式。

1. FOR…GENERATE 模式生成语句

FOR…GENERATE 模式生成语句的书写格式为:

```
[标号:] FOR 循环变量 IN 离散范围 GENERATE
    <并行处理语句>;
END GENERATE [标号];
```

其中循环变量的值在每次循环中都将发生变化;离散范围用来指定循环变量的取值范围,循环变量的取值将从取值范围最左边的值开始并且递增到取值范围最右边的值,实际上也就限制了循环的次数;循环变量每取一个值就要执行一次 GENERATE 语句体中的并行处理语句；最后 FOR...GENERATE 模式生成语句以保留字"END GENERATE [标号：]；"来结束 GENERATE 语句的循环。

生成语句的典型应用是存储器阵列和寄存器。下面以四位移位寄存器为例，说明 FOR...GENERATE 模式生成语句的优点和使用方法。

图 2.9.3 所示电路是由边沿 D 触发器组成的四位移位寄存器，其中第一个触发器的输入端用来接收四位移位寄存器的输入信号，其余的每一个触发器的输入端均与左面一个触发器的 q 端相连。

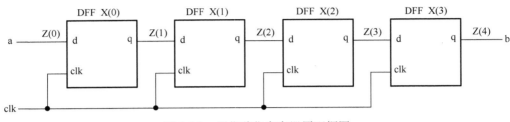

图 2.9.3 四位移位寄存器原理框图

根据上面的电路原理图，写出四位移位寄存器的 VHDL 描述如下。

【例 2-32】四位移位寄存器。

```
LIBRARY IEEE;
USE IEEE. STD_LOGIC_1164.ALL;
ENTITY shift_reg IS
    PORT(di: IN STD_LOGIC;
         cp: IN STD_LOGIC;
         do: OUT STD_LOGIC);
END ENTITY shift_reg;
ARCHITECTURE structure OF shift_reg IS
    COMPONENT dff
--元件说明
        PORT(d: IN STD_LOGIC;
            clk: IN STD_LOGIC;
            q: OUT  STD_LOGIC;
        END COMPONENT;
        SIGNAL q: STD_LOGIC_VECTOR(4 DOWNTO 0);
    BEGIN
        dff1: dff  PORT MAP(di, cp, q(1));
--元件例化
        dff2: dff  PORT MAP (q(1), cp, q(2));
        dff3: dff  PORT MAP (q(2), cp, q(3));
        dff4: dff  PORT MAP(q(3), cp, do);
END ARCHITECTURE structure;
```

在例 2-32 的结构体中有四条元件例化语句，这四条语句的结构十分相似。对例 2-32 进行适当修改，使结构体中这四条元件例化语句具有相同的结构，如例 2-33 所示。

【例 2-33】 四位移位寄存器。

```
LIBRARY IEEE;
```

```
USE IEEE.STD_LOGIC_1164.ALL;
ENTITY shift_reg IS
    PORT(di: IN STD_LOGIC;
         cp: IN STD_LOGIC;
         do: OUT STD_LOGIC);
END ENTITY shift_reg;
ARCHITECTURE structure OF shift_reg IS
COMPONENT dff
    PORT(d: IN STD_LOGIC;
         clk: IN STD_LOGIC;
         q: OUT STD_LOGIC);
END COMPONENT;
    SIGNAL q: STD_LOGIC_VECTOR(4 DOWNTO 0);
    BEGIN
    q(0)<= di
    dff1: dff PORT MAP (q(0), cp, q(1));
    dff2: dff PORT MAP (q(1), cp, q(2));
    dff3: dff PORT MAP (q(2), cp, q(3));
    dff4: dff PORT MAP (q(3), cp, q(4));
    do<= q(4)
END ARCHITECTURE structure;
```

这样便可以使用 FOR…GENERATE 模式生成语句对例 2-33 中的规则体进行描述，如例 2-34 所示。

【例 2-34】FOR…GENERATE 模式生成语句应用。

```
LIBRARY IEEE;
USE IEEE.STD_LOGIC_1164.ALL;
ENTITY shift_reg IS
    PORT(di: IN STD_LOGIC;
         cp: IN STD_LOGIC;
         do: OUT STD_LOGIC);
END ENTITY shift_reg;
ARCHITECTURE structure OF shift_reg IS
COMPONENT dff
        PORT(d: IN STD_LOGIC;
             clk: IN STD_LOGIC;
             q: OUT STD_LOGIC);
END COMPONENT;
    SIGNAL q: STD_LOGIC_VECTOR(4 DOWNTO 0);
BEGIN
    q(0)<= di
    label1: FOR i IN 0 TO 3 GENERATE
    dffx: dff PORT MAP (q(i), cp, q(i+1));
    END GENERATE label1;
    do <= q(4)
END ARCHITECTURE structure;
```

可以看出用 FOR…GENERATE 模式生成语句替代例 2-32 和例 2-33 中的四条元件例化语句，使 VHDL 程序变得更加简洁明了。在例 2-34 的结构体中用了两条并发的信号代入语句和一条 FOR…GENERATE 模式生成语句，两条并发的信号代入语句用来将内部信号 q 和输入端口 di、输出端口 do 连接起来，一条 FOR…GENERATE 模式生成语句用来产生具有相同结构的四个触发器。

2. IF…GENERATE 模式生成语句

IF…GENERATE 模式生成语句的书写格式如下：

```
[标号: ]IF 条件 GENERATE
<并行处理语句>;
END GENERATE [标号];
```

IF…GENERATE 模式生成语句主要用来描述一个结构中的例外情况，例如，某些边界条件的特殊性。当执行到该语句时首先进行条件判断，如果条件为 TRUE，才会执行生成语句中的并行处理语句；如果条件为 FALSE，则不执行该语句。

【例 2-35】IF…GENERATE 模式生成语句应用。

```
LIBRARY IEEE;
USE IEEE.STD_LOGIC_1164.ALL;
ENTITY shift_reg IS
    PORT(di: IN STD_LOGIC;
         cp: IN STD_LOGIC;
         do: OUT STD_LOGIC);
END ENTITY shift_reg;
ARCHITECTURE structure OF shift_reg IS
COMPONENT dff
    PORT(d: IN STD_LOGIC;
         clk: IN STD_LOGIC;
         q: OUT STD_LOGIC);
END COMPONENT
SIGNAL q: STD_LOGIC_VECTOR(3 DOWNTO 1);
BEGIN
    label1:
    FOR i IN 0 TO 3 GENERATE
        IF(i=0)GENERATE
            dffx: dff PORT MAP(di, cp, q(i+1));
    END GENERATE;
    IF(i=3)GENERATE
        ffx: dff PORT MAP (q(i), cp, do);
    END GENERATE;
      IF((i /=0)AND(i /=3))GENERATE
            dffx: dff PORT MAP (q(i), cp, q(i+1));
      END GENERATE;
    END GENERATE label1;
END ARCHITECTURE structure;
```

在例 2-35 的结构体中,FOR…GENERATE 模式生成语句中使用了 IF…GENERATE 模式生成语句。IF…GENERATE 模式生成语句首先进行条件 i = 0 和 i = 3 的判断,即判断所产生的 D 触发器是移位寄存器的第一级还是最后一级;如果是第一级触发器,就将寄存器的输入信号 di 代入 PORT MAP 语句中;如果是最后一级触发器,就将寄存器的输出信号 do 代入 PORT MAP 语句中。这样就解决了硬件电路中输入/输出端口具有不规则性所带来的问题。

2.10 VHDL 程序的其他构件

2.10.1 块

块(BLOCK)是 VHDL 中的一种划分机制,它允许设计者将一个模块划分成数个区域。任何能在结构体的说明部分进行说明的对象都能在 BLOCK 说明部分进行说明(如信号、数据类型、常量等)。BLOCK 的格式如下:

```
块标号: BLOCK[(防护表达式)]
        接口说明  --BLOCK 的接口设置(PORT)
    --与外界信号的连接(PORT MAP)
        类属说明
        <块说明部分>;
        BEGIN
            <并行语句>
END BLOCK[块标号];
```

元件例化也是将结构体的并行描述分成多个层次的方法,但与 BLOCK 本质上是完全不同的。元件例化涉及多个实体和结构体,且综合后硬件结构的逻辑层次有所增加。而 BLOCK 方式的划分结构只是形式上的,是一种将结构体中的并行语句进行组合的方法,它的主要目的是改善并行语句及其结构的可读性或利用 BLOCK 的保护表达式关闭某些信号。

【例 2-36】BLOCK 用法 1。

```
LIBRARY IEEE;
USE IEEE.STD_LOGIC_1164.ALL;
ENTITY half IS
    PORT(a, b: IN BIT; s, c: OUT BIT);
END ENTITY half;
ARCHITECTURE blo OF half IS
BEGIN
    b1:BLOCK(clk='1')                  --()内是防护表达式,为布尔型
    BEGIN
        b_half: BLOCK
            PORT(a1, b1: IN BIT;
                 s1; c1: OUT BIT);     --BLOCK 的接口设置
            PORT MAP(a, b, s, c);      --与外界信号的连接
        BEGIN
            P1: PROCESS(a1, b1) IS
            BEGIN
                s1<= a1 XOR b1;
```

```
            END PROCESS P1;
        P2: PROCESS(a1, b1) IS
            BEGIN
                c1<= a1 AND b1;
            END PROCESS P2;
    END BLOCK;
END ARCHITECTURE blo;
```

【例 2-37】BLOCK 用法 2。

```
LIBRARY IEEE;
USE IEEE.STD_LOGIC_1164.ALL;
ENTITY example IS
    PORT(d, clk: IN BIT;
         q, qb: OUT BIT);
END ENTITY example;
ARCHITECTURE latch_bus OF example IS
BEGIN
    b1:BLOCK(clk='1')                --()内是防护表达式，为布尔型
    BEGIN
        q<=GUARDED d AFTER 5ns;      --由保留字 GUARDED 引导防护语句
        qb<=NOT(d)AFTER 7ns;
    END BLOCK b1;
END ARCHITECTURE latch_bus;
```

只有防护条件为真时，防护表达式才起作用，而对非防护表达式不起作用。

2.10.2 函数

VHDL 允许用户自定义子程序，子程序包含函数(FUNCTION)和过程。

在 VHDL 中有多种函数形式，包括用户自定义的函数和在库中现成的具有专用功能的预定义函数。用户自定义函数的格式如下：

```
FUNCTION 函数名(参数表)RETURN 数据类型;        --函数首
FUNCTION 函数名(参数表)RETURN 数据类型 IS     --以下函数体
    [说明部分];                              --各种定义只适用于函数内部
BEGIN
    顺序语句;                                --具体函数的功能
END 函数名;
```

参数表中可以是信号或常数，参数名需放在关键字 CONSTANT 或 SIGNAL 之后，如果没有特别说明，默认为常数。

如果只在一个结构体中定义并调用函数，则仅需在结构体的说明部分定义函数体即可。

【例 2-38】函数的使用方法。

```
LIBRARY IEEE;
USE IEEE.STD_LOGIC_1164.ALL;
ENTITY func IS
    PORT(a: IN BIT_VECTOR(0 TO 2);
         m: OUT BIT_VECTOR(0 TO 2));
```

```
END ENTITY func;
ARCITECTURE demo OF func IS
    FUNCTION SAM(s, y, z: BIT)RETURN BIT IS   --定义函数 SAM,仅出现函数体
    BEGIN
        RETURN(x AND y)OR y;
    END SAM;
    --以上为结构体的说明部分
BEGIN
    PROCESS(a) IS
    BEGIN
        m(0)<= SAM(a(0), a(1), a(2));        --调用函数 SAM
        m(1)<= SAM(a(2), a(0), a(1));
        m(2)<= SAM(a(1), a(2), a(0));
    END PROCESS;
END ARCITECTURE demo;
```

如果将一个已定义好的函数并入程序包,函数首必须放在程序包的说明部分,而函数体则需放在程序包的包体内。

VHDL 允许以相同的函数名定义函数,但要求函数中定义的操作数具有不同的数据类型,以便调用时分辨不同功能的同名函数。这种函数为不同数据类型间的运算带来极大的方便,如运算符重载函数"+"。

例如:

```
FUNCTION "+"(L: STD_LOGIC_VECTOR: INTEGER)RETURN STD_LOGIC_VECTOR;
--函数首
FUNCTION "+"(L: STD_LOGIC_VECTOR: INTEGER)RETURN STD_LOGIC_VECTOR IS
--函数体
        VARIBLE result: STD_LOGIC_VECTOR(L'range);
    BEGIN
        result:=UNSIGNED(L)+R;   --调用 UNSIGNED 程序包中的 UNSIGNED 类型
                                   转换函数
        RETURN STD_LOGIC_VECTOR(result);
END"+";
```

若该函数已被打成包,可以直接调用程序包,使其所有定义对程序可见。实际上该函数已在 IEEE 库中的 STD_LOGIC_UNSIGNED 程序包中。

【例 2-39】直接调用重载函数的用法。

```
LIBRARY IEEE;
USE IEEE.STD_LOGIC_1164.ALL;
USE IEEE.STD_LOGIC_UNSIGNED.ALL;          --调用程序包
ENTITY sample IS
    PORT(clk: IN_STD_LOGIC;
         Q: BUFFER STD_LOGIC_VECTOR(3 DOWNTO 0));
END ENTITY sample;
ARCHITECTURE BEHAVE OF sample IS
BEGIN
    PROCESS(clk) IS
```

```
            BEGIN
                IF clk 'EVENT AND clk ='1' THEN
                    IF q=15 THEN q<="0000";
                    ELSE q<=q+1;                    --直接调用重载函数"+"
                    END IF;
                END IF;
            END PROCESS;
        END ARCITECTURE BEHAVE;
```

2.10.3 过程

过程(PROCEDURE)与函数一样,也由两部分组成,即过程首和过程体。同样地,过程首也不是必需的,过程体也可以在结构体中独立存在和使用。具体格式如下:

```
        PROCEDURE 过程名(参数表)            --过程首
        PROCEDURE 过程名(参数表) IS         --过程体
            [定义语句];                     --变量等定义
        BEGIN
            [顺序语句处理];                 --过程语句
        END 过程名;
```

参数表中的参量可以是信号或常数,与函数不同的是,过程函数表中的函数需用 IN、OUT、INOUT 定义其工作模式。IN 模式参量如果不加以说明,默认为常数类型。

例如:

```
        PROCEDURE and2(x, y: IN BIT; SIGNAL O: OUT BIT);        --过程首
        PROCEDURE and2(x, y: IN BIT; SIGNAL O: OUT BIT) IS      --过程体
        BEGIN
            IF x='1' AND y='1' THEN O<='1';
            ELSE O<='0';
            END IF;
        END and2;
```

过程也可以重载,与重载函数类似。

例如:

```
        PROCEDURE calcu(v1, v2: IN REAL; SIGNAL out1: INOUT REAL); --过程(1)
        PROCEDURE calcu(v1, v2: IN INTEGER; SIGNAL out1: INOUT INTEGER);--过程(2)
        calcu(20.15, 1.42, sign1);                              --调用过程(1)
        calcu(23, 320, sign2);                                  --调用过程(2)
```

值得注意的是,如果一个过程是在进程中调用的,且这个进程已列出敏感参数表,则不能在此过程中使用 WAIT 语句。

在这里总结一下函数与过程的异同点。

(1)函数与过程都可用于数值计算、类型转换或有关设计中的描述。
(2)函数和过程中都必须是顺序语句,并且不能在它们中说明信号。
(3)过程参数表一般要定义参量的流向模式,如果没有指定,默认为 IN。
(4)过程中可以有 WAIT 语句(但综合器一般不支持),函数中不能。
(5)过程有多个返回值,函数只有一个返回值。

2.10.4 程序包

程序包(PACKAGE)是一种使已有定义的常数、数据类型、函数、过程等能被其他设计共享的数据结构。程序包也分为包首和包体，格式如下：

```
PACKAGE 程序包名 IS            --程序包首
    程序包首说明;
END 程序包名;
PACKAGE BODY 程序包名 IS       --程序包体
    程序包体说明部分以及包体;
END 程序包名;
```

通常程序包的包首中用于定义常数、用户自定义的数据类型、函数首、过程首等，而函数体、过程体等在程序包的包体中。

【例2-40】 描述程序包 logic。

```
PACKAGE logic IS
    TYPE THREE_LEVEL_LOGIC IS('0', '1', 'Z');
    CONSTANT unknown_value_ : THREE_LEVEL_LOGIC:='0';
    FUNCTION invert(input: THREE_LEVEL_LOGIC)RETURN THREE_LEVEL_LOGIC;
END logic;
PACKAGE BODY logic IS
    FUNCTION invert(input: THREE_LEVEL_LOGIC)RETURN THREE_LEVEL_LOGIC IS
    BEGIN
        CASE input IS
        WHEN '0'=>'1';
        WHEN '1'=>'0';
        WHEN 'Z'=>'Z';
        END CASE;
    END invert;
END logic;
```

下面是一个应用已经定义好的程序包 logic 的例子。

【例2-41】 直接在结构体中以并行语句调用。

```
USE WORK.LOGIC.THREE_LEVEL_LOGIC;  --使程序包相关定义可见
USE WORK.LOGIC.INVERT;
--或USE WORK.LOGIC.ALL; 使LOGIC程序包的全部定义可见
ENTITY inverter IS
PORT(x: IN THREE_LEVEL_LOGIC);       --采用程序包中定义的数据类型
     y: OUT THREE_LEVEL_LOGIC);
END ENTITY inverter;
ARCHITECTURE BEHAVE OF inverter IS
BEGIN
    y<=invert(x)AFTER 2ns;           --函数调用
END ARCHITECTURE BEHAVE;
```

【例2-42】在进程中以顺序语句调用。

```
USE WORK.LOGIC.THREE_LEVEL_LOGIC;
USE WORK.LOGIC.INVERT;
ENTITY inverter IS
    PORT(x: IN THREE_LEVEL_LOGIC);
         y: OUT THREE_LEVEL_LOGIC);
END ENTITY inverter;
ARCHITECTURE BEHAVE OF inverter IS
BEGIN
    PROCESS(x) IS
    BEIGN
        y<=invert(x)AFTER 2ns;              --函数调用
    END PROCESS;
END ARCHITECTURE BEHAVE;
```

从例 2-41 和例 2-42 可知，函数若直接在结构体中调用则为并行语句，在进程中调用则为顺序语句。

VHDL 93 版 IEEE 库中包含了 STD_LOGIC_1164、STD_LOGIC_ARITH、STD_LOGIC_UNSIGNED、STD_LOGIC_SIGNED 等常用的程序包。

2.11 结构体的描述方法

在前面例题的结构体描述中，涵盖了结构体的三种描述方法，分别为行为描述法、数据流描述法、结构描述法。

行为描述法是指在描述输入与输出之间的转换行为，包含内部的电路元件、电路的结构信息等。采用行为描述法时，一般将结构体的名字命名为 BEHAVE。例 2-3 就属于行为描述法。如果 VHDL 的结构体只描述了所设计模块的功能或者模块行为，而没有直接描述实现这些行为的硬件结构，包括硬件特性、连线方式、逻辑行为方式，称这种描述方式为行为描述。行为描述只表示输入与输出间转换的行为，它不包含任何结构信息；所以算法形式对系统模型、功能的描述与硬件结构无关，抽象程度最高。常用语句：进程、过程、函数。

在应用 VHDL 进行系统设计时，行为描述方式是最重要的逻辑描述方式，行为描述方式是 VHDL 编程的核心。只有 VHDL 作为硬件电路的行为描述语言，才能满足自顶向下设计流程的要求，从而成为电子线路系统级仿真和设计的最佳选择。本书中大量实例采用了行为描述方式来进行设计，这里不再单独举例说明。

数据流描述法，又称为 RTL 方式，既表示行为，又隐含着结构，体现数据的流动路径和方向。采用数据流描述法时，一般将结构体命名为 DATAFLOW，结构体中没有 PROCESS 语句，常用布尔方程表达。例 2-2 采用的就是数据流描述法。

一般地，VHDL 的 RTL 描述方式类似于布尔方程，可以描述时序电路，也可以描述组合电路，它既含有逻辑单元的结构信息，又隐含表示某种行为，数据流描述主要是指非结构化的并行语句描述。例 2-43 采用数据流的描述方式实现了半减器。

【例2-43】半减器。

```
LIBRARY IEEE;
```

```
USE IEEE.STD_LOGIC_1164.ALL;
USE IEEE.STD_LOGIC_ARITH.ALL;
USE IEEE.STD_LOGIC_UNSIGNED.ALL;
ENTITY halfdec IS
PORT(a,b:IN STD_LOGIC;
borrow,y:OUT STD_LOGIC);
END ENTITY halfdec;
ARCHITECTURE a OF halfdec IS
BEGIN
y<=a XOR b;
BORROW<=NOT a AND b;
END ARCHITECTURE a;
```

数据流的描述风格是建立在用并行信号赋值语句描述基础上的，数据流描述方式能比较直观地表达底层逻辑行为。

结构描述法，常通过描述电路元件与它们之间的连接关系来实现新的电路。用结构描述法时，一般将结构体命名为 stru，在结构体的说明部分需要将已经描述好的模块（如半加器、或门）定义为元件，在结构体的功能描述部分再对元件进行调用，描述相互间的连线关系。例 2-43 的结构体描述方法便是结构描述法。

VHDL 结构型描述风格是基于元件例化语句或生成语句的应用，利用这种语句可以用不同类型的结构来完成多层次的工程，即从简单的门到非常复杂的元件（包括各种已完成的设计实体子模块）来描述整个系统。元件间的连接是通过定义的端口界面来实现的，其风格最接近实际的硬件结构，即设计中的元件是互连的。

结构描述就是表示元件之间的互连，这种描述允许互连元件的层次化设计。图 2.11.1 所示为一位全加器的结构图。例 2-44 是对该全加器的结构化描述。

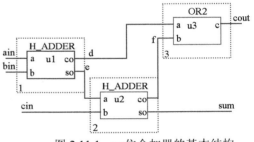

图 2.11.1 一位全加器的基本结构

【例 2-44】一位全加器的基本结构。

```
LIBRARY IEEE;
USE IEEE.STD_LOGIC_1164.ALL;
ENTITY f_adder IS
PORT(ain,bin,cin:IN STD_LOGIC;
     cout,sum: OUT STD_LOGIC);
--定义全加器的输入输出端口
END ENTITY f_adder;
ARCHITECTURE hh OF f_adder IS
COMPONENT halfdder
--调用库元件"半加器"
    PORT (a,b:IN STD_LOGIC;
          co,so:OUT STD_LOGIC);
END COMPONENT h_adder;
COMPONENT or1
```

```
    --调用库元件"或门"
        PORT(a,b: in STD_LOGIC;
              c: OUT STD_LOGIC);
END COMPONENT;
SIGNAL d,e,f:STD_LOGIC;
--信号赋值语句
BEGIN
U1:halfadder PORT MAP(a=>ain,b=>bin,co=>d,so=>e);
U2:halfadder PORT MAP(a=>e,b=>cin,co=>f,so=>sum);
U3:or1 PORT MAP( a=>d,b=>f,c=>cout);
END ARCHITECTURE hh;
```

利用结构描述方式，可以采用结构化、模块化设计思想将一个大的设计划分为许多小的模块，逐一设计调试完成，然后利用结构描述方法将它们组装起来，形成更为复杂的设计。

第3章 常用 FPGA 开发工具

FPGA 开发工具比较多，本章重点对常用开发工具设计软件 Quartus Ⅱ 13.0 和专业仿真软件 ModelSim10.1 进行详细介绍。首先介绍设计软件 Quartus Ⅱ 13.0 的使用方法。

3.1 硬件开发工具 Quartus Ⅱ 13.0

3.1.1 Quartus Ⅱ 13.0 简介

Altera Quartus Ⅱ 13.0 设计软件提供完整的多平台设计环境，能够直接满足特定设计需要，为可编程芯片系统提供全面的设计环境，这一软件实现了性能最好的 FPGA 和 SoC，提高了设计人员的效能，28nm FPGA 和 SoC 用户的编译时间将平均缩短 25%。Quartus Ⅱ 13.0 软件含有 FPGA 和 CPLD 设计所有阶段的解决方案，图 3.1.1 列出了 Quartus Ⅱ 13.0 的设计流程。

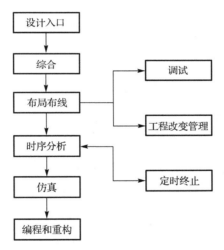

图 3.1.1　Quartus Ⅱ 13.0 的设计流程

此外，Quartus Ⅱ 13.0 软件为设计流程的每个阶段提供 Quartus Ⅱ 13.0 图形用户界面、EDA 工具界面和命令行界面。可以在整个流程中只使用这些界面中的一个，也可以在设计流程的不同阶段使用不同界面，Quartus Ⅱ 13.0 还增强了包括基于 C 语言的开发套件、基于系统/IP 以及基于模型的高级设计流程。本章将对整个设计流程进行介绍，使用户对 Quartus Ⅱ 13.0 的使用方法有一定的了解。

3.1.2 Quartus Ⅱ 13.0 设计流程

可以使用 Quartus Ⅱ 13.0 软件完成设计流程的所有阶段，它是一个全面易用的独立解决方案。图 3.1.2 显示了 Quartus Ⅱ 13.0 图形用户界面所提供的功能。

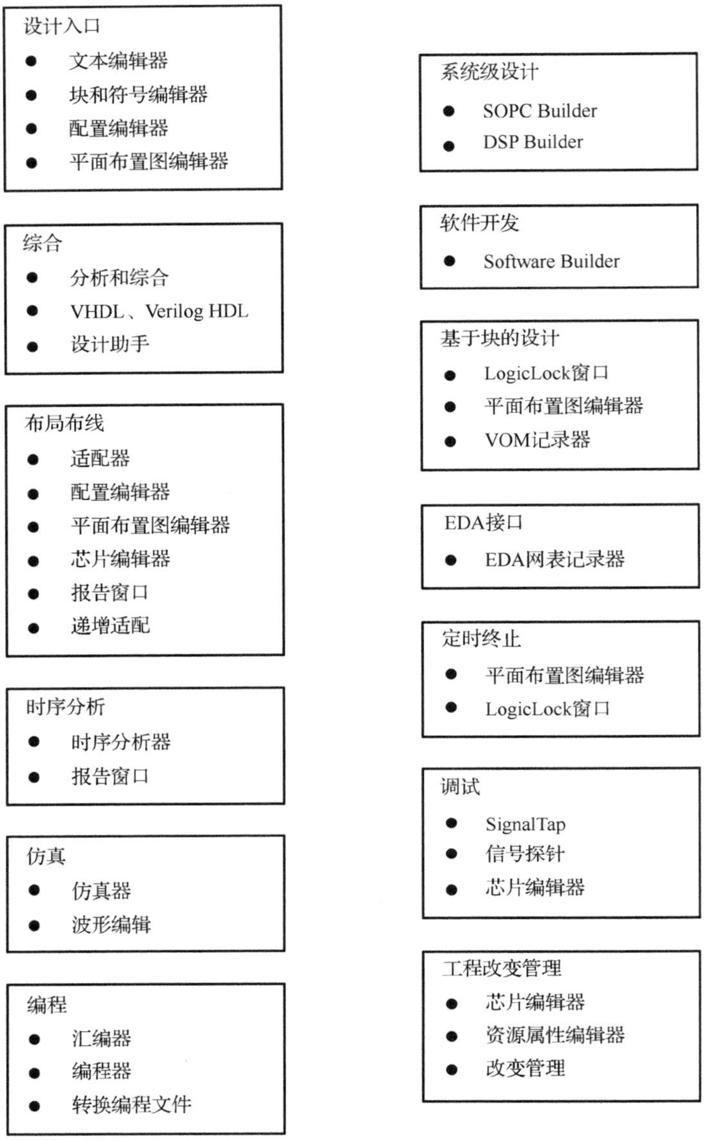

```
设计入口
● 文本编辑器
● 块和符号编辑器
● 配置编辑器
● 平面布置图编辑器

综合
● 分析和综合
● VHDL、Verilog HDL
● 设计助手

布局布线
● 适配器
● 配置编辑器
● 平面布置图编辑器
● 芯片编辑器
● 报告窗口
● 递增适配

时序分析
● 时序分析器
● 报告窗口

仿真
● 仿真器
● 波形编辑

编程
● 汇编器
● 编程器
● 转换编程文件

系统级设计
● SOPC Builder
● DSP Builder

软件开发
● Software Builder

基于块的设计
● LogicLock窗口
● 平面布置图编辑器
● VOM记录器

EDA接口
● EDA网表记录器

定时终止
● 平面布置图编辑器
● LogicLock窗口

调试
● SignalTap
● 信号探针
● 芯片编辑器

工程改变管理
● 芯片编辑器
● 资源属性编辑器
● 改变管理
```

图 3.1.2　Quartus Ⅱ 13.0 图形用户界面所提供的功能

图 3.1.3 显示了首次启动 Quartus Ⅱ 13.0 软件时出现的 Quartus Ⅱ 图形用户界面。

Quartus Ⅱ 软件包括一个模块化编译器。编译器包括以下模块(标有星号的模块表示在完整编译时，可根据设置选择使用)。

(1) 分析和综合。

(2) 分区合并*。

(3) 适配器。

(4) 汇编器*。

(5) 标准时序分析器和 TimeQuest 时序分析器*。

(6) 设计助手*。

(7) EDA 网表写入器*。

(8) HardCopy 网表写入器*。

要将所有的编译器模块作为完整编译的一部分来运行，在 Processing 菜单中单击 Start Compilation 选项。也可以单独运行每个模块，从 Processing 菜单的 Start 子菜单中执行希望启动的命令，还可以逐步运行一些编译模块。

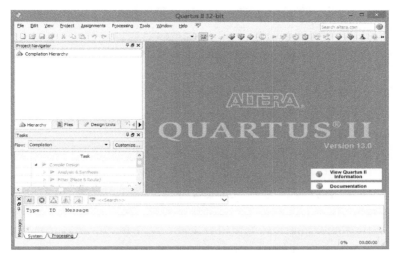

图 3.1.3　Quartus Ⅱ 图形用户界面

此外，Tools 菜单栏下有很多工具，如图 3.1.4 所示，其中 Run Simulation Tool（包含时序仿真和功能仿真）和 Qsys 是最常用的工具，其他可根据实验需要调用相应的工具。

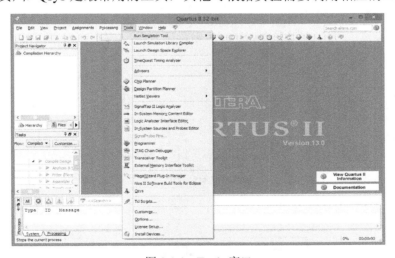

图 3.1.4　Tools 窗口

Quartus Ⅱ 13.0 软件也提供一些预定义的编译流程，用户可以利用 Processing 菜单中的命令来使用这些流程。

以下步骤描述了使用 Quartus Ⅱ 13.0 图形用户界面的基本设计流程。

(1) 在 File 菜单中单击 New Project Wizard 选项，建立新工程并指定目标器件或器件系列。

(2) 使用文本编辑器建立 Verilog HDL、VHDL 或者 Altera 硬件描述语言(AHDL)设计。使用模块编辑器建立以符号表示的框图，表征其他设计文件，也可以建立原理图。

(3) 使用 MegaWizard 插件管理器生成宏功能和 IP 功能的自定义变量,在设计中将它们例化,也可以使用 Qsys 建立一个系统级设计。

(4) 利用分配编辑器、引脚规划器、Settings 对话框、布局编辑器,以及设计分区窗口指定初始设计约束。

(5) 进行早期时序估算,在适配之前生成时序结果的早期估算。(可选)

(6) 利用分析和综合工具对设计进行综合。

(7) 如果用户的设计含有分区,还没有进行完整编译,则需要通过 Partition Merge 将分区合并。

(8) 通过仿真器为设计生成一个功能仿真网表,进行功能仿真。(可选)

(9) 使用适配器对设计进行布局布线。

(10) 使用 PowerPlay 功耗分析器进行功耗估算和分析。

(11) 使用仿真器对设计进行时序仿真。使用 TimeQuest 时序分析器或者标准时序分析器对设计进行时序分析。

(12) 使用物理综合、时序逼近布局、LogicLock 功能和分配编辑器纠正时序问题。(可选)

(13) 使用汇编器建立设计编程文件,通过编辑器和 Altera 编程硬件对器件进行编程。

(14) 采用 lTap Ⅱ 逻辑分析器、外部逻辑分析器、SignalProbe 功能或者芯片编辑器对设计进行调试。(可选)

(15) 采用芯片编辑器、资源属性编辑器和更改管理器来管理工程改动。(可选)

Quartus Ⅱ 13.0 软件允许用户在设计流程的不同阶段使用熟悉的 EDA 工具,可以与 Quartus Ⅱ 13.0 图形用户界面或者 Quartus Ⅱ 13.0 命令行可执行文件一起使用这些工具。图 3.1.5 显示了 EDA 工具设计流程。

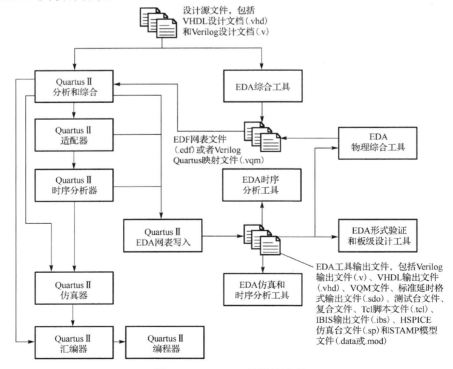

图 3.1.5 EDA 工具设计流程

以下步骤为其他 EDA 工具与 Quartus II 13.0 软件配合使用时的基本设计流程。

(1) 创建新工程并指定目标器件或器件系列。

(2) 指定与 Quartus II 13.0 软件一同使用的 EDA 设计输入、综合、仿真、时序分析、板级验证、形式验证及物理综合工具，为这些工具指定其他选项。

(3) 使用标准文本编辑器建立 Verilog HDL 或者 VHDL 设计文件，也可以使用 MegaWizard 插件管理器建立宏功能模块的自定义变量。

(4) 使用 Quartus II 13.0 支持的 EDA 综合工具之一综合用户的设计，并生成 EDIF 网表文件(.edf)或 Verilog Quartus 映射文件(.vqm)。

(5) 使用 Quartus II 13.0 支持的仿真工具之一对用户的设计进行功能仿真。(可选)

(6) 在 Quartus II 13.0 软件中对设计进行编译。运行 EDA 网表写入器，生成输出文件，供其他 EDA 工具使用。

(7) 使用 Quartus II 13.0 支持的 EDA 时序分析或者仿真工具之一对设计进行时序分析和仿真。(可选)

(8) 使用 Quartus II 13.0 支持的 EDA 形式验证工具之一进行形式验证，确保 Quartus II 布线后网表与综合网表一致。(可选)

(9) 使用 Quartus II 13.0 支持的 EDA 板级验证工具之一进行板级验证。(可选)

(10) 使用 Quartus II 13.0 支持的 EDA 物理综合工具之一进行物理综合。(可选)

(11) 使用编程器和 Altera 硬件对器件进行编程。

3.1.3 Quartus II 13.0 设计方法

在建立新设计时，应重视和考虑 Quartus II 13.0 软件提供的设计方法，包括自上而下或自下而上的渐进式设计流程，以及基于模块的设计流程。不管是否使用 EDA 设计输入和综合工具，都可以使用这些设计流程。

1. 自上而下与自下而上的设计方法比较

Quartus II 13.0 软件同时支持自上而下和自下而上的编译流程。在自上而下的编译过程中，一个设计人员或者工程负责人在软件中对整个设计进行编译。不同的设计人员或者 IP 提供者设计并验证设计的不同部分，工程负责人在设计实体完成后将其加入工程中。工程负责人从整体上编译并优化顶层工程。设计中完成的部分得到适配结果，当设计的其他部分改动时，其性能保持不变。

在自下而上的设计流程中，每个设计人员在各自的工程中对其设计进行优化后，将每一个底层工程集成到一个顶层工程中。渐进式编译提供导出和导入功能来实现这种设计方法。

作为底层模块设计人员，用户可以针对设计，导出优化后的网表和一组分配(如 LogicLock 区域)。然后，工程负责人将每一个设计模块作为设计分区导入顶层工程中。在这种情况下，工程负责人必须指导底层模块设计人员，保证每个分区使用适当的器件资源。

在完整的渐进式编译流程中，用户应该认识到，如果以前出于保持性能不变的原因而采用自下而上的方法，那么现在可以采用自上而下的方法来达到同样的目的。这一功能之所以重要是出于两方面的原因：第一，自上而下的流程要比对应的自下而上的流程执行起来简单一些，例如，不需要导入和导出底层设计；第二，自上而下的方法为设计软件提供整个设计的信息，因此，可以进行全局优化。而在自下而上的设计方法中，软件在编译每一个底层分区时，并不知道顶层设计其他分区的情况，因此，必须进行资源均衡和时序预算。

2. 自上而下的渐进式编译设计流程

自上而下的渐进式编译设计流程重新使用以前的编译结果，确保只对修改过的设计重新编译，因此能够保持设计性能不变，节省编译时间。自上而下的渐进式编译设计流程在处理其他设计分区时，可以只修改设计中关键单元的布局，也可以只对设计的指定部分限定布局，使编译器能够自动优化设计的其余部分，从而改进了时序。

在渐进式编译流程中，可以为设计分区分配一个设计实体实例，然后使用时序逼近布局图和 LogicLock 功能为分区分配一个器件物理位置，进行完整的设计编译。在编译过程中，编译器将综合和适配结果保存在工程数据库中。第一次编译之后，如果对设计进行进一步的修改，只有改动过的分区需要重新编译。

完成设计修改后，可以进行完整的综合，也可以只进行渐进式综合，这样不但能够显著地节省编译时间，而且可以保持性能不变。在这两种情况下，Quartus Ⅱ 13.0 软件为所选的任务合并所有的分区。

由于渐进式编译流程能够防止编译器跨分区边界进行优化，因此编译器不会像常规编译那样对面积和时序进行大量优化。为了获得最佳的面积和时序结果，建议记录设计分区的输入和输出，尽量将设计分区数量控制在合理范围内，避免跨分区边界建立过多的关键路径。不要建立太小的分区，如逻辑门数量少于 1000 的逻辑单元和自适应逻辑模块(ALM)分区。

3. 自下而上的渐进式编译设计流程

在自下而上的渐进式编译设计流程中，可以独立设计和优化每个模块，在顶层设计中集成所有已优化的模块，然后验证总体设计。每个模块具有单独的网表，在综合和优化之后可以将它们整合在顶层设计中。在顶层设计中，每个模块都不影响其他模块的性能。一般基于模块的设计流程可以在模块化、分层、渐进式和团队设计流程中使用。

可以在基于模块的设计流程中使用 EDA 设计输入和综合工具，设计和综合各个模块，然后将各模块整合到 Quartus Ⅱ 13.0 软件的顶层设计中，也可以在 EDA 设计输入和综合工具中完整地进行设计，综合基于模块的设计。

3.1.4 Quartus Ⅱ 13.0 功能详解

1. 使用模块编辑器

模块编辑器用于以原理图和框图形式输入与编辑图形设计信息。Quartus Ⅱ 13.0 模块编辑器读取并编辑模块设计文件和 MAX+Plus Ⅱ 图形设计文件。可以在 Quartus Ⅱ 13.0 软件中打开图形设计文件，将其另存为模块设计文件。模块编辑器与 MAX+Plus Ⅱ 软件的图形编辑器类似。

每一个模块设计文件都包含设计中代表逻辑的框图和符号。模块编辑器将每一个框图、原理图或者符号代表的设计逻辑合并到工程中。

可以利用模块设计文件中的框图建立新设计文件，在修改框图和符号时更新设计文件，也可以在模块设计文件的基础上生成模块符号文件(.bsf)、AHDL Include 文件(.inc)和 HDL

文件，还可以在编译之前分析模块设计文件是否出错。模块编辑器提供有助于在框图设计文件中连接框图和基本单元（包括总线和节点连接及信号名称映射）的一组工具。

可以更改模块编辑器的显示选项，例如，根据习惯更改导线和网格间距、橡皮带式生成线、颜色和像素、缩放，以及不同的框图和基本单元属性。

利用模块编辑器的以下功能，可以在 Quartus Ⅱ 13.0 软件中建立模块设计文件。

（1）对 Altera 提供的宏功能模块进行例化：Tools 菜单中的 MegaWizard Plug-In Manager 用于建立或修改包含宏功能模块自定义变量的设计文件。这些自定义宏功能模块变量是基于 Altera 提供的包括 LPM 功能在内的宏功能模块。宏功能模块以模块设计文件中的框图表示。

（2）插入框图和基本单元符号：模块结构图使用称为模块的矩形符号代表设计实体及相应的分配信号，这在自上而下的设计中很有用。模块由代表相应信号流程的管道连接起来。可以将结构图专用于代表用户的设计，也可以将其与原理单元结合使用。Quartus Ⅱ 13.0 软件提供可在模块编辑器中使用的各种逻辑功能符号，包括基本单元、参数化模块库（LPM）功能和其他宏功能模块。

（3）从模块或模块设计文件中建立文件：为了方便设计层次化工程，可以在模块编辑器中使用 Create/Update 命令（File 菜单），从模块设计文件中的模块开始建立其他模块设计文件、AHDL Include 文件、Verilog HDL 和 VHDL 设计文件，以及 Quartus Ⅱ 模块符号文件。还可以从模块设计文件本身建立 Verilog 设计文件、VHDL 设计文件和模块符号文件。

2. 项目设置

项目配置编辑器界面用于在 Quartus Ⅱ 13.0 软件中建立、编辑节点和实体级分配。配置设计中为实现逻辑功能而指定的各种选项和设置，包括位置、I/O 标准、时序、逻辑选项、参数、仿真和引脚分配。用户可以使能或者禁止单独分配功能，也可以为分配加入注释。

可以使用项目配置编辑器，进行标准格式时序分配。对于 Synopsys 设计约束，必须使用 TimeQuest 时序分析器。

以下步骤描述使用项目配置编辑器进行分配的基本流程。

（1）打开项目配置编辑器，如图 3.1.6 所示。

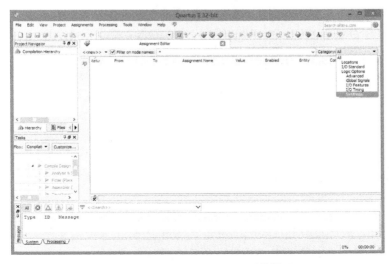

图 3.1.6　Quartus Ⅱ 项目配置编辑器

(2)在 Category 栏中选择相应的分配类别。

(3)在 Filter on node names 栏中指定相应的节点或实体,或使用 Filter on node names 对话框查找特定的节点或实体。

(4)在显示当前设计分配的电子表格中,添加相应的分配信息。

项目配置编辑器中的电子表格提供对应的下拉列表,也可以键入分配信息。当添加、编辑和删除分配时,Messages 窗口中将出现相应的 Tcl 命令。

执行 Export 命令(File 菜单),将数据从分配编辑器中导出到 Tcl 脚本文件(.tcl)或者逗号分隔值文件(.csv)中。还可以执行 Import Assignments 命令(Assignments 菜单),从 CSV 或者文本文件中导入分配数据。

建立和编辑分配时,Quartus II 13.0 软件对适用的分配信息进行动态验证。如果分配或分配值非法,Quartus II 13.0 软件不会添加或更新数值,而是转换为当前值或不接受该值。当查看所有分配时,项目配置编辑器将显示适用于当前器件为当前工程而建立的所有分配,但当分别查看各个分配类别时,项目配置编辑器将仅显示与所选特定类别相关的分配。

单击 Assignments 菜单中的 Settings 选项,使用 Settings 对话框为工程指定分配和选项。可以设置一般工程的选项,以及综合、适配、仿真和时序分析选项。

在 Settings 对话框中可以执行以下类型的任务。

(1)修改工程设置:为工程和修订信息指定并查看当前顶层实体;从工程中添加和删除文件;指定自定义的用户库;指定封装、引脚数量和速度等级;指定移植器件。

(2)指定 EDA 工具设置:为设计输入、综合、仿真、时序分析、板级验证、形式验证、物理综合及相关工具选项指定 EDA 工具。

(3)指定分析和综合设置:用于分析和综合、Verilog HDL 和 VHDL 输入设置、默认设计参数和综合网表优化选项工程范围内的设置。

(4)指定编译过程设置:智能编译选项,在编译过程中保留节点名称,运行 Assembler,以及渐进式编译或综合,并且保存节点级的网表,导出版本兼容数据库,显示实体名称,使能或者禁止 OpenCorePlus 评估功能,还为生成早期时序估算提供选项。

(5)指定适配设置:时序驱动编译选项、Fitter 等级、工程范围的 Fitter 逻辑选项分配,以及物理综合网表优化。

(6)为标准时序分析器指定时序分析设置:为工程设置默认频率,定义各时钟的设置、延时要求、路径排除选项和时序分析报告选项。

(7)指定仿真器设置:模式(功能或时序)、源向量文件、仿真周期,以及仿真检测选项。

(8)指定 PowerPlay 功耗分析器设置:输入文件类型、输出文件类型和默认触发速率,以及结温、散热方案要求和器件特性等工作条件。

(9)指定设计助手、SignalTap II 和 SignalProbe 设置:打开设计助手并选择规则;启动 SignalTap II 逻辑分析仪,指定 SignalTap II 文件(.stp)名称;使用自动布线 SignalProbe 信号选项,为 SignalProbe 功能修改适配结果。

3. 时序分析报告

运行时序分析之后,可以在 Compilation Report 的时序分析器文件夹中查看时序分析结果。然后,列出时序路径以验证电路性能,确定关键速度路径,以及限制设计性能的路径,进行其他的时序分配。

熟悉 MAX+Plus Ⅱ 时序报告的用户可以在 Compilation Report 的 TimeQuest Timing Analyzer 部分和时序分析器工具窗口的 Custom Delays 标签中找到时序信息，例如，来自 MAX+Plus Ⅱ Delay Matrix 的时延信息。

运行标准时序分析器时，Compilation Report 窗口（图3.1.7）的 Timing Analyzer 部分列出以下时序分析信息。

(1) 时序要求设置。
(2) 时钟建立和时钟保持的时序信息；t_{su}、t_h、t_{pd}、t_{co}；最小 t_{pd} 和 t_{co}。
(3) 迟滞和最小迟滞。
(4) 源时钟和目的时钟名称。
(5) 源节点和目的节点名称。
(6) 需要的和实际的点到点时间。
(7) 最大时钟到达斜移。
(8) 最大数据到达斜移。
(9) 实际 f_{max}。
(10) 时序分析过程中忽略的时序分配。
(11) 标准分析器生成的任何消息。

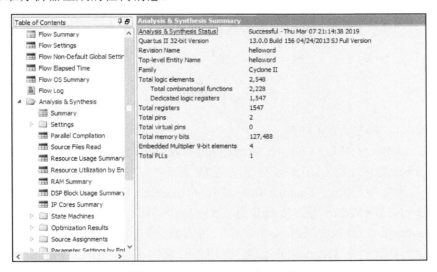

图 3.1.7 Compilation Report 窗口

4. 仿真

可以使用 EDA 仿真工具或 Quartus Ⅱ Simulator 对设计进行功能与时序仿真。Quartus Ⅱ 13.0 软件提供以下功能，用于在 EDA 仿真工具中进行设计仿真。

(1) NativeLink 集成 EDA 仿真工具。
(2) 生成输出网表文件。
(3) 功能与时序仿真库。
(4) 生成测试激励模板和存储器初始化文件。
(5) 为功耗分析生成 Signal Activity 文件（.saf）。

图 3.1.8 显示了使用 EDA 仿真工具和 Quartus II Simulator 的仿真流程。

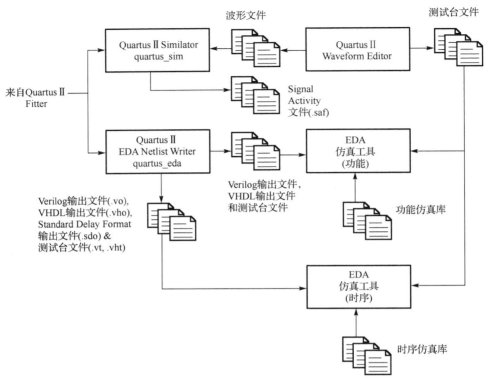

图 3.1.8 仿真流程图

1)使用 EDA 工具进行设计仿真

Quartus II 13.0 软件的 EDA Netlist Writer 模块生成用于功能或时序仿真的 VHDL 输出文件(.vho)和 Verilog 输出文件(.vo)，以及使用 EDA 仿真工具进行时序仿真时所需的 Standard Delay Format 输出文件(.sdo)。Quartus II 13.0 软件生成 Standard Delay Format 2.1 版的 SDF 输出文件。EDA Netlist Writer 将仿真输出文件放在当前工程目录下的专用工具目录中。

此外，Quartus II 13.0 软件通过 NativeLink 功能为时序仿真和 EDA 仿真工具提供无缝集成。NativeLink 功能允许 Quartus II 13.0 软件将信息传递给 EDA 仿真工具，并具有从 Quartus II 13.0 软件中启动 EDA 仿真工具的功能。

使用 NativeLink 功能，可以让 Quartus II 13.0 软件编译设计，生成相应的输出文件，然后使用 EDA 仿真工具自动进行仿真。也可以在编译之前(功能仿真)或编译之后(时序仿真)，在 Quartus II 13.0 软件中手动运行 EDA 仿真工具。

2)EDA 工具功能仿真流程

可以在设计流程中的任何阶段进行功能仿真。以下步骤描述使用 EDA 仿真工具进行设计功能仿真时所需要的基本流程。有关特定 EDA 仿真工具的详细信息，请参阅 Quartus II Help。若要使用 EDA 仿真工具进行功能仿真，请执行以下步骤。

(1)在 EDA 仿真工具中设置工程。

(2)建立工作库。

(3)使用 EDA 仿真工具编译相应的功能仿真库。
(4)使用 EDA 仿真工具编译设计文件和测试台文件。
(5)使用 EDA 仿真工具进行仿真。

3）NativeLink 仿真流程

可以使用 NativeLink 功能，按照以下步骤，使 EDA 仿真工具可以在 Quartus Ⅱ 13.0 软件中自动设置和运行。以下步骤描述 EDA 仿真工作与 NativeLink 功能结合使用的基本流程。

(1)通过 Settings 对话框(Assignments 菜单)或在工程设置期间使用 New Project Wizard 命令(File 菜单)，在 Quartus Ⅱ 13.0 软件中进行 EDA 工具设置。

(2)建立工作库。在进行 EDA 工具设置时开启 Run this tool automatically after compilation。

(3)在 Quartus Ⅱ 13.0 软件中编译设计。Quartus Ⅱ 13.0 软件执行编译，生成 Verilog HDL 或 VHDL 输出文件及相应的 SDF 输出文件(如果正在执行时序仿真)，并启动仿真工具。Quartus Ⅱ 13.0 软件指示仿真工具建立工作库；将设计文件和测试台文件编译或映射到相应的库中；设置仿真环境；运行仿真。

4）手动时序仿真流程

如果要加强对仿真的控制，可以在 Quartus Ⅱ 13.0 软件中生成 Verilog HDL 或 VHDL 输出文件及相应的 SDF 输出文件，然后手动启动仿真工具，进行仿真。以下步骤描述使用 EDA 仿真工具进行 Quartus Ⅱ 设计时序仿真所需要的基本流程。有关特定 EDA 仿真工具的详细信息，请参阅 Quartus Ⅱ Help。

(1)通过 Settings 对话框(Assignments 菜单)或在工程设置期间使用 New Project Wizard 命令(File 菜单)，在 Quartus Ⅱ 13.0 软件中进行 EDA 工具设置。

(2)在 Quartus Ⅱ 13.0 软件中编译设计，生成输出网表文件。Quartus Ⅱ 13.0 软件将该文件放置在专用工具目录中。

(3)启动 EDA 仿真工具。
(4)使用 EDA 仿真工具设置工程和工作目录。
(5)编译或映射到时序仿真库，使用 EDA 仿真工具编译设计和测试台文件。
(6)使用 EDA 仿真工具进行仿真。

5）仿真库

Altera 为包含 Altera 专用组件的设计提供功能仿真库，并为在 Quartus Ⅱ 13.0 软件中编译的设计提供基元仿真库。可以使用这些库在 Quartus Ⅱ 13.0 软件支持的 EDA 仿真工具中对含有 Altera 专用组件的设计进行功能或时序仿真。此外，Altera 为 ModelSim 软件中的仿真提供预编译功能和时序仿真库。

Altera 为使用 Altera 宏功能模块及参数化模块(LPM)功能标准库的设计提供功能仿真库。Altera 还为 ModelSim 软件中的仿真提供 altera_mf 和 220model 库的预编译版本。

在 Quartus Ⅱ 13.0 软件中，专用器件体系结构实体和 Altera 专用宏功能模块的信息位于布线后基元时序仿真库中。根据器件系列及是否使用 Verilog 输出文件或 VHDL 输出文件，时序仿真库文件可能有所不同。对于 VHDL 设计，Altera 为具有 Altera 专用宏功能模块的设计提供 VHDL 组件声明文件。

6）下载

当使用 Quartus Ⅱ 13.0 软件成功编译一个工程时，就能下载或配置一个 Altera 设备了。

Quartus Ⅱ编译器的汇编程序模块生成下载文件，Quartus Ⅱ程序设计器利用该文件在 Altera 编程硬件环境下设计或配置一个设备。也可以使用一个单机版的 Quartus Ⅱ下载器下载或配置设备。图 3.1.9 说明了下载设计的流程。

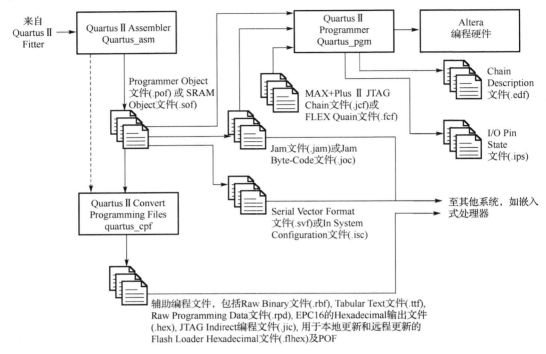

图 3.1.9　下载设计流程图

汇编器自动地将适配器、逻辑单元和引脚排列转变成设计图像，这个设计图像是以目标设备的一个或多个下载器目标文件(*.pof)或静态存储器 SRAM 目标文件(*.sof)的形式表现出来的。

可以在含有汇编模块的 Quartus Ⅱ 13.0 软件中进行完全汇编，也可以用编译器单独编译。

7) 使用可执行的 quartus_asm

通过可执行的 quartus_asm，可在命令提示符下或在脚本中独自运行汇编器进行汇编。在运行编译器前，必须成功地运行可执行的 Quartus Ⅱ适配器 quartus_fit。

可执行的 quartus_asm 生成一个能用任何文本编辑器进行浏览的独立的基于文本的报告文件。

如果想在可执行的 quartus_asm 上获得帮助，可在命令提示符下输入如下的任何一条命令：

```
quartus_asm -h
quartus_asm -help
quartus_asm -help=<topic name>
```

也可以用下述的方法使汇编器生成其他格式的下载文件。

(1) 位于"Device"对话框("Assignments"菜单)中"Device and Pin Options"页的"Programming Files"选择对话框，允许用户具体指定可选择的下载文件形式，如十六进制(Intel-Format)输出文件、列表文本文件(.ttf)、纯二进制文件(.rbf)、Java 应用管理文件(.jam)、

Java 应用管理二进制代码文件(.jbc)、串行向量格式文件(.svf)和系统内配置文件(.isc)。

(2)"File"菜单中 Create/Update 命令下的"Create JAM，JBC，SVF or ISC File"能够生成 Java 应用管理文件、Java 应用管理二进制文件、串行向量格式文件和系统内配置文件。

(3)"File"菜单中的 Convert Programming Files 命令能够将用于一种和多种设计的 SOF 和 POF 结合并转换成其他辅助下载文件格式，如原始下载数据文件(.rpd)、用于 EPC16 或 SRAM 的 HEXOUT 文件、POF、用于本地更新或远程更新的 POF、原始二进制文件和列表文本文件。

这些辅助的下载文件能够被其他硬件用在嵌入式处理器类型的下载环境下和一些 Altera 设备中。

编程下载器(Programmer)具有 4 种编程模式。

(1)Passive Serial 模式。
(2)JTAG 模式，如图 3.1.10 所示。
(3)Active Serial Programming 模式。
(4)In-Socket Programming 模式。

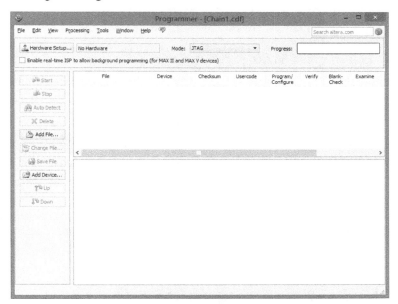

图 3.1.10　编程下载窗口

Passive Serial 和 JTAG 编程模式允许使用 CDF 和 Altera 编程硬件对单个或多个器件进行编程。可以使用 Active Serial Programming 模式和 Altera 编程硬件对单个 EPCS1 或 EPCS4 串行配置器件进行编程。可以配合使用 In-Socket Programming 模式与 CDF 和 Altera 编程硬件对单个 CPLD 或配置器件进行编程。若要使用计算机上没有提供但可通过 JTAG 服务器获得的编程硬件，可以使用 Programmer 指定、连接至远程 JTAG 服务器。

8)使用 Programmer 对一个或多个器件编程

Quartus Ⅱ Programmer 允许编辑 CDF、CDF 存储器件名称、器件顺序和设计的可选编程文件名称信息。可以使用 CDF，通过一个或多个 SRAM Object 文件、Programmer Object 文件或通过单个 Jam 文件或 Jam Byte-Code 文件对器件进行编程或配置。

以下步骤描述使用 Programmer 对一个或多个器件进行编程的基本流程。

(1) 将 Altera 编程硬件与系统相连，并安装所需的驱动程序。

(2) 进行设计的完整编译，或至少运行 Compiler 的 Analysis & Synthesis、Fitter 和 Assembler 模块。Assembler 自动为设计建立 SRAM Object 文件和 Programmer Object 文件。

(3) 打开 Programmer，建立新的 CDF。每个打开的 Programmer 窗口代表一个 CDF；可以打开多个 CDF，但每次只能使用一个 CDF 进行编程。

(4) 选择编程硬件设置。选择的编程硬件设置将影响 Programmer 中可用的编程模式类型。

(5) 选择相应的编程模式，例如，Passive Serial 模式、JTAG 模式、Active Serial Programming 模式或者 In-Socket Programming 模式。

(6) 根据不同的编程模式，可以在 CDF 中添加、删除或更改编程文件与器件的顺序。可以指示 Programmer 在 JTAG 链中自动检测 Altera 支持的器件，并将其添加至 CDF 器件列表中，还可以添加用户自定义的器件。

(7) 对于非 SRAM 非易失性器件，如配置器件、MAX3000 和 MAX7000 器件，可以指定其他编程选项来查询器件，如 Verify、Blank-Check、Examine、Security Bit 和 Erase。

(8) 如果设计含有 ISP CLAMP State 分配，或者 I/O Pin State File，则打开 ISP CLAMP。

(9) 运行 Programmer。

9) Quartus Ⅱ 13.0 通过远程 JTAG 服务器进行编程

通过 Programmer 窗口的 Hardware 按钮或 Edit 菜单中的 Hardware Setup 对话框，可以添加能够联机访问的远程 JTAG 服务器。这样，就可以使用本地计算机未提供的编程硬件，配置本地 JTAG 服务器，让远程用户连接到本地 JTAG 服务器。

在 Hardware Setup 对话框中，可以在 JTAG Settings 选项标签下的 Configure Local JTAG Server 对话框中指定连接至 JTAG 服务器的远程客户端，在 Add Server 对话框中指定要连接的远程服务器。连接到远程服务器后，与远程服务器相连的编程硬件将显示在 Hardware Settings 选项标签中。

3.1.5 时序约束与分析

1. 时序约束与分析基础

设计中常用的约束（Assignments 或 Constraints）主要分为 3 大类：时序约束、区域与位置约束和其他约束。时序约束主要用于规范设计的时序行为，表达设计者期望满足的时序条件，指导综合和布局布线阶段的优化方法等；区域与位置约束主要用于指定芯片 I/O 引脚位置，以及指导实现工具在芯片特定的物理区域进行布局布线；其他约束泛指目标芯片型号、电气特性等约束属性。

其中，时序约束的作用主要有以下两个。

(1) 提高设计的工作频率。对数字电路而言，提高工作频率至关重要，更高的频率意味着更强的处理能力。通过附加约束可以控制逻辑的组合、映射、布局和布线，以减小逻辑和布线时延，从而提高工作频率。当设计的时钟频率要求较高，或者设计复杂时序路径时，需要附加合理的时序约束条件以确保综合、实现的结果满足用户的时序要求。

(2) 获得正确的时序报告。Quartus Ⅱ 13.0 内嵌静态时序分析（Static Timing Analysis，STA）

工具，可对设计的时序性能作出评估。而 STA 工具以约束作为判断时序是否满足设计要求的标准，因此要求设计者正确输入时序约束，以便 STA 工具能输出正确的时序分析结果。

静态时序分析是相对于"动态时序仿真"而言的。由于动态时序仿真占用的时间非常长，效率低下，因此 STA 成为最常用的分析、调试时序性能的方法和工具。通过分析每个时序路径的时延，可以计算出设计的最高频率，发现时序违规(Timing Violation)。需要明确的是，和动态时序仿真不同，STA 的功能仅仅是对时序性能的分析，并不涉及设计的逻辑功能，设计的逻辑功能仍然需要通过仿真或其他手段(如形式验证等)验证。

设计中常用的时序概念有周期、最大时钟频率、时钟建立时间、时钟保持时间、时钟输出时延、引脚到引脚时延、Slack 和时钟偏斜等。

在 Altera 的 Quartus Ⅱ 工具中，运行时序分析的方法有 3 种：第一种是直接进行全编译(Full Compilation)；第二种是执行 Processing→Start→Start TimeQuest Timing Analyzer 命令；第三种是使用 Tcl 脚本(Scripts)运行时序分析工具。

下面将依次简要说明各种时序约束的含义。

(1) 周期与最高频率。周期的含义在时序概念中最为简单也最为重要。其他很多时序概念会因为不同的软件略有不同，而周期的概念是十分明确的。周期的概念是 FPGA/ASIC 时序定义的基础，后面要讲到的其他时序概念都是建立在周期概念的基础上的。其他很多时序公式，都可以用周期公式推导出来。

(2) 时钟建立时间(Clock Setup Time)，常用 t_{su} 表示。要想正确采样数据，就必须使数据和使能信号在有效时钟沿到达前准备好。时钟建立时间就是指时钟到达前，数据和使能信号已经准备好的最小时间间隔。

(3) 时钟保持时间(Clock Hold Time)，常用 t_h 表示。时钟保持时间是指能保证有效时钟沿正确采样的数据和使能信号在时钟沿之后的最小稳定时间。

(4) 时钟输出时延(Clock to Output Delay)，常用 t_{co} 表示。它指的是从时钟有效沿到数据有效输出的最大时间间隔。

(5) 引脚到引脚时延(Pin to Pin Delay)，常用 t_{pd} 表示。它指信号从输入引脚进来，穿过纯组合逻辑，到达输出引脚的时延。由于 CPLD 的布线矩阵长度固定，所以常用最大 t_{pd} 标志 CPLD 的速度等级。

(6) Slack 是表示设计是否满足时序的一个称谓：正的 Slack 表示满足时序，负的 Slack 表示不满足时序。

(7) 时钟偏斜。时钟偏斜(Clock Skew)指一个同源时钟到达两个不同的寄存器时钟端的时间差别。造成时钟偏斜的原因主要是两条到达同步元件的时钟路径长度不同。

2. TimeQuest 时序分析

1) TimeQuest 时序分析基本概念

TimeQuest 需要读入布局布线后的网表才能进行时序分析，读入的网表是由以下一系列的基本单元构成的。

(1) cell：Altera 器件中的基本结构单元，LE 可以看作 cell。

(2) pin：cell 的输入/输出端口，可以认为是 LE 的输入/输出端口，注意，这里的 pin 不包括器件的输入/输出引脚，代之以输入引脚对应 LE 的输出端口，输出引脚对应 LE 的输入端口。

(3) net：同一个 cell 中，从输入 pin 到输出 pin 经过的逻辑。特别注意，网表中连接两个相邻 cell 的连线不被看作 net，被看作同一个点，等价于 cell 的 pin，还要注意，虽然连接两个相邻 cell 的连线不被看作 net，但是这个连线还是有其物理意义的，等价于 Altera 器件中一段布线逻辑，会引入一定的延迟(IC-Inter-Cell)。

(4) port：顶层逻辑的输入/输出端口，对应已经分配的器件引脚。

(5) clock：约束文件中指定的时钟类型的 pin，不仅指时钟输入引脚。

(6) keeper：泛指 port 和寄存器类型的 cell。

(7) node：范围更大的一个概念，可能是上述几种类型的组合，还可能不能穷尽上述几种类型。

2) TimeQuest 基本操作流程

作为 Altera FPGA 开发流程中的一个组成部分，TimeQuest 执行从验证约束到时序仿真的所有工作。Altera 推荐使用下面的流程来完成 TimeQuest 的操作，如图 3.1.11 所示。

在用 TimeQuest 进行时序分析之前，必须要指定对时序的要求，也就是我们通常所说的时序约束。这些约束包括时钟、时序例外(Timing Exceptions)和输入/输出时延等。

默认情况下，Quartus Ⅱ 13.0 软件会将所有没有被下约束的时钟都设定为 1GHz。没有任何的时序例外，也就是说所有的时序路径都按 1GHz 的时钟频率触发。所有的输入/输出的时延都按 0 来计算。这显然不符合绝大多数设计的时序要求，所以有必要根据设计的特性，添加必要的时序约束。

在用 TimeQuest 进行时序分析时，如果非常熟悉设计的构架和对时序的要求，又比较熟悉 SDC 的相关命令，那么可以直接在 SDC 文件中输入时序约束的命令。而通常情况下，可以利用 TimeQuest GUI 提供的设定时序约束的向导添加时序约束。不过要注意的是，用向导生成的时序约束，并不会被直接写到 SDC 文件里，所以如果要保存这些时序约束，必须在 TimeQuest 用 write sdc 命令来保存所生成的时序约束。

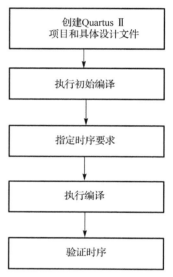

图 3.1.11 TimeQuest 操作流程

3. 设置时序约束的方法

时序约束对设计的编译过程有着重要的影响。布局布线工具将在最差的时间路径上花最多的努力。对编译结束后不满足时序的路径，工具将以红色警告显示出来。

时序约束一般包括内部和 I/O 时序约束及最小和最大时序约束。

用户可以指定全局的时序约束，也可以对独立的节点或模块指定约束。

总的来说，Quartus Ⅱ 13.0 中常用的时序约束设置途径有以下两种。

(1) 通过 Assignments→TimeQuest Timing Analyzer Wizard 命令。

(2) 通过 Assignments→Assignment Editor 选项在图形界面下完成对设计的时序约束。

一般情况下，前一种方法是用于全局(Global)约束的；而后一种方法是用于个别(Individual)约束的。

时序约束设置的一般性思路是"先全局,后个别",即首先指定工程范围内通过的全局性时序约束属性,然后对特殊的节点、路径或分组指定个别性的时序约束。如果个别性的时序约束与全局性的时序约束冲突,则个别性的时序约束属性优先级更高。

1)指定全局性时序约束

(1)时序驱动的编译。读者需要明白的是,对设计增加时序约束的目的是使工具在实现过程中朝着这个约束的方向努力,尽量做到满足时序要求。因此,在工程中需要首先将布局布线的过程设置为时序驱动的编译(Timing Driven Compilation,TDC)过程。

在 Quartus Ⅱ 13.0 中,执行 Assignments→Settings 命令,然后在 Settings 窗口中选择 Fitter Settings 选项,即可进入 TDC 设置界面,如图 3.1.12 所示。

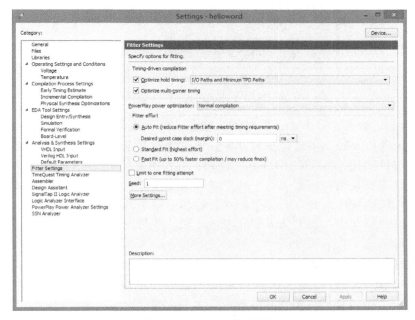

图 3.1.12　TDC 设置界面

时序驱动的编译包括以下内容。

① 优化时序:把关键路径中的节点放得更加靠近。
② 优化保持时间:修改布局布线,满足保持时间和最小时序要求。
③ 优化 I/O 单元寄存器的放置:为了满足时序的要求,自动将寄存器移动到 I/O 单元中。

(2)全局时钟设置。如果在设计中只有一个全局时钟,或者所有的时钟同频,那么可以在 Quartus Ⅱ 13.0 中只设置一个全局的时钟约束。

执行 Assignments→TimeQuest Timing Analyzer Wizard 命令,即可设置全局时钟,如图 3.1.13 所示。

(3)全局的 I/O 时序设置。执行 Assignments→Timing Analysis Settings 命令,即可设置全局 I/O 时序约束,如图 3.1.13 所示。图中包含了 t_{su}、t_h、t_{co}、t_{pd} 的时延要求。

2)指定个别时序约束

在 Quartus Ⅱ 13.0 中,对节点或模块的个别时序约束均是通过约束编辑器(Assignment Editor)来设定的。下面将介绍如何在这个工具中对设计进行个别约束。

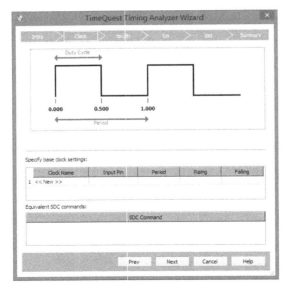

图 3.1.13　全局时钟设置和全局 I/O 时序约束

(1) 指定个别时钟要求。Altera 将时钟从概念上分为两类：独立时钟(Absolute Clock)和衍生时钟(Derived Clock)。前者是指独立于其他时钟而存在的时钟，定义为独立时钟，必须要显示指定该时钟的 f_{max} 和占空比(Duty Cycle)。后者指由某个独立时钟派生出来的时钟，指定衍生时钟，仅需要说明它相对于这个独立时钟的相位差、分频或倍频比等参数即可。

在一个工程的约束中，允许有多个独立时钟和衍生时钟同时存在。

在 Quartus Ⅱ 13.0 中，我们认为独立时钟之间是非相关时钟，而独立时钟和其衍生时钟之间是相关时钟。

(2) 个别时序约束。个别时序约束具体的设置方法有两种：一种设置方法是在定义独立时钟或衍生时钟的同时，直接为其指定所对应的设计中的物理节点；另一种设置方法是在 Assignment Editor 中设置，如图 3.1.14 所示。在 To 列中输入时钟引脚或内部时钟节点；在 Assignment Name 列中选择 Clock Settings；在 Value 列中选择定义的独立时钟或衍生时钟的约束。

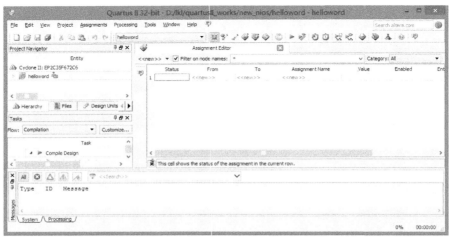

图 3.1.14　时钟设置

(3)时序约束的种类。在设置约束时,可以使用单点、点到点、通配符或者时序分组。而对不同的对象指定约束,其效果并不一样。

(4)在 Quartus Ⅱ 13.0 的工具中,Assignment Editor 可以用于所有的个别时序约束。在 Assignment Editor 中选择 Timing 视图模式,可以显示工程中所有的时序约束。如果需要指定点到点约束,在 From 列中输入源端信号名,在 To 列中输入目的端信号名;如果进行单点约束,只需在 To 列中输入需要约束的节点名称即可。在 Assignment Name 列中选择约束类型,在 Value 列中输入或选择恰当的值。

3)最小化时序分析

最小化时序分析衡量并报告最小 t_{co}、最小 t_{pd}、t_h 和时钟保持(Clock Hold)。最小化时序分析通过使用最好情况的时序模型(Best-Case Timing Models),来检查最小时延要求。

最好情况的时序模型是在最高的电压(Voltage)、最快的工艺(Process)和最低的温度(Temperature)下芯片的工作时序模型。最差情况的时序模型是在最低的电压、最慢的工艺和最高的温度下芯片的工作时序模型。这就是我们平常所说的电路时延容易随 PTV 的变化而变化。

最小的时延检查,如 t_h,在普通的时序分析过程中也会进行。但是,它采用的是最差情况下的时序模型。

(1)最小化时序约束设置。用户可以在 Quartus Ⅱ 13.0 中执行命令 Assignments→TimeQuest Timing Analyzer Wizard,进入 TimeQuest Timing Analyzer Wizard 对话框中设置全局的最小时序约束:t_h、最小 t_{co} 和最小 t_{pd},单击 Next 按钮依次设置,如图 3.1.15 所示。

图 3.1.15 全局最小时延要求

此外,用户也可以在 Assignment Editor 中单独对引脚和寄存器设置最小时序约束。

(2)最小化时序分析。要执行最小化时序分析,执行 Processing→Start→Start Minimum Timing Analysis 命令。如果使用 Quartus Ⅱ 命令 quartus_tan,需要增加一个 -min 选项,如下:

```
quartus_tan -min <project name>
```

(3) 最小化时序分析报告。用户同样可以在 Quartus Ⅱ 13.0 时序报告中的 Timing Section 部分查看最小时序分析报告。另外,基于文本的报告名字为<project>.tan.rpt。由于最小化时序分析和正常时序分析的名称一致,因此之前的时序分析报告结果将被覆盖。

即使用户在进行正常的时序分析(最差时序模型)时,在时序分析报告中也会有最小时延检查的部分,这个结果是用最差时序模型来进行最小的时延检查得来的。

3.1.6 设计优化

设计优化是一个很重要的主题,也是可编程逻辑设计的精华所在。如何节省设计所占用的面积,如何提高设计的性能,是可编程逻辑设计的两个核心,这两点往往也成为一个设计甚至是项目成败的关键因素。

1. 优化流程

设计优化,就是在设计没有达到用户要求的情况下对其进行一些改进,以满足设计的初始规格。所以,优化的前提是用户根据自己的设计选定器件类型、速度等级和封装,对设计进行合理且完备的约束和设置,首先对设计进行初始的编译。如果设计能够成功适配在所指定的器件中,而且所有的时序报告满足用户的约束条件,一般就没有必要对设计再进行优化了。

如果设计由于资源问题(如 LE、IOE、RAM 等)不能成功实现到指定器件中,或者设计可以布局布线到器件中,但是时序性能不能满足用户的需要,就必须对设计进行面积或者时序性能方面的优化,以使用户设计能够放到目标器件中,或者性能满足用户要求。

最坏的情况是,经过用户的最大努力,设计始终不能满足用户的面积或性能的要求,用户就需要重新考虑其目标器件——选择更大和有更多资源的器件,或者选择速度等级更高的器件。

图 3.1.16 中描述了设计优化的一般流程。

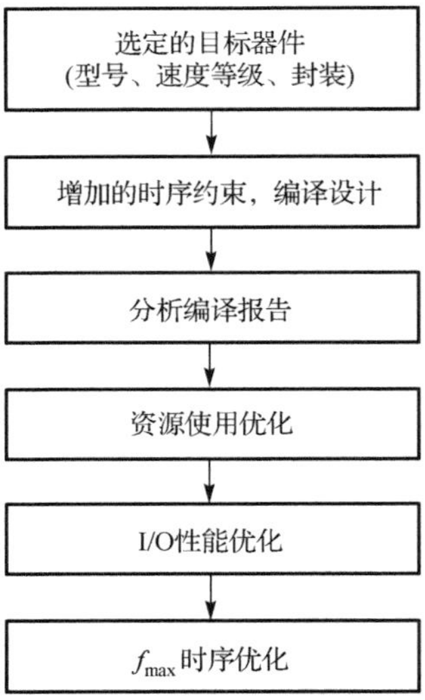

首先,用户需要根据自己的资源使用情况,选定目标器件,指定器件型号、速度等级和封装等。然后,用户需要对设计加约束,编译,分析编译报告,包括资源使用报告和时序报告。如果设计不能实现到指定的器件中,那么需要对设计进行资源优化。如果设计的时序性能没有达到预期目标,就需要对设计进行性能优化。用户需要首先满足设计的 I/O 时序,然后对设计的内部时钟频率进行优化。

2. 使用 DSE

Altera 公司为用户提供了一个 Tcl/Tk 的脚本工具,称为 DSE(Design Space Explorer),它可以帮助用户探索设计的优化空间,应用 Quartus Ⅱ 13.0 中不同的优化技术,分析结果,从而确定优化的设置。

图 3.1.16 设计优化的流程

要启动 DSE,在命令行的环境中输入:quartus_sh-dse,并按回车键,等待几秒钟会在控制台上出现如图 3.1.17 所示信息,随后即可进入 DSE 的图形界面,如图 3.1.18 所示。

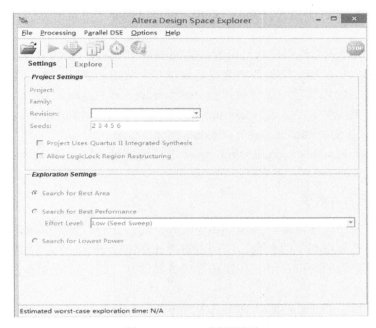

图 3.1.17 控制台显示信息

图 3.1.18 DSE 图形界面

在图 3.1.18 中，需要先打开一个工程，设置好需要尝试编译的种子(Seed)，不同的种子之间用空格隔开。

DSE 提供了 3 种探索模式，可以在 DSE 的 Exploration Settings 区域中设定。

(1) Search for Best Area——面积模式。
(2) Search for Best Performance——性能模式(允许用户设定努力级别)。
(3) Search for Lowest Power——低级模式。

在性能模式中有 4 种努力级别，如图 3.1.19 所示。

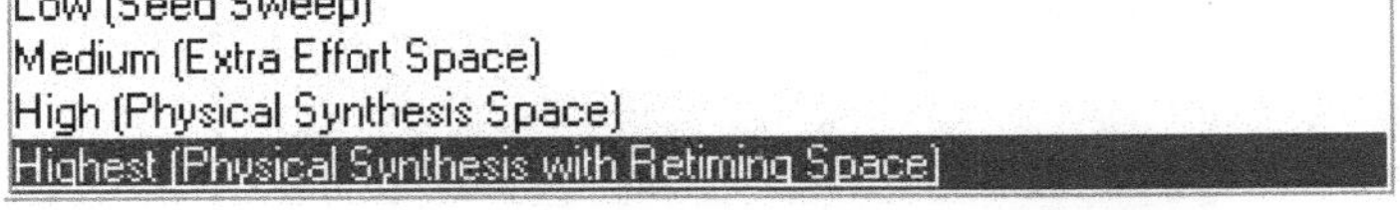

图 3.1.19 性能模式的 4 种努力级别

在高级模式中，打开路径如图 3.1.20 所示，用户有更多的选择来决定探索空间（Explore Space）、优化目的（Optimization Goal）和搜索方法（Search Method）。

在"探索空间"选项中，DSE 提供了更多可选的布局布线努力程度。要注意的是，更高的努力程度通常意味着更长的编译时间。

其中，签名模式（Signature）可以使用户对一个参数的所有选择项在所有的种子上面进行遍历。例如，选择 Signature:Register Packing（即寄存器打包），DSE 会把

图 3.1.20 高级模式用户打开路径

Register Packing 的所有选择项（OFF、ON、MINIMIZE_AREA 和 MINIMIZE_AREA_WITH_CHAINS）在所有设定的种子上进行遍历。这样，用户可以非常清楚地评估该参数对设计编译结果的影响。

此外，用户定制模式允许用户自己定制探索的参数和选项等，然后探索其对设计的影响。在这种模式下，用户自己定义的参数和选项是通过一个特定的 XML 格式的文件输入的。

DSE 在"优化目的"选项中，可以选择 Area、Speed 和 Negative slack and failing paths。

在"搜索方法"选项中，可以选择 Exhaustive search of exploration space、Accelerated search of exploration space 和 Distributed search of exploration space。

其中 Distributed search of exploration space 方法还可以支持多机分布运行方式，以减少 DSE 运行时间。

3. 设计优化的初次编译

给设计增加适当的时序性能约束和合理的设置，对设计进行首次编译，然后根据编译结果分析设计，找出设计中真正的瓶颈，这一步对设计后期的优化过程的成败起着决定性的作用。要给设计附加适当的约束，用户必须充分理解其设计，而且要搞清楚 FPGA 器件所处的外部环境。

图 3.1.21 中显示了 Quartus II 13.0 工具中时序约束和设置选项页面。

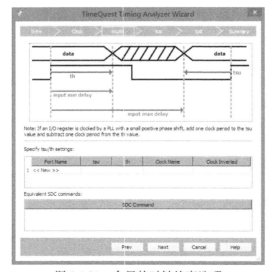

图 3.1.21 全局的时钟约束选项

· 74 ·

一般来说，需要根据上游和下游的芯片特性及 PCB 的走线情况，给出 FPGA 需要满足的建立时间、保持时间、时钟到输出时延和传送时延。有的设计需要满足输出时延和传送时延的最小时延要求，也要在这里设置。

同样，用户必须根据设计的实际情况，为每个时钟附加约束，同时体现各个时钟之间的关系（相关或不相关）。由于 Quartus Ⅱ 13.0 在报告时序路径时一般采用最差情况的时序模型，所以在对设计附加时序约束时，尽量不要过约束，否则可能会适得其反。

在时序约束的页面中，也有一些减除全局伪路径的开关。如果没有特殊的要求，一般建议把这些开关打开。

在一些设计中，对其中的多周期路径进行约束，砍掉一些不需要的伪路径，对整个设计的时序性起着重要的作用。这样，工具就会把一些宝贵的资源让给那些关键的路径，显著提高设计性能。这些针对局部模块或节点的设置需要在 Quartus Ⅱ 13.0 工具内的 Assignment Editor 中增加。

除了增加时序约束之外，在首次编译之前，用户必须选择合适的编译选项，使编译结果真实地反映设计的实际情况，便于用户进行优化设计。

在综合设置界面中，Optimization Technique（优化技术）选项下有三种设置，分别是 Speed（速度优先）、Balanced（两者平衡）或者 Area（面积优先）。在首次编译时，建议使用默认设置 Balanced。其他的综合设置，建议使用默认值，如图 3.1.22 所示。

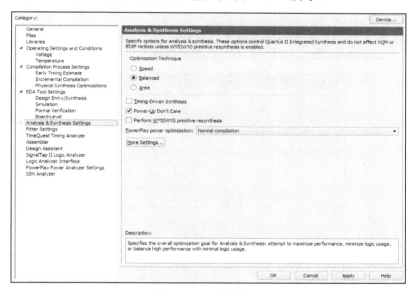

图 3.1.22　综合设置

由于在时序设置部分已经对设置加了约束，所以在布局布线设置选项中，建议使用时序驱动的编译选项。时序驱动的编译有两个设置：Optimize hold timing（优化保持时间）和 Optimize multi-corner timing（优化多路时间）来满足时序要求，如图 3.1.23 所示。

布局布线的努力级别有三种：Standard Fit（标准）、Fast Fit（快速）和 Auto Fit（自动）。在标准模式下，布线器的努力程度最高；在快速模式下，可以节省大约 50% 的编译时间，但时序性能会受到一定的影响；在自动模式下，工具在性能达到要求后自动降低其努力程度，以平衡设计的最高时钟频率和编译时间。

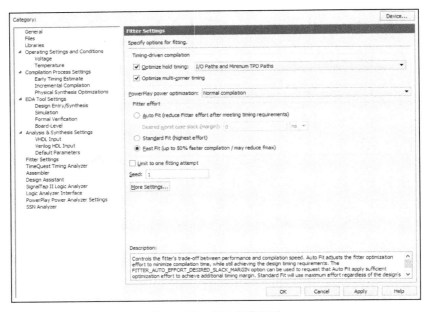

图 3.1.23 布局布线设置

在首次编译时，如果希望减少编译时间，并尽快了解器件和设计本身的特性，建议用户采用自动模式或者快速模式。

把以上的设置选项都设置完成后，就可以开始对设计进行初始编译了。只需要执行 Start Compilation 命令，Quartus Ⅱ 13.0 就会自动完成全流程的编译工作，如图 3.1.24 所示。

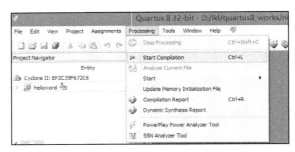

图 3.1.24 编译工具打开方式

4. 资源利用优化

当一个设计在实现时，由于其中一种或多种资源数量上的限制，设计不能实现到目标器件中，这时就需要对资源利用进行优化。

1）设计代码优化

当然，设计中最根本、最行之有效的优化方法是对设计输入（即 HDL 设计代码）进行优化。

在设计逻辑代码时，面积优化技巧比较多，也比较细，而且针对不同的 FPGA，结构也有一些不同的技巧，这些都需要用户在深刻理解器件结构的同时，多做一些经验积累。

比较通用的面积优化技术包括模块时分复用、改变状态编码方式、改变实现方式等。

2) 资源重新分配

在 FPGA 内部有一些专用的功能块，如 RAM 块和 DSP 块。如果这些功能块没有被使用，是不会用作其他功能的，将被浪费掉。所以用户在设计时，一定要尽量使用 FPGA 内部的专用功能块，这样可以节约逻辑资源(LE 资源)，同时提高设计的性能。当然，如果 FPGA 内部的这些功能块的数量不够，也可以使用内部的逻辑资源来实现。

3) 解决互连资源紧张的问题

在一个设计中，如果位置约束或者逻辑锁定(LogicLock)的约束太多，可能会造成局部的设计资源过于拥挤，由于布线资源紧张而导致设计无法实现到指定器件中。面对这种情况，用户可以适当地解除或放松走线拥挤地带的逻辑位置约束，尝试着去布局布线。如果设计仍然布不通，这时候就需要用户把尽可能多的位置和 LogicLock 约束去掉，先把设计布通，再考虑逐步地、增量地添加约束，直到设计完全满足要求。

4) 逻辑综合面积优化

在设计的整个流程中，逻辑综合这一步对整个设计实现的结果影响非常大。所以，在逻辑综合时，选择合适的约束条件和编译选项非常关键。

一般来说，在逻辑综合时，用户可以通过以下几点来干预工具，使其达到资源优化的目的。

(1) 放宽扇出的限制，让工具尽量减少复制逻辑。
(2) 采用资源共享，以减少同等功能大逻辑块的重复使用。
(3) 大的状态机采用二进制顺序编码或者格雷码，通常可以获得最优的面积。
(4) 平铺设计的层次结构，使模块边界充分优化。

5) 网表面积优化

在 Altera 的可编程器件的设计流程中，如果采用第三方综合工具输出的网表文件作为设计的输入，Quartus II 13.0 工具可以对输入的网表做一些优化。

6) 触发器打包

Quartus II 13.0 工具在把设计综合成分立的组合逻辑和触发器后，一般会把组合逻辑和紧跟其后的触发器映射到同一个逻辑单元中。在一些比较新的 FPGA 结构中，逻辑单元的触发器输出可以反馈到其前面的查找表(LUT)中，所以触发器和后面的组合逻辑有时也会被映射到同一个逻辑单元中。但是如果是互不关联的一个独立的组合逻辑和一个独立的触发器，就会在 ATOMS 网表中分别占据一个逻辑单元。在 Quartus II 13.0 工具的布局布线过程中，可以把触发器和设计中其他部分进行打包封装，这样可以显著节省逻辑单元的使用，达到优化面积的效果。

7) 资源优化顾问

在 Quartus II 13.0 中有一个资源优化顾问(Resource Optimization Advisor)，可以帮助用户分析器件的资源使用情况，并对编译结果给出相应的优化建议。要运行资源优化顾问，在 Quartus II 13.0 的菜单中执行 Tools→Advisors→Resource Optimization Advisor 命令即可。

5. I/O 时序优化

在系统的同步接口设计中，可编程逻辑器件的输入/输出往往需要和周围的芯片对接，因此需要根据这些外围芯片的特性及 PCB 的实际走线情况来决定自己 I/O 需要满足的时序。

在系统同步的设计中，用户需要考虑接口的时序参数，包括建立时间、保持的时间和时钟到输出的时延等。

而在源同步设计中，虽然输入数据和时钟是同步的，同样需要注意输入/输出时钟和数据的相位关系，才能保证设计的电路接口能和外围芯片接口正确对接。

在对设计的时序优化过程中，一般建议先保证 I/O 的时序，再想办法提高设计内部的时钟频率。下面将介绍用户对设计 I/O 时序进行优化的几种方法和技巧。

1) 执行时序驱动的编译

要对设计 I/O 的时序进行优化，建议首先了解 FPGA 周围器件的时序特性，然后根据 PCB 的具体走线延迟情况，留出一定的裕量，计算出 FPGA 必须要满足的 I/O 建立保持时间要求（t_{su} 和 t_h）、时钟到输出时延（t_{co}）和引脚到引脚的传输时延（t_{pd}），有时甚至需要最小 t_{co} 和 t_{pd} 要求，来满足一些特殊的需求。然后，用户需要把这些 I/O 的时序要求在 Quartus Ⅱ 13.0 工具中进行约束。

要执行时序驱动的编译，用户需要在布局布线器设置的时序驱动编译选项中，选中优化保持时间和优化 I/O 触发器的位置来满足 I/O 时序，这样工具会根据时序要求自动分配资源来满足时序要求。

2) 使用 IOE 中的触发器

在比较新的 FPGA 的 I/O 单元中，一般都会有 I/O 触发器。由于 IOE 中的触发器距离 I/O 引脚的时延非常小，所以在设计中，如果需要减小输出引脚的时钟到输出时延，或者是减小输入引脚的时钟建立时间要求，用户可以分别采用 IOE 中的输出和输入触发器资源，同时会节省逻辑阵列中的触发器。

如果需要使用 IOE 中的输出、输入和输出使能触发器资源，需要在 Quartus Ⅱ 13.0 的 Assignment Editor 中对 I/O 引脚分别增加快速输出寄存器、快速输入寄存器和快速输出使能寄存器约束选项。

3) 可编程输入/输出时延

在一些较新的 Altera FPGA 的 IOE 中，有几种可编程的时延电路可以帮助用户对 I/O 时序进行微调。

在 Quartus Ⅱ 13.0 工具中，有一个自动使用时延电路的设置，称为 Auto Delay Chains。如果该选项被设置成 on，则 Quartus Ⅱ 13.0 工具就会在布局布线时自动使用 IOE 中的时延电路来满足设计中的 t_{co} 和 t_{su} 要求。当然，用户也可以根据自己的需要对设计的某些 I/O 进行单独控制，对独立的 I/O 设置可编程的时延电路选项需要在 Assignment Editor 中进行。

4) 使用锁相环对时钟移相

目前业界主流的 FPGA 内部都镶嵌了锁相环(PLL)电路，由于锁相环可以灵活地进行频率综合及移相，给时钟系统的设计带来很大的方便。

在一个设计中，如果时钟从专用时钟引脚输入，然后直接驱动器件内部的全局时钟网络，并没有使用 PLL，由于全局时钟网络的时延一般是比较大的(但其偏斜非常小)，所以输出引脚的时钟到输出时延（t_{co}）往往比较大。如果要减小 t_{co}，可以把内部全局时钟网络的时钟信号的相位提前。要做到这一点，就需要使用 PLL。

6. 最高时钟频率优化

在一个设计的 I/O 时序满足设计要求后，用户需要做的就是优化设计内部的最高时钟频率 (f_{max})。一个时钟的 f_{max} 就是该时钟相关的所有触发器到触发器路径中时延最大的一条路径所能接受的时钟的频率，这个时钟频率同样决定了在芯片中该时钟所能达到的最高时钟频率，这一路径称为设计的关键路径 (Critical Path)。

在设计中往往有多个时钟系统，需要保证所有的时钟系统均满足规定 f_{max} 要求。同时，在这些时钟之间的时序路径需要用户特别注意，是将其作为伪路径处理，还是作为相关时钟路径处理，或是作为多周期路径处理，这些需要用户自己去判断，因为工具永远是根据用户的指令办事的。

同样，在对设计进行 f_{max} 优化之前，需要充分理解设计本身。不该约束哪里，该约束哪里，如何约束，都要做到心中有数。而且在 Quartus II 13.0 中，对设计进行时序约束的值，一般建议按照设计规格进行约束，不推荐过约束。这是因为 Quartus II 本身的时序模型就是比较保守的值，已经考虑了足够的时序裕量，如果对设计进行过约束，有时候会起到反作用，反而降低设计的整体性能。

3.1.7 SignalTap II

SignalTap II 是一款功能强大且极具实用性的 FPGA 片上 Debug 工具软件，它集成在 Altera 公司提供的 FPGA 开发工具 Quartus II 中。SignalTap II 全称 SignalTap II Logic Analyzer，它是第二代系统级调试工具，可以捕获和显示实时信号，观察在系统设计中的硬件和软件之间的互相作用。Quartus II 13.0 软件可以选择要捕获的信号、开始捕获的时间，以及要捕获多少数据样本。还可以选择时间数据从器件的存储器块通过 JTAG 端口传送至 SignalTap II Logic Analyzer，以及至 I/O 引脚以供外部逻辑分析仪或示波器使用。将实时数据提供给工程师帮助 Debug。SignalTap II 获取实时数据的原理是在工程中引入 Megafunction 中的 ELA (Embedded Logic Analyzer)，以预先设定的时钟采样实时数据，并存储于 FPGA 片上 RAM 资源中，然后通过 JTAG 传送回 Quartus II 分析。可见 SignalTap II 其实也是在工程额外加入了模块来采集信号，所以使用 SignalTap II 需要一定的代价，首先是 ELA，其次是 RAM，如果工程中剩余的 RAM 资源比较充足，则 SignalTap II 一次可以采集较多的数据，相应地，如果 FPGA 资源已被工程耗尽，则无法使用 SignalTap II 调试。

1. 设计中创建 SignalTap II

系统全速运行时，Quartus II 内部的 SignalTap II Logic Analyzer、外部逻辑分析仪接口、SignalProbe 功能可以在系统内部分析器件节点和 I/O 引脚。SignalTap II Logic Analyzer 使用嵌入式逻辑分析仪，根据用户定义的触发条件，将信号数据通过 JTAG 端口送往 SignalTap II Logic Analyzer 或者外部逻辑分析仪、示波器。也可以使用 SignalTap II Logic Analyzer 的单独版本来捕获信号。SignalProbe 功能使用未用器件布线资源上的渐进式布线，将选定信号送往外部逻辑分析仪或示波器。图 3.1.25 和图 3.1.26 显示了 SignalTap II 和 SignalProbe 调试流程。

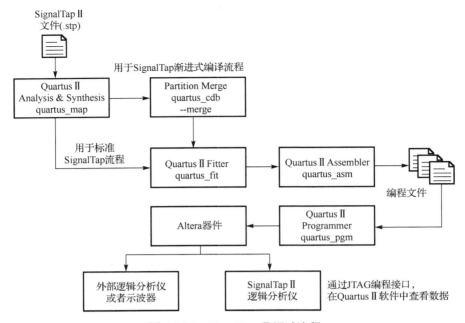

图 3.1.25 SignalTap II 调试流程

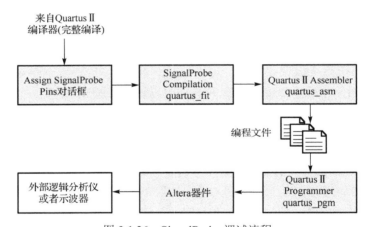

图 3.1.26 SignalProbe 调试流程

2. 使用 SignalTap II Logic Analyzer

SignalTap II Logic Analyzer 是第二代系统级调试工具，可以捕获和显示实时信号，观察系统设计中硬件和软件之间的相互作用。Quartus II 13.0 软件可以选择要捕获的信号、开始捕获信号的时间，以及要捕获多少数据样本。还可以选择是将数据从器件的存储块通过 JTAG 端口传送至 SignalTap II Logic Analyzer，还是传送至 I/O 引脚以供外部逻辑分析仪或示波器使用。

可以使用 MasterBlaster、ByteBlasterMV、ByteBlaster II、USBBlaster 或 EthernetBlaster 通信电缆将配置文件下载到器件中。这些电缆还用于将捕获的信号数据从器件的 RAM 资源上载至 Quartus II 13.0 软件。然后，Quartus II 13.0 软件将 SignalTap II Logic Analyzer 采集的数据显示为波形。

使用 SignalTap Ⅱ Logic Analyzer 之前，必须先建立 SignalTap Ⅱ 文件(.stp)，此文件包括所有配置设置并以波形显示所捕获的信号。一旦设置了 SignalTap Ⅱ 文件，就可以编译工程，对器件进行编译并使用逻辑分析仪采集、分析数据。

每个逻辑分析仪实例均嵌入器件的逻辑中。SignalTap Ⅱ Logic Analyzer 在单个器件上支持的通道数多达 1024 个，采样达到 128KB 样本。

编译之后，可以使用 SignalTap Ⅱ Logic Analyzer 命令(Tools 菜单)运行 SignalTap Ⅱ Logic Analyzer，如图 3.1.27 所示，在 SignalTap 界面下，要确保 JATG 和 FPGA 开发板能用。

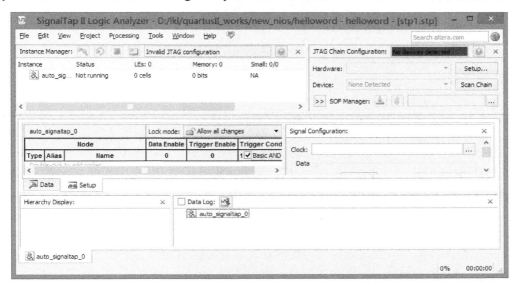

图 3.1.27　SignalTap Ⅱ Logic Analyzer

以下步骤描述设置 SignalTap Ⅱ 文件和采集数据信号的基本流程。

(1)建立新的 SignalTap Ⅱ 文件。

(2)向 SignalTap Ⅱ 文件添加实例，并向每个实例添加节点。可以使用 Node Finder 对话框中的 SignalTap Ⅱ 过滤器查找所有预综合和适配后的 SignalTap Ⅱ 节点，如图 3.1.28 所示。

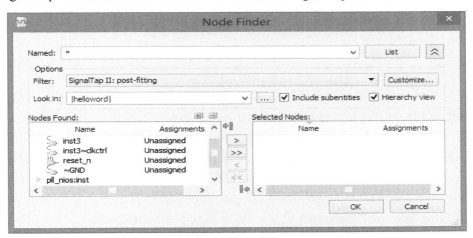

图 3.1.28　Node Finder 设置

(3) 给每个实例分配一个时钟。
(4) 设置其他选项,如采样深度和触发级别,并将信号分配给数据/触发输入和调试端口。
(5) 根据需要,可指定 Advanced Trigger 条件,如图 3.1.29 所示。

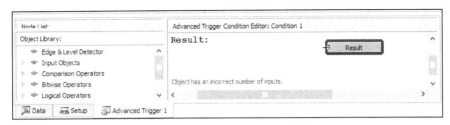

图 3.1.29　Advanced Trigger 设置

(6) 编译设计。
(7) 对器件进行编程。
(8) 在 Quartus Ⅱ 13.0 软件中使用外部逻辑分析仪或示波器采集、分析信号数据。

3. 通过 SignalTap Ⅱ 查看数据

在使用 SignalTap Ⅱ Logic Analyzer 查看逻辑分析的结果时,数据存储在器件内部存储器中,通过 JTAG 端口导入逻辑分析仪的波形视图中。在波形视图中,可以插入时间栏,对齐节点名称,复制节点;建立、重命名总线和取消总线组合;指定总线值的数据格式;还可以打印波形数据。数据日志用于建立波形,此波形显示 SignalTap Ⅱ Logic Analyzer 采集的数据历史记录。数据以分层方式组织;使用相同触发器捕获的数据日志将组成一组,放在 Trigger Sets 中。

Waveform Export 应用程序允许将捕获的数据导出为其他工具可以使用的以下业界标准格式。

(1) Comma Separated Values 文件(.csv)。
(2) Table 文件(.tbl)。
(3) Value Change Dump 文件(.vcd)。
(4) Vector Waveform 文件(.vwf)。
(5) Joint Photographic Experts Group 文件(.jpeg)。
(6) Bitmap 文件(.bmp)。

4. SignalTap Ⅱ 的高级配置

在 SignalTap Ⅱ 使用中,用户可以使用以下功能设置 SignalTap Ⅱ Logic Analyzer。

(1) Instance Manager(实例管理器):Instance Manager 在每个器件中逻辑分析仪的多个嵌入式实例上建立并进行 SignalTap Ⅱ 逻辑分析。可以使用它在 SignalTap Ⅱ 文件中对单独或独特的逻辑分析仪实例建立、删除、重命名、应用设置,也可以用它显示当前 SignalTap Ⅱ 文件中的所有实例、每个相关实例的当前状态及相关实例中使用的逻辑单元数和存储器比特数。Instance Manager 协助检查每个逻辑分析仪在器件上要求的资源使用量。可以选定多个逻辑分析仪并选择 Run Analysis(Processing 菜单)来提示启动多个逻辑分析仪。

(2) Triggers(触发):触发是由逻辑电平、时钟沿和逻辑表达式定义的一种逻辑事件模式。SignalTap Ⅱ Logic Analyzer 可以设置多级触发、多个触发位置、多段触发,以及外部触发事件。使用 SignalTap Ⅱ Logic Analyzer 窗口中的 Signal Configuration 面板来设置触发选项,并可通过选择 SignalTap Ⅱ Logic Analyzer 窗口的 Setup 选项标签 TriggerLevels 列中的 Advanced 来指定高级触发。根据内部总线或节点的数据值,高级触发提供建立灵活的、用户定义逻辑表达式和条件的功能。使用 Advanced Trigger 选项标签,可从 Node List 和 Object Library 中拖放符号来建立逻辑表达式,其中包括逻辑、比较、比特操作、减法、位移运算符及事件计数器。图 3.1.30 显示了 SignalTap Ⅱ 窗口中的 Advanced Trigger 选项标签。可以给逻辑分析仪配置:前、中、后和连续触发位置。触发位置允许指导在选定实例中触发之前和触发之后应采集的数据量。分段模式允许通过将存储器分为不同的时间段,为周期性事件捕获数据,而无须分配较大的采样深度。

(3) Incremental Routing(渐进式布线):此功能允许在不执行完整重新编译的情况下分析适配后节点,从而有利于缩短调试过程。在使用 SignalTap Ⅱ 渐进式布线功能之前,必须打开 Settings 对话框(Assignments 菜单)的 SignalTap Ⅱ Logic Analyzer 页面中的 Automatically turn on smart compilation if conditions exist in which SignalTap Ⅱ with incremental routing is used,进行智能编译。此外,在编译设计之前,布线使用 Sata and Trigger

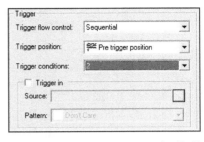

图 3.1.30 Advanced Trigger 选项标签

下面的 Nodes allocated 保留 SignalTap Ⅱ 渐进式布线的触发或数据节点。通过选择 Node Finder 对话框中 Filter 栏的 SignalTap Ⅱ:post-fitting,来找到 SignalTap Ⅱ 渐进式布线源的节点。当设计不是渐进式编译模式时,可以使用渐进式布线。过程为渐进式编译模式,不进行完整编译而分析适配后节点,则应使用 SignalTap Ⅱ 渐进式布线。

(4) Attaching Programming File(附加编程文件):允许在单个 SignalTap Ⅱ 文件中采用多个 SignalTap Ⅱ 配置(触发设置)和相关的编程文件。可以使用 SOF Manager 添加、重命名、删除 SRAM Object Files(.sof),从 SignalTap Ⅱ 文件中提取 SOF,也可以对器件进行编程。

5. SignalTap Ⅱ Logic Analyzer 的使用

本实例采用 Verilog 语言编写代码实现开关电路,这个电路把 DE 系列开发板上的前 8 个开关简单地和对应的 8 个红色 LED 相连接。它是这样工作的:在时钟(CLOCK_50)的上升沿读取开关的值,放入对应的寄存器,寄存器的输出与红色 LED 直接相连接。代码如下:

```
module switches(SW, CLOCK_50,LEDR);
    input [7:0]SW;
    input CLOCK_50;
    output reg [7:0] LEDR;
    always@(posedge CLOCK_50)
        LEDR[7:0]<=SW[7:0];
ENDmodule
```

按照如上代码实现该电路,锁定引脚,然后编译工程文件。

1) 调用 SignalTap Ⅱ 软件

建立 SignalTap Ⅱ 逻辑分析仪来探测 8 个 LED 开关的值,同时将逻辑分析仪的触发信号设定为当第一个开关(LED[0])为高电平时。执行 File→New 命令打开逻辑分析仪对话框,如图 3.1.31 所示,选择 SignalTap Ⅱ Logic Analyzer File 选项并单击 OK 按钮。

SignalTap Ⅱ 界面如图 3.1.27 所示,保存文件并命名为 switches.stp。在如图 3.1.32 所示的对话框中单击 OK 按钮,接下来出现对话框"Do you want to enable SignalTap Ⅱ file 'switches.stp' for the current project?"询问是否在当前工程中使用 SignalTap Ⅱ,单击 Yes 按钮。现在,SignalTap Ⅱ 文件 switches.stp 已经和当前工程相关联了。

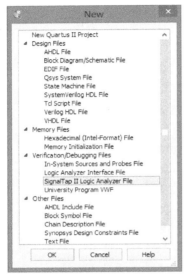

图 3.1.31 新建逻辑分析仪文件

图 3.1.32 单击 OK 按钮

如果需要在工程中不使用该 SignalTap Ⅱ 文件,或者不使用 SignalTap Ⅱ 逻辑分析仪,在 Quartus Ⅱ 13.0 界面中执行 Assignments→Settings 命令。然后在打开窗口左边的分类列表中选择 SignalTap Ⅱ Logic Analyzer 选项,如图 3.1.33 所示。取消选择 Enable SignalTap Ⅱ Logic Analyzer 复选框来关闭逻辑分析仪。在一个工程中可能同时有多个 SignalTap Ⅱ 文件,但在同一时刻只能有一个有效。多个 SignalTap Ⅱ 文件是非常有用的,如工程很大,在工程中不同的部分都需要用 SignalTap Ⅱ 来捕捉信号,这样探测不同的部分时只需要使用不同的 SignalTap Ⅱ 文件就可以了,避免反复设定 SignalTap Ⅱ 文件。按照前面的步骤可以建立新的 SignalTap Ⅱ 文件,不同的 SignalTap Ⅱ 文件拥有不同的文件名。如果要改变当前工程中已经关联的 SignalTap Ⅱ 文件,在图 3.1.33 中单击 SignalTap Ⅱ File name 选择框右边的浏览按钮,选择所需要的 SignalTap Ⅱ 文件,然后单击 Open 按钮,最后单击 OK 按钮就可以了。在本书中,我们选中 Enable SignalTap Ⅱ Logic Analyzer 选项并使用 switches.stp 文件。设定好后单击 OK 按钮关闭设置窗口。

现在需要把工程中想要观察的信号节点添加进来。在 SignalTap Ⅱ 窗口中的 Setup 标签页中,双击灰色字体记号 Double-click to add nodes 的区域,就会打开 Node Finder 对话框,如图 3.1.34 所示。在 Filter 区域中,选择 SignalTap Ⅱ:pre-synthesis,然后单击 List 按钮,在 Nodes Found 区域中将会显示在工程中能被观察到的节点列表。在这里选中 SW[0], SW[1], …, SW[7],然后单击">"按钮,这样就把要观察的开关节点添加到 SignalTap Ⅱ 中。最后单击 OK 按钮。

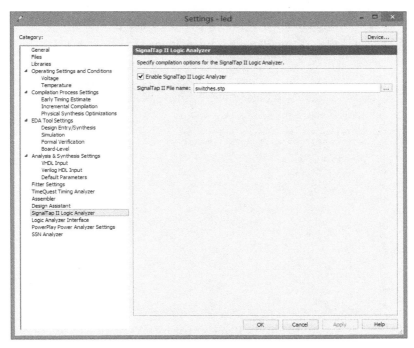

图 3.1.33　SignalTap Ⅱ Settings 窗口

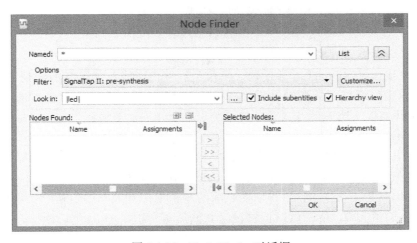

图 3.1.34　Node Finder 对话框

在 SignalTap 窗口中的 Setup 标签页中，选中 Trigger Conditions 列中的单选按钮，然后在单选按钮右边的下拉菜单中选择 Basic AND。在节点 SW[0]相对应的 Trigger Conditions 单元上右击，选择 High 选项。这样设置以后，当 DE2 系列开发板上对应的第一个开关被设置为高电平时，逻辑分析仪将会开始运行捕捉数据。注意到，我们可以看到 Trigger Conditions 列单元中右击添加进来的任何信号节点，并可以选择一系列不同的触发条件。当所有这些条件都同时满足时实际的触发条件才成立。在实例中，我们选择触发条件 SW[0]为高电平，SW[1], SW[2], …, SW[7]设为默认值 Don't Care，即触发条件和 SW[1], SW[2], …, SW[7]的值无关。

接下来还需要正确地建立硬件环境。首先，确保 DE2 系列开发板已经和计算机连接好且电源已经开启。然后，在 SignalTap II 窗口右上方中的 Hardware 部分，单击 Setup 按钮，打开如图 3.1.35 所示的对话框，在 Available hardware items 区域中双击 USB-Blaster，最后单击 Close 按钮。

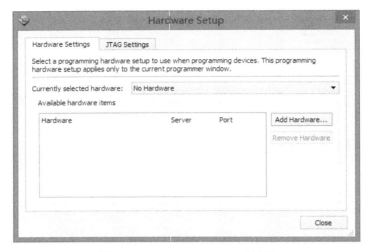

图 3.1.35　Hardware Setup 对话框

最后一步就是重新编译整个工程。在 Quartus II 13.0 窗口中，执行 Processing→Start Compilation 命令，接下来会弹出提示是否需要保存改动，这里单击 Yes 按钮。编译完后，执行 Tools→Programmer 命令，把重新编译的工程下载到 DE2 系列开发板上。

2) 使用逻辑分析仪观察信号

现在工程中嵌入的 SignalTap II 逻辑分析仪已经例化完成，并已经加载到 DE2 系列开发板上，我们可以像使用外部的逻辑分析仪一样使用 SignalTap II 逻辑分析仪来观察信号。首先把 DE2 系列开发板上所有的开关(0～7)设为低，当开关 0 的值变为 1 时，将会观察到这些开关的值。在 SignalTap 窗口，执行 Processing→Run Analysis 命令或者单击 图标。接着，单击 SignalTap II 窗口中的 Data 标签页。这时，应该得到和图 3.1.36 相似的界面。注意到这时 SignalTap II Instance Manager 面板中状态 Status 中显示 Waiting for trigger，这是因为触发条件(开关 0 的值变为 1)没有满足(我们在之前的步骤中把开关 0 的值初始化设为 0，如果没有初始化开关 0 的值为 0，现在可以把它设为 0 然后再一次单击 Run Analysis 选项)。

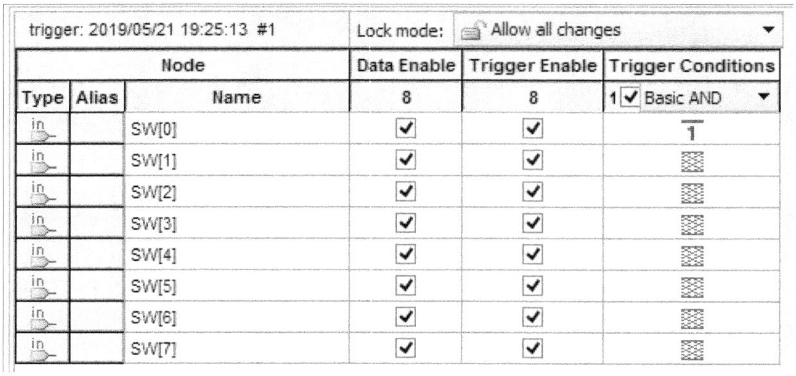

图 3.1.36　SignalTap II 运行分析界面

现在,我们可以把 DE2 系列开发板上的开关 0 的值设为 1 来观察逻辑分析仪的触发特性。应该可以得到如图 3.1.37 所示的数据。注意到数据窗口中不仅显示了 8 个开关节点在满足触发条件之后的数据值,还包含触发之前的一段数据值。为了更进一步地观察,我们可以把开关 0~7 的值设置为任意组合然后再次执行 Run Analysis 命令。当开关 0 的值再一次被设为 1 时,我们将在 SignalTap Ⅱ Logic Analyzer 中观察到所有开关的数值。

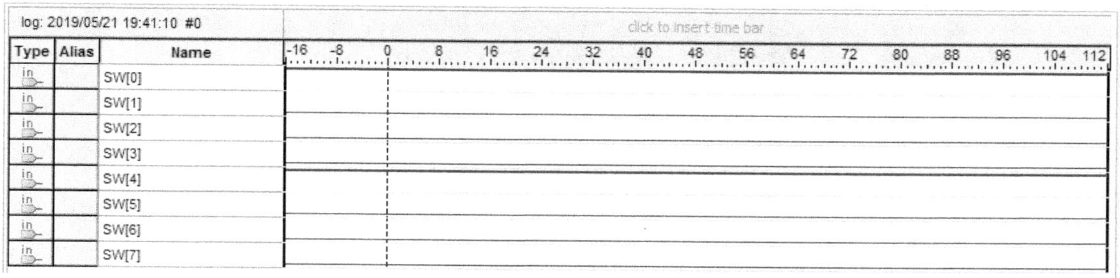

图 3.1.37　数据显示

3.1.8　实例讲解

本节实例根据 Quartus Ⅱ 13.0 软件的设计流程,通过采用文本和图形相结合的输入设计方式进行 1 位全加器的设计,使读者快速熟悉 Quartus Ⅱ 13.0 软件的设计流程和学习使用文本及图形输入设计的方法。

本节实例首先采用文本输入设计方法进行半加器的设计,并生成符号元件,然后采用图形输入设计方法调用生成的符号元件和库中的其他符号元件完成 1 位全加器的设计。具体步骤如下。

(1)运行 Quartus Ⅱ 13.0 软件,如图 3.1.38 所示。

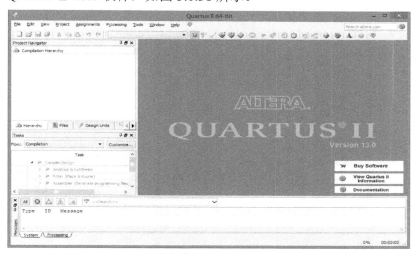

图 3.1.38　运行 Quartus Ⅱ 13.0 软件界面

(2)执行 File→New Project Wizard 命令,如图 3.1.39 所示,建立一个新工程。

(3)单击 Next 按钮出现如图 3.1.40 所示的 New Project Wizard 对话框。选择工程目录名称、工程名称及顶层文件名称为 h_adder。注:工程目录名称一栏为工程的保存路径,可在运行软件之前在硬盘分区创建工程保存文件夹,也可在此对话框中直接创建。

图 3.1.39　建立新工程向导　　　　图 3.1.40　New Project Wizard 对话框

（4）单击 Next 按钮出现如图 3.1.41 所示的 Add Files 对话框。单击  按钮选择需要添加的源程序和图形文件，再单击 Add 按钮将文件添加进项目中。

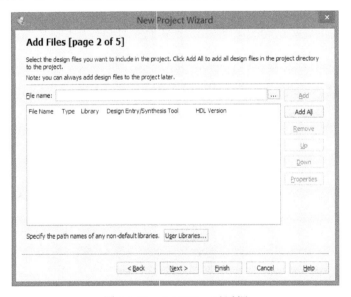

图 3.1.41　Add Files 对话框

（5）单击 Next 按钮出现如图 3.1.42 所示的器件设置对话框。这里选择 Altera 公司的 DE2 开发板使用的 Cyclone Ⅱ 系列 EP2C35F672C6 芯片，一直单击 Next 按钮，完成新工程的建立。

（6）建立新工程后，执行 File→New 命令，弹出如图 3.1.43 所示的新建设计文件选择对话框。创建 VHDL 设计文件，选择图 3.1.43 所示对话框中的 Design Files 目录下的 VHDL File，选择所需要的设计输入方式后单击 OK 按钮，打开文本编辑器界面，在文本编辑器界面中编写 VHDL 程序，如图 3.1.44 所示。

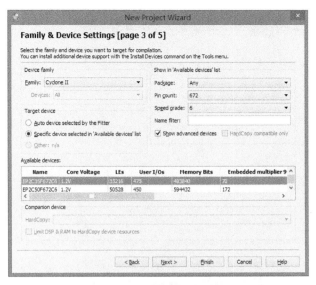

图 3.1.42　器件设置对话框

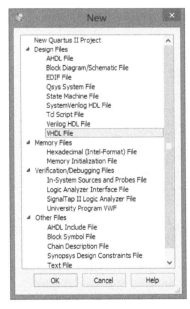

图 3.1.43　新建设计文件选择对话框

图 3.1.44　文本编辑器界面

（7）选择 File→Save As 菜单项，在如图 3.1.45 所示的"另存为"对话框中，将创建的 VHDL 设计文件名称保存为工程顶层文件名 h_adder.vhd。

（8）选择 Processing→Start Compilation 选项，开始对此工程进行逻辑分析、综合适配、时序分析等，成功编译完成后弹出如图 3.1.46 所示界面，包含所有的编译信息。如果有错误，则返回文本编辑工作区域进行修改，直至完全通过编译。

（9）编译完成后进行仿真，选择 File→New 菜单项，在如图 3.1.43 所示新建设计文件选择对话框中选择 Verification/Debugging Files 目录下的 University Program VWF 选项，新建一个新的仿真波形文件，如图 3.1.47 所示。

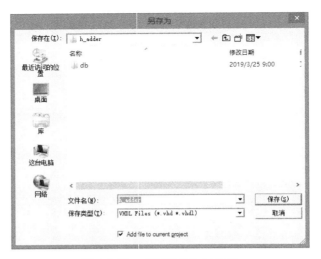

图 3.1.45 "另存为"对话框

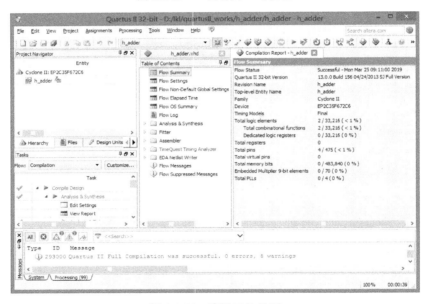

图 3.1.46 编译工具界面

(10)选择 File→Save As 菜单项,在"另存为"对话框中,将创建的仿真波形文件保存。在仿真图形界面中执行 Edit→Insert→Insert Node or Bus 命令,弹出如图 3.1.48 所示的对话框,在该对话框中增加总线及节点。

图 3.1.47 新建仿真波形文件界面

图 3.1.48 增加总线及节点

(11) 在图 3.1.48 所示的对话框中单击 Node Finder 按钮,弹出如图 3.1.49 所示的 Node Finder 对话框。在对话框的 Filter 下拉列表框中选择 Pins:all,单击 List 按钮,将在 Nodes Found 区域中列出项目中使用的输入、输出引脚。在 Nodes Found 区域中选择所需要仿真的引脚(此实验中全部选择),单击 > 或 >> 按钮,将选择的节点选中到 Selected Nodes 区域中,单击 OK 按钮,随后 Insert Node or Bus 对话框中的信息就会自动填写,如图 3.1.50 所示。

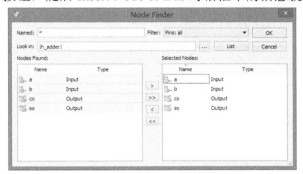 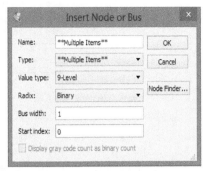

图 3.1.49　Node Finder 对话框　　　　　图 3.1.50　Insert Node or Bus 对话框

(12) 在 Insert Node or Bus 对话框中单击 OK 按钮之后,弹出如图 3.1.51 所示的波形编辑器窗口,然后编辑输入引脚的逻辑关系,输入完成后保存仿真波形文件。

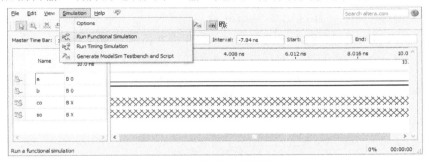

图 3.1.51　波形编辑器窗口

(13) 在图 3.1.51 界面中选择 Simulation→Run Function Simulation 菜单项,进行功能仿真。单击 Run Function Simulation 选项后,会产生如图 3.1.52 所示的编译信息,如果在进行功能仿真时没有出错,就会产生如图 3.1.53 所示的功能仿真波形图。

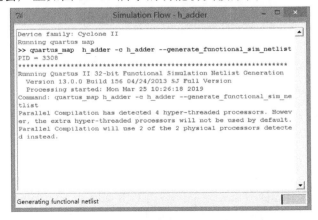

图 3.1.52　Simulation Flow 窗口

注：一般先进行功能仿真，功能仿真正确后再进行时序仿真。

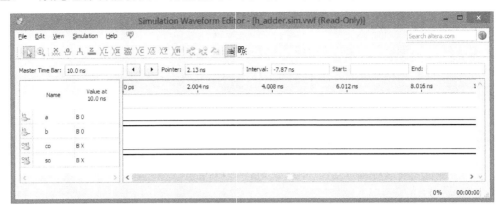

图 3.1.53　功能仿真波形窗口

（14）仿真无误后，选择 File→Create→Update →Create Symbol File for Current File 菜单项，为当前工程生成一个符号文件 h_adder.bsf。选择 File→Close Project 菜单项关闭工程 h_adder。

（15）选择 File→New Project Wizard 菜单项，选择工程目录名称、工程名称及顶层文件名称为 adder，在选择器件设置对话框中选择目标器件，建立新工程，将生成的符号文件 h_adder.bsf 复制到 adder 工程目录下，并在图 3.1.41 所示界面添加 h_adder.vhd 文件。

（16）选择 File→New 菜单项，弹出如图 3.1.43 所示的新建设计文件选择对话框。选择对话框中的 Design Files 目录下的 Block Diagram/Schematic File，选择好所需要的设计输入方式后单击 OK 按钮，打开图形编辑器界面，如图 3.1.54 所示。

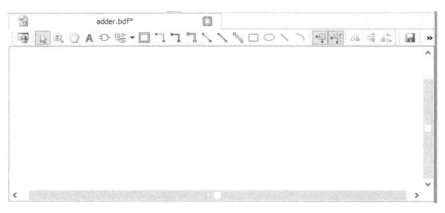

图 3.1.54　图形编辑器界面

（17）选择 File→New 菜单项，将创建的图形设计文件保存为 adder.bdf，作为整个设计的顶层文件。

（18）在图形编辑器窗口中双击或执行 Edit→Insert Symbol 命令，弹出如图 3.1.55 所示的 Symbol 对话框。

（19）在 Project 目录下选择自己创建的元件符号 h_adder，在 Name 栏中输入元件符号对应的名字，所选择的符号将出现在 Symbol 对话框的右边，单击 OK 按钮，选中该符号，在合适的位置单击放置符号。重复上述步骤，在图形编辑工作区域中分别放置 h_adder、OR2、INPUT、OUTPUT 等符号。

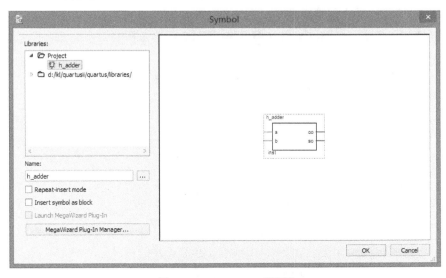

图 3.1.55　Symbol 对话框

(20) 将所需符号放置完成后，利用连线工具，如图 3.1.56 所示，进行连接，并将 INPUT 与 OUTPUT 更改名称。

(21) 设计完成后进行保存，按步骤(8)～(13)进行编译和仿真，仿真结果如图 3.1.57 所示。

(22) 分析图 3.1.57 所示波形，证明其逻辑功能是否正确。如果正确就可以进行引脚分配并将设计结果配置到芯片中进行验证，如果不正确，则要返回前述步骤进行修改。

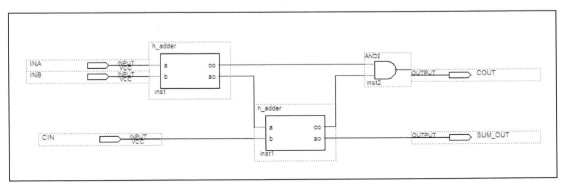

图 3.1.56　门电路实验图形

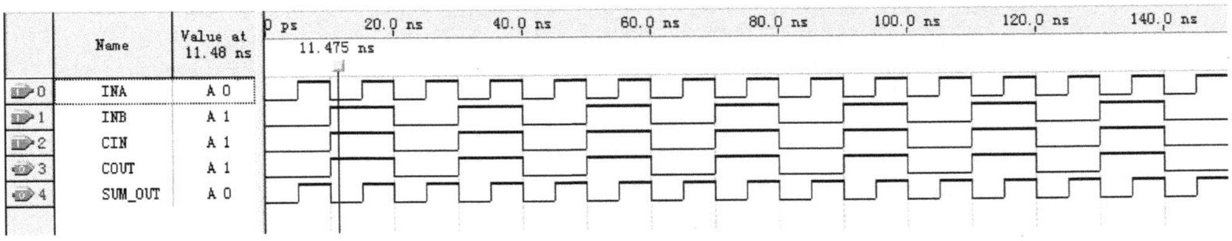

图 3.1.57　仿真波形窗口

（23）仿真正确后选择 Assignments→Assignment Editor 菜单项，在如图 3.1.58 所示的 Assignment Editor 窗口中的 Category 选项卡中选择 All 选项，在 To 列中选择输入/输出引脚，在 Value 列中选择对应的 FPGA 引脚。

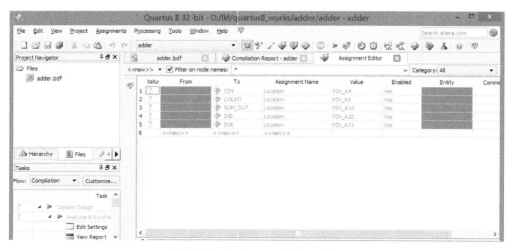

图 3.1.58　Assignment Editor 窗口

（24）引脚分配完成后进行保存，选择 Processing→Compiler Tool 菜单项，单击 Start Compilation 按钮重新对此工程进行编译，经过编辑后会生成可以配置到 FPGA 的 SOF 文件及可以配置到外部存储器的 POF 文件。此时就可以将设计配置到芯片中。

（25）连接实验设备，打开电源，在 Quartus Ⅱ 13.0 软件中，选择 Tools→Programmer 菜单项，出现如图 3.1.59 所示的编程配置界面。单击 Hardware Setup 按钮，弹出如图 3.1.60 所示的 Hardware Setup 对话框，在 Currently selected hardware 下拉列表中选择 USB-Blaster[USB-0]后关闭对话框，如果下拉列表中没有 USB-Blaster[USB-0]，则需重新连接实验设备。在 Mode 下拉列表中选择 JTAG，单击 Add File 按钮添加需要配置的 SOF 文件，选择 Program/Configure，单击 Start 按钮就可以对芯片进行配置。

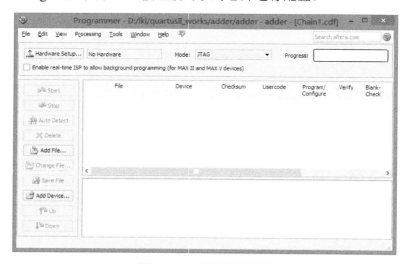

图 3.1.59　编程配置界面

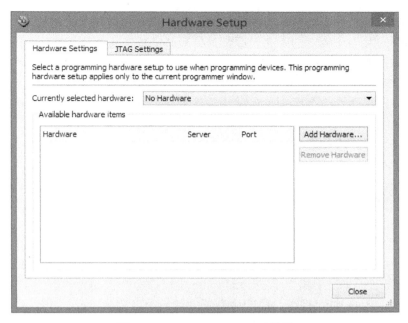

图 3.1.60 Hardware Setup 对话框

(26)配置完成后拨动开关单元，改变 INA、INB、CIN 的输入，观察输出结果证明设计是否正确。

3.2 ModelSim 开发工具

本节将重点介绍 ModelSim 开发工具，包括基本仿真步骤、ModelSim 各个界面，以及调试功能。

3.2.1 ModelSim 简介

ModelSim 是业界最优秀的 HDL 仿真器，它提供了最友好的调试环境，是唯一的单内核支持 VHDL 和 Verilog 混合仿真器，是做 FPGA/ASIC 设计的 RTL 级和门级电路仿真的首选。它采用直接优化的编译技术、Tcl/Tk 技术和单一内核仿真技术，编译仿真速度快，编译的代码与平台无关，便于保护 IP 核。个性化的图形界面和用户接口，为用户加快调试提供强有力的手段。全面支持 VHDL 和 Verilog 语言的 IEEE 标准，支持 C/C++功能调用和调试。

3.2.2 ModelSim 基本仿真步骤

在 ModelSim 环境下进行仿真，根据仿真文件的组织方式可分为单个文件基本仿真和工程文件仿真。两种仿真方法的流程基本相同，都是先创建一个库，接下来是对建立的文件进行编译，编译完成就可以运行仿真了。不同的是单个文件仿真时只需要建立一个工作库，而对于工程文件的仿真则需先在 ModelSim 中创建项目，然后添加文件。

1. 建立 ModelSim 库

ModelSim 有很多不同版本，对于 OEM 版本会针对特定厂商的器件集成相应的库函数，但是对于完全版来说它并不会针对特定的厂商制作，不会集成任何公司的 FPGA/CPLD 的仿真库。本节讲到的关于仿真库的所有问题都是针对 ModelSim 版本的，所以在进行仿真前，要在 ModelSim 中建立相应的库以支持要仿真的器件。

使用 ModelSim 进行仿真时，全部的设计文件不论 VHDL、Verilog 还是 VHDL 与 Verilog 的混合文件都需要编译到一个库中。在默认条件下需要创建一个名称为 work 的工作库，所有文件都编译到这个库当中。

下面介绍建立工作库的方法。

（1）启动 ModelSim。可以使用 Windows 桌面上的 ModelSim 快捷图标或在 Windows 的"开始"菜单中的"程序"目录下单击 ModelSim 的快捷方式来启动 ModelSim。

（2）在 ModelSim 主窗口中执行 File 菜单下的 Change Directory 命令，更改当前的目录为要仿真文件所在的路径，如图 3.2.1 所示。

（3）创建工作库。在主窗口 File 菜单中执行 New→Library 命令，打开创建库对话框。如果软件没有自动填写库的程序，则输入 work，如图 3.2.2 所示，单击 OK 按钮完成库的创建及映射。这个操作过程实质上相当于在 ModelSim 主窗口命令控制台输入了 vlib work 和 vmap work work 命令。ModelSim 将在当前的命令下创建一个名称为 work 的库，并且在其中产生一个_info 文件，在整个使用过程中不要对这个文件进行编辑。

通过以上三个步骤，work 库已建立成功。

在使用第三方提供的 IP 或者共享一些仿真的公共部分给其他项目成员时都有可能用到资源仿真，在资源仿真中首先要做的是建立资源库。

下面介绍资源库的建立方法。

（1）启动 ModelSim。可以使用 Windows 桌面上的 ModelSim 快捷图标或在 Windows 的"开始"菜单中的"程序"目录下单击 ModelSim 的快捷方式来启动 ModelSim。

（2）在 ModelSim 主窗口中执行 File 菜单下的 Change Directory 命令，更改当前的目录为要仿真文件所在的路径。

图 3.2.1　更改工作路径　　　　　　　　图 3.2.2　创建 work 库

（3）创建资源库。在主窗口 File 菜单中执行 New→Library 命令，打开创建库对话框。选择 a new library and a logical mapping to it 单选按钮，并在库名称（Library Name）处填写 parts_lib，在库的物理名称（Library Physical Name）处软件会自动填写相同的名称，单击 OK

按钮，则创建了 parts_lib 资源库，同时修改了 ModelSim.ini 配置文件。

2. 编译源代码

当全部源文件都加入 ModelSim 中，并且相关的库已被建立或载入时，就可以对源代码进行编译了。

在 ModelSim 中默认源文件是被编译到 work 库中的，对于 Verilog 语言源代码编译器还支持增量编译模式，在增量编译模式下只有自上次编译后修改过的部分会被编译，其他的部分保持不变，这对于大型的设计来说可以减少编译的时间。

下面介绍编译源代码的步骤。

（1）在 ModelSim 主窗口中执行 Compile 菜单下的 Compile 命令,打开源文件编译对话框，如图 3.2.3 所示。

图 3.2.3　源文件编译对话框

（2）在源文件编译对话框中选择要编译的源文件，然后单击 Compile 按钮编译源文件。

（3）编译过程的相关信息将会显示在主窗口的命令控制台中，若编译无误，则单击 Done 按钮，关闭源文件对话框。

（4）在主窗口的工作区中单击 work 库前面的加号，可以看到刚才编译的源文件已添加到工作库中了。

通过以上 4 步源文件就编译完成了，在编译源文件时用户可以单击源文件编译对话框中的 Edit Source 按钮来编译源文件，或者单击 Default Options 按钮打开默认选项对话框，设置相关的编译参数。

3. 启动仿真器

源文件编译完成后就可以进行仿真了，在仿真时需要使用激励源来驱动设计的电路。在 ModelSim 中激励源可以是 HDL 源文件，也可以是波形文件，可以根据实际情况进行选择。需要注意的是，激励源文件必须和设计顶层文件放到相同的目录中，并且也要编译到 work 库中。

以上工作都完成后，就可以开始启动仿真器了。双击工作区 work 库下面设计单元的激励源文件就可以加载设计仿真了。在主窗口的工作区中会产生一个 sim 标签和一个 Library 标签，如图 3.2.4 所示。

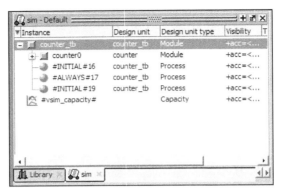

图 3.2.4　ModelSim 仿真标签

sim 标签中显示了设计的层次，可以使用"+"或者"-"展开或合并设计层次。Library 标签中显示了设计中包含的文件名称、类型、存放路径等信息。

4．执行仿真

完成前面的几步，接下来就可以开始进行仿真了。

(1) 在 ModelSim 的主窗口中执行 View 菜单下的 All Windows 命令，打开所有的 ModelSim 窗口，根据设计的不同所打开的窗口可能会有所不同。

(2) 在信号窗口中执行 Add 中的 Wave 项中的 Signals in Region 命令，将所在层次所有信号添加到波形窗口。

(3) 在主窗口、波形窗口或者源文件窗口中单击"运行"按钮，仿真将运行 100ns 自动停止，100ns 是 ModelSim 默认的仿真长度。

(4) 在波形窗口中将显示仿真的波形，如图 3.2.5 所示。

在左边的信号名称上右击，在弹出的快捷菜单中执行 Radix 项目下的 Binary、Octal、Decimal 等命令可以使信号按二进制、八进制、十进制显示。

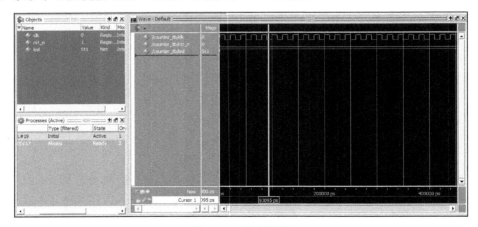

图 3.2.5　仿真结果

3.2.3 ModelSim 各界面介绍

在 ModelSim 中根据不同功能,软件会打开不同的用户窗口,如主(Main)窗口、结构(Structure)窗口、源程序(Source)窗口、信号(Signals)窗口、进程(Process)窗口、变量(Variables)窗口、数据流(Dataflow)窗口、波形(Wave)窗口、列表(List)窗口等。本节将对各个窗口进行简单的介绍。

1. 主窗口

主窗口在 ModelSim 启动时就直接打开了,是所有其他窗口运行的基础。主窗口(图 3.2.6)一般被划分为三部分:左边是工作区,用来显示当前工作中的工作库和一些打开的数据文件;下边是命令控制台,用户可以在 ModelSim 的提示符下输入所有的 ModelSim 命令,并且执行命令后的信息也会在此显示;右边是数据显示区。

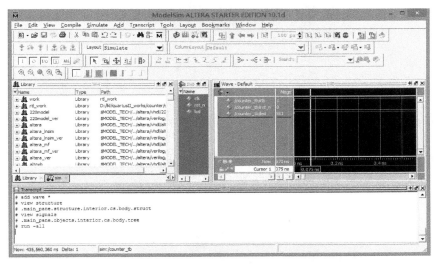

图 3.2.6 主窗口

用户可以通过主窗口中 View 菜单下的 Workspace 命令来显示或隐藏工作区。在工作区中的项目数量会根据仿真流程的不同而发生变化,其中除了库文件项目外,其他项目都是可选项。

常用工作区视图有库文件视图(Library)、仿真视图(sim)和文件视图(Files)等。

(1)库文件视图:在该视图中显示了当前工作库中包含的所有设计单元的信息。

(2)仿真视图:在该视图中显示了当前仿真用到的各个元件的结构层次,该视图与结构窗口中显示的信息保持一致。

(3)文件视图:在该视图中显示了当前工程中包含的所有文件的相关信息。

2. 结构窗口

结构窗口中显示的是当前设计的层次,如果在结构窗口中选择某一个设计层次,信号窗口、进程窗口和变量窗口中的相关信息就会立即更新。

在结构窗口中 VHDL 的模块使用深蓝色正方形表示,Verilog 模块使用浅蓝色圆形表示,SystemC 模块使用浅绿色菱形表示,虚拟对象等使用黄色菱形表示。

3．源程序窗口

源程序窗口主要用来显示和编辑源文件代码，如图 3.2.7 所示。当用户第一次加载一个设计时，ModelSim 会自动打开源程序窗口并载入设计中的源代码。

在源程序窗口中每一行的开头都会显示本行的行号，方便设计者在源文件中查找和定位。同时 ModelSim 在源程序窗口中提供了源语言编辑模板，使用模板可以方便源代码的编写。

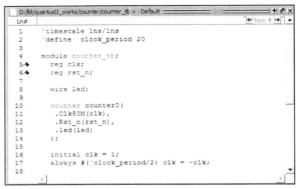

图 3.2.7　源程序窗口

4．信号窗口

信号窗口主要用来选择需要查看的信号，前面在结构窗口的介绍中已经提过当选择不同的层次时，信号窗口中的信号也会随之变化。

信号窗口的另外一个作用是在仿真的时候监视信号的变化情况，以及手动强制改变信号的值，这使仿真过程的控制更加灵活。

5．进程窗口

进程窗口显示了仿真中用到的所有进程的列表（图 3.2.8），在仿真过程中可以通过 View 菜单下的 Active 或 In Region 命令，使进程窗口显示当前工程的全部进程或者只显示当前层中包含的进程。

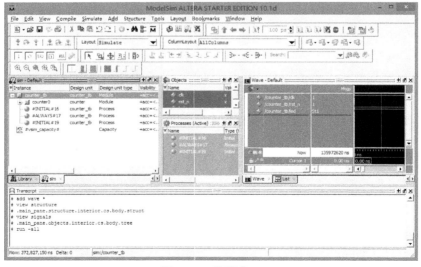

图 3.2.8　进程窗口

在进程窗口中每一个进程都有 Ready、Wait 和 Done 三种不同的状态。
(1) Ready 状态表示这个进程将在当前的 Delta 时间内被执行。
(2) Wait 状态表示这个进程正在等待信号线的变化。
(3) Done 状态表示这个进程在执行等待语句。

6. 变量窗口

变量窗口用来显示变量的相关信息，如图 3.2.9 所示。通常变量窗口被分为左右两部分，左边显示当前进程中用到的所有变量，右边显示与变量相关的当前值。

在变量窗口中用户可以查看 VHDL 中的常数、属性、变量，以及 Verilog 中的寄存器和变量等。

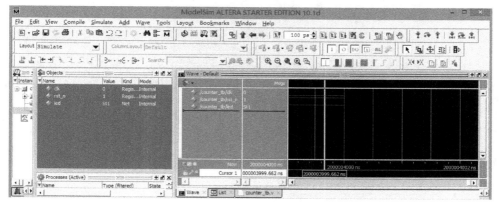

图 3.2.9　变量窗口

7. 数据流窗口

数据流窗口是一般仿真软件都会提供的一个通用窗口，在 View 菜单栏下可找到 Dataflow 选项，单击 Dataflow 选项打开数据流窗口，如图 3.2.10 所示，通过该窗口用户可以跟踪设计中的物理连接，跟踪设计中事件的传输，也可以用来跟踪寄存器、网线和进程等。

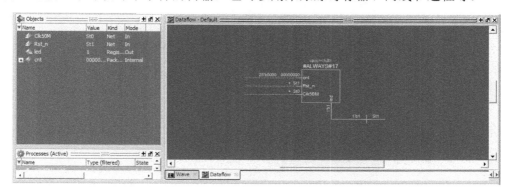

图 3.2.10　数据流窗口

数据流窗口最大的用途是进行追踪，方便查找引起意外输出的原因，在使用这个功能时会用到数据流窗口中内嵌的波形窗口。这个波形窗口中的活动指针与数据流窗口相关联，活动指针将影响到数据流窗口中信号值的变化。

8. 波形窗口

波形窗口是用来显示仿真波形的，如图 3.2.11 所示。波形窗口一般划分为三个区域：左边显示的是信号的名称；中间显示的是信号的当前值；右边显示的是信号的波形图。

在波形窗口中用户可以使用光标对信号的时间区间进行测量，也可以锁定某些特殊的光标，这更有利于观察波形变化。

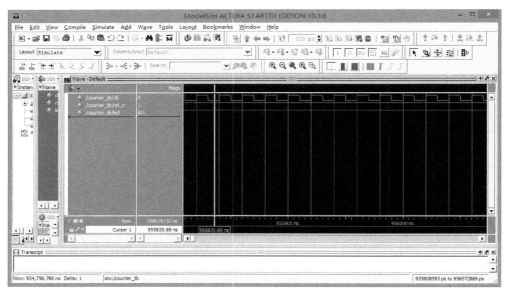

图 3.2.11 波形窗口

9. 列表窗口

列表窗口是显示仿真结果的窗口，如图 3.2.12 所示。列表窗口分为左右两部分：左边显示了仿真运行时间以及仿真的 Delta 时间；右边为信号的列表。

图 3.2.12 列表窗口

在使用列表窗口时，用户可以从 ModelSim 的其他窗口中选择相关的项目并拖动到列表窗口中，这样列表窗口中就会出现新添加的项目。

3.2.4 ModelSim 调试功能

ModelSim 仿真工具提供了很多调试方法，利用好工具的这些特点可以有效地提高开发效率。下面将重点介绍调试中对信号的监视和断点的使用。

1. 监视信号

对于设计的仿真来说，目的就是检查各个信号之间的时延和时序是否满足设计的要求。既然是对信号的检查，那么监视信号就成为有效的手段。

在仿真过程中监视信号最常用到的就是波形窗口，因为波形窗口以图形的形式显示各个信号的变化，可以直观地看到信号的相互变化及时序关系，所以用好波形窗口就会使调试变得更加得心应手。

波形窗口是除了主窗口以外，使用最多的一个窗口。下面将通过实例学习如何在波形窗口中监视信号，查看仿真的波形。

(1) 启动 ModelSim，并改变当前目录到要编译的文件所在的目录。
(2) 建立工作库并编译相关的源文件。
(3) 加载设计的激励源文件，此时 ModelSim 已启动了仿真。（以上步骤可以参考基本仿真步骤）
(4) 向波形窗口中添加项目，即要监视的信号（一般在波形窗口中只可以添加信号）。ModelSim 提供了多种向波形窗口添加信号的方法。

① 从信号窗口添加。
a. 在主窗口中执行 View 菜单下的 Wave 命令打开波形窗口。
b. 在主窗口中执行 View 菜单下的 Signal 命令打开信号窗口。
c. 在信号窗口中执行 Add 菜单下 Wave 项目中的 Signals in Design 命令，将要监视的信号添加到波形窗口。

② 从其他窗口中选中并拖动。可以从主窗口、信号窗口、变量窗口或结构窗口等多个窗口中选择需要监视的信号并拖动到波形窗口中。

③ 使用命令行添加。在主窗口命令控制台中的 VISM 命令提示符后输入指令"add wave*"，该指令将加入当前区域内的所有信号。

(5) 缩放波形显示。

① 在波形窗口的工具栏中有很多用来进行显示的快捷按钮，通过这些按钮可以方便地控制波形的显示大小。

② 在工具栏中单击 Zoom Mode 按钮，光标将显示为缩放状态，在波形窗口中单击一次将会出现一条蓝色线，再单击一次将出现第二条蓝色线，两次单击完成之后，两条线中间的部分将会被放大到整个波形窗口视图区域。

③ 执行 View→Zoom→Zoom Last 命令，波形窗口的视图区将显示上一次显示的结果。

④ 单击工具栏中的缩小 🔍、放大 🔍 按钮，相应地可以将波形窗口缩小一半或者放大一倍。

⑤ 单击工具栏中的全缩放按钮或者执行 View→Zoom→Zoom Full 命令，可以将波形完整地放置在显示区域。

(6) 在波形窗口中使用光标。

① 在波形窗口中光标标记着仿真的时间点，ModelSim 第一次绘制一个波形时，光标总是停留在仿真零点，在窗口显示区域的任何位置单击都会将光标移到此处。在波形窗口中可以对光标进行命名、锁定、添加和删除等操作，使用光标可以测量时间间隔、快速查找信号翻转等。

② 在波形窗口的工具栏中单击"鼠标选择"按钮或执行 View→Mouse Mode→Select Mode 命令，按住鼠标左键，光标将随鼠标在窗口中移动，单击之后光标将停留在单击的位置，如图 3.2.13 所示。

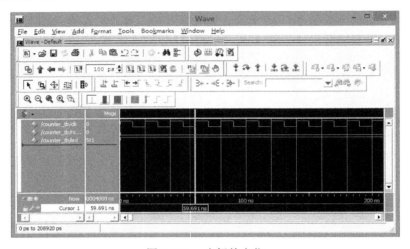

图 3.2.13 光标的定位

③ 光标在一定的范围之内总会自动附着在信号前向的翻转处，这个特性可以通过 Wave→Window Preferences 命令中的 Snap Distance 参数来调整，这个参数为显示的像素数目，默认为 10。Wave Window Preferences 对话框中还有其他可设置属性，如图 3.2.14 所示。

④ 右击光标的名称，这个区域就变得可以编辑了，直接在其中输入光标的名称，这样光标就被重新命名了。

⑤ 选择一个信号，单击工具栏中的右箭头按钮，光标将被移动到这个信号的下一个翻转处。同样，如果单击工具栏中的左箭头按钮，光标将被移动到这个信号的上一个翻转处。

⑥ 单击工具栏中的"添加光标"按钮，可以在波形窗口中添加新的光标。

⑦ 为了测量方便，可以将光标锁定到指定的时间偏移处。选择一个光标，执行 Wave→Cursor→Edit

图 3.2.14 Wave Window Preferences 对话框

Cursor 命令，在弹出的对话框中(图 3.2.15)填入光标的时间，并且可以选择 Lock cursor to specified time 复选框，将光标锁定在指定的时间处，如图 3.2.16 所示。

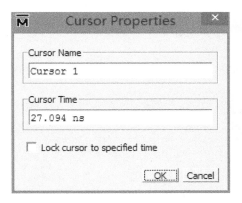
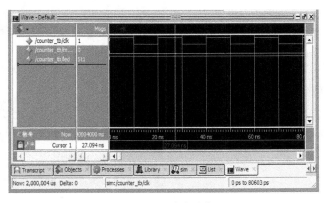

图 3.2.15　光标设置对话框　　　　　　　图 3.2.16　锁定光标

⑧ 选中某个光标之后可以使用 Wave 菜单中的 Cursor→Delete Cursor 命令将选定的光标删除。

(7)保存波形窗口格式。

① 一般情况下，当关闭波形窗口后，窗口中的配置信息如添加的信号、设置的光标等会丢失，每次打开需要再重新配置。其实可以通过存储窗口格式的方法将信号设置等信息存储成一个 DO 文件，下次打开波形窗口时加载 DO 文件就可以了。

② 保存 DO 文件。在波形窗口中执行 File→Save Format 命令打开保存文件对话框，设置文件名称并保存。

③ 加载 DO 文件。在打开的波形窗口中执行 File→Open 命令打开 DO 文件，也可以在主窗口命令控制台中的命令提示符后输入 do name.do 命令打开波形窗口，并进行相应的配置(注意：name.do 为所保存的 DO 文件名称)。

通过以上的介绍，相信读者已对波形窗口有了一定的了解，其实信号的相关信息还可以在信号窗口、列表窗口中看到。对于一般的使用，波形窗口已完全可以满足对信号的显示和观测要求。

2．使用断点

断点是用户在源文件中设置的一些标记，当仿真程序运行到标记处时会暂停执行，用户可以观测当前信号的状态，方便用户调试。

在 ModelSim 中源程序窗口不仅可以用来编辑源代码，还可以用来对程序进行调试。在源程序窗口中可以设置断点调试，同时支持单步调试等。

下面说明在源文件窗口中设置断点的方法。

(1)在源文件编辑窗口中打开要调试的源文件，浏览源文件，找到要设置断点的地方。

(2)在要设置断点的行的红色行号后面单击，就会在行号后出现一个红色的圆圈，表示此行已设置一个断点，如图 3.2.17 所示。

注意：在设置断点时需要找红色的行号，黑色行号说明本行语句不能设置断点，同时需要单击行号。如果再次单击行号，则行号后面的圆圈变成一个空心的红色圆圈，这表示在本行设置的断点已被取消，仿真过程不会在此暂停。

断点设置好后,就可以进行仿真了。首先启动仿真器,然后在主窗口、波形窗口或者源程序窗口中单击全速运行的按钮,仿真将一直运行到断点处并停止。这时红色菱形上出现一个蓝色的箭头,同时在主窗口中将打印一个中断信息。

当仿真被断点停止后,可以用以下几种方法检查信号的当前值。

(1)在信号窗口中查看各个信号的当前值。

(2)在源程序窗口中将鼠标光标悬停在需要查看的信号上,会弹出一个注释说明信号的当前值,如图 3.2.18 所示。

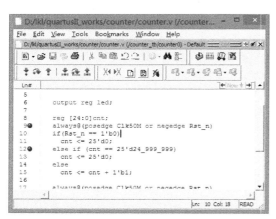 

图 3.2.17　在源程序窗口中设置断点　　　　　图 3.2.18　信号当前值

(3)可以在主窗口的命令控制台中使用 examine 命令查看信号的当前值,例如,要查看信号 Nun 的当前值,可以输入 examine Num 命令。

其实在源程序窗口中除了可以使用断点调试,还可以使用单步执行按钮和跟踪执行按钮进行单步调试,在这种调试方式中源程序窗口中的蓝色箭头会根据仿真器的执行顺序逐步显示。

3.2.5　实例讲解

1. 计数器的 ModelSim 功能仿真设计与验证

1)创建一个新工程

创建工程目录,把源程序复制到工程目录下,双击 ModelSim 在桌面上的快捷方式,打开 ModelSim 主窗口界面。执行 File→New→Project 命令,弹出如图 3.2.19 所示新建一个工程的对话框,在 Project Name 中填写工程名称为 counter,建议和顶层文件名字一致;Project Location 为工作目录,通过 Browse 按钮可选择新创建工程所在的目录;Default Library Name 中默认的库名为 work(ModelSim 中的库分为两种:设计库和资源库,设计库即 work 库,它里面包含当前被编译的设计单元,在建立一个新的工程时,默认的库即 work 库;资源库即 Resource 库,库中包含能被当前编译引用的设计)。当创建工程完成后,就可以在主窗口的 Workspace 区域出现一个空的库 work。

2)添加源文件

在图 3.2.19 所示的对话框中单击 OK 按钮后弹出 Add items to the Project 对话框,如图 3.2.20

所示。单击 Add Existing File 图标，弹出一个 Add file to Project 对话框，如图 3.2.21 所示。单击 Browse 按钮选择添加源文件到当前的工程目录中。

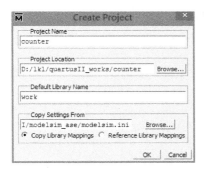 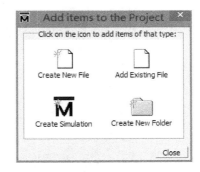

图 3.2.19　Create Project 对话框　　　　　图 3.2.20　Add items to the Project 对话框

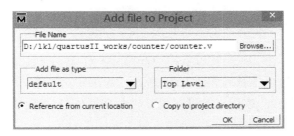

图 3.2.21　Add file to Project 对话框

3）编译源文件

执行 Compile→Compile All 命令，就可以编译两个源文件，编译结果如图 3.2.22 所示。Status 状态栏下面出现"√"，说明编译通过。也可以单个编译源文件，在源文件上右击，执行 Compile→Compile Selected 命令就会只编译所选择的源文件。编译完成后，在 work 库中将会看到两个已编译过的设计，如图 3.2.23 所示。

图 3.2.22　编译结果

· 107 ·

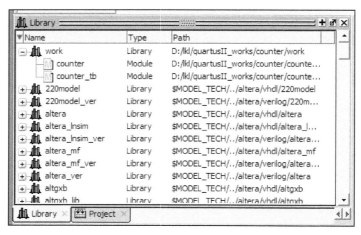

图 3.2.23 两个已编译过的设计

4) 启动仿真器

执行 Simulate→Start Simulate 命令,弹出如图 3.2.24 所示的 Start Simulation 对话框。选择要进行仿真的文件,这里选择 work 下的 counter_tb(由于现在进行的是功能仿真,因此其他选项不用考虑),单击 OK 按钮,即可对设计进行功能仿真,仿真通过后会弹出 Objects 窗口,如图 3.2.25 所示。

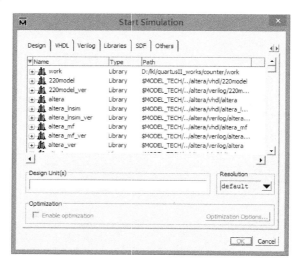

图 3.2.24 Start Simulation 对话框

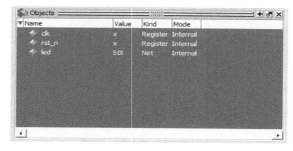

图 3.2.25 Objects 窗口

5) 运行仿真

在 Objects 窗口中，选中所有的信号并右击，执行 Add to →Wave→Selected Signals 命令，弹出波形窗口。执行 Simulate→Run→Run All 命令运行仿真，仿真结束后双击信号可更改信号显示波形的进制数。仿真出来的波形如图 3.2.26 所示，说明结果是正确的。

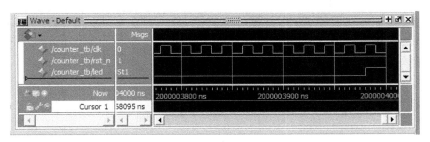

图 3.2.26 功能仿真结果

2. 计数器的 ModelSim 时序仿真设计

1) 生成(Verilog)网表文件(*.vo)和标准时延文件(*.sdo)

(1) 在 Quartus Ⅱ 13.0 下建立新的工程 counter，如图 3.2.27 所示。

(2) 编写 Verilog 代码。包括 counter 工程文件和 counter_tb 仿真激励文件，保存在工程目录下的 src 文件夹中。

注意：仿真激励文件不要添加进工程，代码见光盘文件。

(3) 设置 EDA tool，选择 Settings→Simulation 选项，如图 3.2.28 所示。

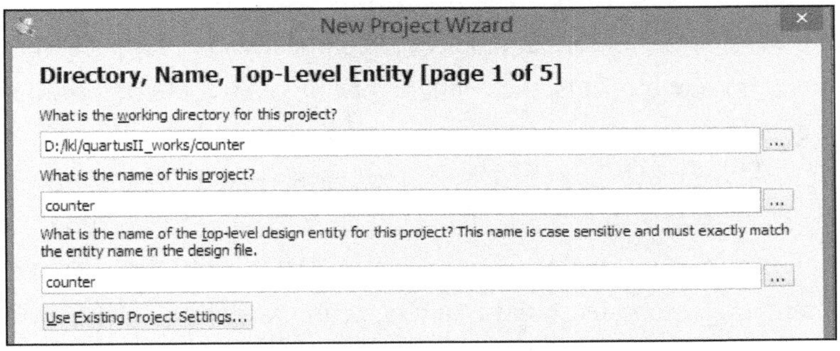

图 3.2.27 新建工程

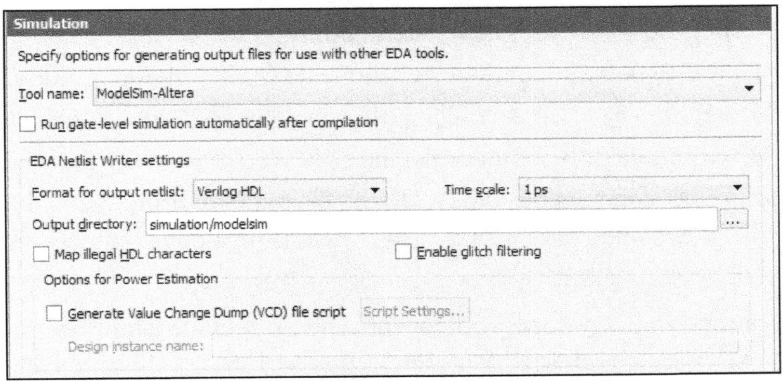

图 3.2.28 设置第三方仿真软件

· 109 ·

(4)单击 Start compilation 选项进行全编译,Quartus Ⅱ 13.0 软件会自动在 simulation 文件夹下建立一个 modelsim 子文件夹,同时在该文件夹下生成了 counter.vo 网表文件和 counter_v.sdo 标准时延文件。将 counter_tb 仿真激励文件复制到 modelsim 文件夹下。

2)Altera 仿真库(Verilog)的添加

(1)启动 ModelSim 仿真工具,在主窗口中执行 File→Change Directory 命令将路径转到刚才生成的 modelsim 文件夹,如图 3.2.29 所示。

(2)在主窗口中执行 File→New→Library 命令,新建一个名为 altera_primitives 的库,如图 3.2.30 所示。

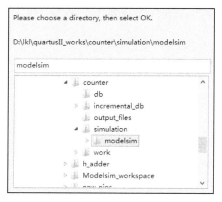

图 3.2.29 设置工作目录

图 3.2.30 新建库

(3)查找编译资源库所需文件。在 Quartus Ⅱ 13.0 安装目录下找到 quartus\eda\sim_lib 文件夹,用于编译资源库的文件有 220model.v、220model.vhd、220pack.vhd、altera_mf.v、altera_mf.vhd、altera_mf_components.vhd、altera_primitives.v、altera_primitives.vhd、altera_primitives_components.vhd、cycloneii_atoms.v、cycloneii_atoms.vhd、cycloneii_components.vhd。很多书都是把这些文件一起编译,这样适用于 Verilog 和 VHDL 混合仿真,但如果只用一种语言,如 Verilog 则完全没必要全部编译。这几个文件可分为 Verilog 组(220model.v、altera_mf.v、altera_primitives.v、cycloneii_atoms.v)和 VHDL 组(220model.vhd、220pack.vhd、altera_mf.vhd、altera_mf_components.vhd、altera_primitives.vhd、altera_primitives_components.vhd、cycloneii_atoms.vhd、cycloneii_components.vhd)。

编译时根据需要编译一组或全部编译。为了方便,我们把 Verilog 组的文件复制到 src 文件夹下。下面以 Verilog 组为例,首先编译 altera_primitives 库。

(4)编译库。在主菜单中执行 Compile→Compile 命令,对 altera_primitives.v 进行编译。

VHDL 文件编译有所不同,LPM 库的 220model.vhd 和 220pack.vhd 可以同时编译,MegaFunction 库先编译 altera_mf_components.vhd 文件,后编译 altera_mf.vhd 文件,Primitiv 库先编译 altera_primitive_components.vhd 文件,后编译 altera_primitive.vhd 文件,元件库,如 cyclone Ⅱ 库先编译 cycloneii_atoms.vhd 文件,后编译 cycloneii_components.vhd 文件,如果是其他系列的元件库则只要把对应的 cycloneii 改成其他系列的名称即可,如 cyclone 库则文件改为 cyclone_atoms.vhd、cyclone_components.vhd 或 cyclone_atoms.v,如图 3.2.31 所示。

(5)重复步骤(2)~(4)过程添加剩下的库,还有一种方法是把这些库放到一个库中,即一起编译,根据需要自行选择,如图 3.2.32 所示。

图 3.2.31 编译库

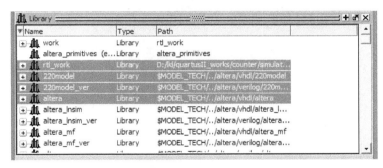

图 3.2.32 完成 4 个库的建立

(6)在主窗口中执行 File→New→Project 命令,新建一个名为 test 的项目,选择使用当前路径,如图 3.2.33 所示。

(7)加入 counter 网表文件和 counter_tb 测试文件到 work 库编译,如图 3.2.34 所示。

图 3.2.33 新建仿真项目

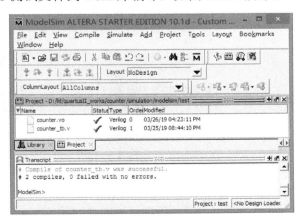

图 3.2.34 完成文件编译

(8)在主窗口中执行 Simulate→Start Simulation 命令,在弹出的 Start Simulation 对话框中,选择 Design 选项卡,选中 counter_tb;选择 Libraries 选项卡,添加库;选择 SDF 选项卡,添加标准时延文件。单击 OK 按钮开始时序仿真,如图 3.2.35~图 3.2.37 所示。

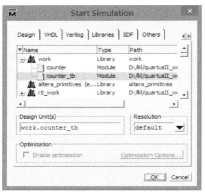

图 3.2.35　选择仿真文件　　　　　　　　图 3.2.36　添加仿真库

(9)加入信号到波形文件,然后仿真,如图 3.2.38 和图 3.2.39 所示。

图 3.2.37　加入时延文件

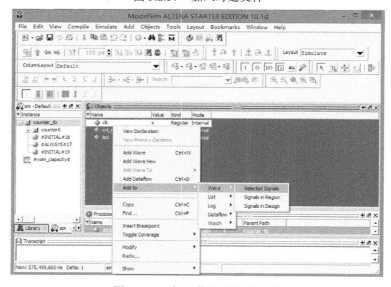

图 3.2.38　加入信号到波形文件

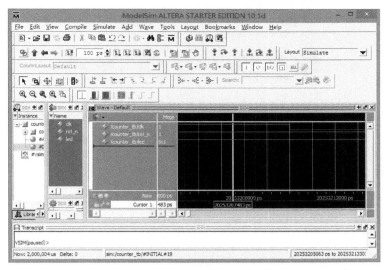

图 3.2.39　时序仿真波形图

3.3　本 章 小 结

本章主要对 FPGA 开发工具 Quartus Ⅱ 13.0 和 ModelSim 进行了详细介绍，读者学习的时候，需要重点熟悉它们的用户界面、主要功能和使用流程。FPGA 的开发工具虽然比较多，但是最常用的和最难学的是 Quartus Ⅱ 13.0 和 ModelSim，读者学习本章后，基本可以对 FPGA 系统进行应用性开发。

第二篇 SOPC 系统

第 4 章 SOPC 系统设计入门

4.1 SOPC 技术简介

20 世纪下半叶以来，微电子技术迅猛发展，集成电路设计和工艺水平有了很大的提高，单片集成度已达上亿个晶体管，这从数量上已经大大超过了大多数电子系统的要求。如何利用这一近乎无限的晶体管集成度，就成为电子工程师的一项重大挑战。在这种背景下，片上系统应运而生。SoC 是将大规模的数字逻辑和嵌入式处理器整合在单个芯片上，集合模拟部件，形成模数混合、软硬件结合的完整的控制和处理片上系统。

4.1.1 SOPC 技术的主要特点

从系统集成的角度看，SoC 是以不同模型的电路集成、不同工艺的集成作为支持基础的。所以，要实现 SoC，首先必须重点研究器件的结构与设计技术、VLSI 设计技术、工艺兼容技术、信号处理技术、测试与封装技术等，这就需要规模较大的专业设计队伍、相对较长的开发周期和高昂的开发费用，并且涉及大量集成电路后端设计和微电子技术的专门知识，因此设计者在转向 SoC 的过程中也要面临着巨大的困难。

SoC 面临上述诸多困难的原因在于 SoC 技术基于超大规模专用集成电路，因此，整个设计过程必须实现完整的定制或半定制集成电路设计流程。美国 Altera 公司在 2000 年提出的 SOPC 技术则提供了另一种有效的解决方案，即用大规模可编程器件的 FPGA 来实现 SoC 的功能。SOPC 与 SoC 的区别就是 FPGA 与 ASIC 的区别。SOPC 是 SoC 发展的新阶段，代表了当今电子设计的发展方向。其基本特征是设计人员采用自顶向下的设计方法，对整个系统进行方案设计和功能划分，最后系统的核心电路在可编程器件上实现。

随着百万门级的 FPGA 芯片、功能复杂的 IP 核、可重构的嵌入式处理器核以及各种功能强大的开发工具的出现，SOPC 已成为一种一般单位甚至个人都可以承担和实现的设计方法。SOPC 基于 FPGA 芯片，将处理器、存储器、I/O 接口等系统设计需要的模块集成在一起，完成整个系统的主要逻辑功能，具有设计灵活、可裁减、可扩充、可升级及软件、硬件在系统可编程的特性。

近年来，MCU、DSP 和 FPGA 在现代嵌入式系统中都扮演着非常重要的角色，它们都具有各自的特点但又不能兼顾。在简单的控制和人机接口方面，以 51 系列单片机和 ARM 微处理器为代表的 MCU 因为具有全面的软件支持而处于领先地位；在海量数据处理方面，DSP 优势明显；在高速复杂逻辑处理方面，FPGA 凭借其超大规模的单芯片容量和硬件电路的高速并行运算能力而显示出突出的优势。因而，MCU、DSP、FPGA 的结合将是未来嵌入式系统发展的趋势。而 SOPC 技术正是 MCU、DSP 和 FPGA 有机融合。目前，在大容量 FPGA 中可以嵌入 16 位或者 32 位的 MCU，如 Altera 公司的 Nios Ⅱ 处理器。DSP 对海量数据快速处理的优异性能主要在于它的流水线计算技术，只有规律的加、减、乘、除等运算才容易实现流水线的计算方式，这种运算方式也较容易用 FPGA 的硬件门电路来实现。目前，实现各种 DSP 算法的 IP 核已经相当丰富和成熟，如 FFT、IIR、FIR、Codec 等。利用相关设计工具(如 DSP Builder 和 Qsys)可以很方便地把现有的数字信号处理 IP 核添加到工程中，SOPC 一般采用大容量 FPGA(如 Altera 公司的 ssCyclone、Stratix 等系列)作为载体，除了在一片 FPGA 中定制 MCU 处理器和 DSP 功能模块外，可编程器件内还具有小容量高速 RAM 资源和部分可编程模拟电路，还可以设计其他逻辑功能模块。一个大容量的 FPGA 的 SOPC 结构图如图 4.1.1 所示。

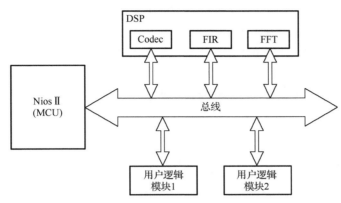

图 4.1.1　大容量的 FPGA 的 SOPC 结构图

SOPC 技术具有如此多的优点，已经成为嵌入式系统领域中一个新的研究热点，并代表了未来半导体产业的一个发展方向。相对于单片机、ARM 而言，目前 SOPC 技术的应用还不是很广，但从趋势上看，只要再经过几年的发展，未来 SOPC 技术的应用就会像今天的单片机一样随处可见。

4.1.2　SOPC 技术实现方式

SOPC 技术实现方式一般分为三种。

(1)基于 FPGA 嵌入 IP 硬核的 SOPC 系统。目前最常用的嵌入式系统大多采用了含有 ARM 的 32 位知识产权处理器核的器件。Altera 公司 Excalibur 系列的 FPGA 中就植入了 ARM922T 嵌入式系统处理器；Xilinx 的 Virtex-Ⅱ Pro 系列中则植入了 IBM PowePC 405 处理器。这样就能使 FPGA 灵活的硬件设计和硬件实现与处理器强大的软件功能结合，高效地实现 SOPC 系统。

(2)基于 FPGA 嵌入 IP 软核的 SOPC 系统。在第一种实现方案中，由于硬核是预先植入的，其结构不能改变，功能也相对固定，无法裁减硬件资源，而且此类硬核多来自第三方公司，其知识产权费用导致成本的增加。如果利用软核嵌入式系统处理器就能有效克服这些不利因素。最具有代表性的嵌入式软核处理器是 Altera 公司的 Nios Ⅱ 软核处理器。

(3)基于 HardCopy 技术的 SOPC 系统。HardCopy 就是利用原有的 FPGA 开发工具，将成功实现于 FPGA 器件上的 SOPC 系统通过特定的技术直接向 ASIC 转化，从而克服传统 ASIC 设计中普遍存在的问题。

从 SOPC 实现方式上不难看出，IP 核在 SOPC 系统设计中占有极其重要的地位，IP 核设计及 IP 核的复用成为 SOPC 技术发展的关键所在。半导体产业的 IP 定义为用于 ASIC、ASSP

和 PLD 等当中预先设计好的电路模块。在 SOPC 设计中,每一个组件都是一个 IP 核。IP 核模块有行为、结构和物理三级不同程度的设计,对应描述功能行为的不同分为三类,即完成行为描述的软核(Soft IP Code)、完成结构描述的固核(Firm IP Code)和基于物理描述并经过工艺验证的硬核(Hard IP Code)。

IP 软核通常以 HDL 文本形式提交给用户,它已经过 RTL 级设计优化和功能验证,但其中不含有任何具体的物理信息。据此,用户可以综合出正确的门电路级设计网表,并可以进行后续的结构设计,具有很大的灵活性。借助于 EDA 综合工具可以很容易地与其他外部逻辑电路合成一体,根据各种不同半导体工艺,设计成具有不同性能的器件。软 IP 核也称为虚拟组件(Virtual Component,VC)。

IP 硬核是基于半导体工艺的物理设计,已有固定的拓扑布局和具体工艺,并已通过工艺验证,具有可保证的性能。其提供给用户的形式是电路物理结构掩模板和全套工艺文件。

IP 固核的设计程度则是介于软核和硬核之间,除了完成软核所有的设计外,还完成了门级电路综合和时序仿真等设计环节。一般以门级电路网表的形式提供给用户。

如何设计出性能良好的 IP 核?虽然这个问题没有统一完整的答案,但根据前人开发的经验以及电子设计的一般规则,仍然可以总结出一般 IP 核设计应该遵循的几个准则。

(1)规范化:严格按照规范设计,这样的系统具有可升级性、可继承性,易于系统集成。
(2)简洁化:设计越简洁的系统,就越容易分析、验证,达到时序收敛。
(3)局部化:时序和验证中的问题局部化,就容易发现和解决问题,减少开发时间,提高质量。

只有按照一定的编码规则编写的 IP 核代码才具有较好的可读性,易于修改并且具有较强的可复用性,同时可获得较高的综合性能和仿真效果。

4.1.3 SOPC 系统开发流程

SOPC 系统的开发流程一般分为硬件和软件两大部分,如图 4.1.2 所示。硬件(按照习惯

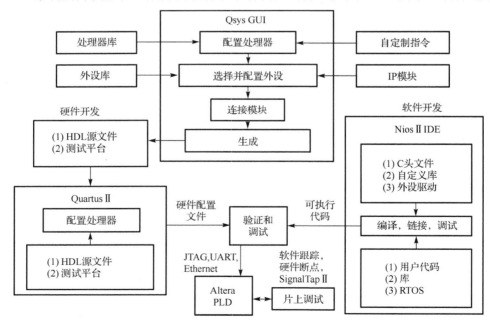

图 4.1.2 SOPC 系统开发流程

说法，将一个 SOPC 系统中的 Nios Ⅱ CPU 和外设等统称为硬件，虽然它也是由软件来实现的。而在这个系统上运行的程序称为软件）开发主要是创建 Nios Ⅱ系统，作为应用程序运行的平台；软件开发主要是根据系统应用的需求，利用 C/C++语言和系统所带的应用程序接口（Application Programming Interface，API）函数编写实现特定功能的程序。这其中用到的主要工具是 Altera 公司的 Quartus Ⅱ和 Nios Ⅱ IDE。

4.2 基于 Qsys 的 Nios Ⅱ处理器设计

基于 Qsys 的 Nios Ⅱ处理器设计是对以 32 位的 Nios Ⅱ软核处理器为核心的嵌入式系统进行硬件配置、硬件设计、硬件仿真、软件设计以及软件调试等。Qsys 系统设计的基本软件工具有以下几种。

（1）Quartus Ⅱ：用于完成 Nios 系统的综合、硬件优化、适配、编程下载和硬件系统调试。

（2）Qsys：作为 Altera Nios 嵌入式处理器软件开发包，实现 Nios 系统配置、生成及软件调试平台的建立。

（3）ModelSim：用于对 SOPC Builder 生成的 Nios 进行系统功能仿真。

（4）MATLAB/DSP Builder：可用于生成 Nios 系统的硬件加速器（主要适用于 Stratix、StratixⅡ等内嵌 DSP 模块的 FPGA 系列），进而为其定制新的指令。

（5）Nios Ⅱ IDE/ Nios Ⅱ SBT for Eclipse：集成开发环境，用于软件调试。

（6）第三方嵌入式操作系统，如嵌入式 Linux、μC/OS Ⅱ等。

本节着重介绍 Qsys 开发工具的功能及其使用方法。

4.2.1 Qsys 功能

Qsys 是 Altera 公司为其 FPGA 定制实现的 SOPC 框架，它是功能强大的基于图形界面的片上系统定义和定制工具，Qsys 库中包括处理器和大量的 IP 核及外设。Qsys 采用类似 SOPC Builder 的界面，支持与现有嵌入式系统移植的后向兼容。而且，这一高级互连技术将支持分层设计、渐进式编译以及部分重新配置方法。Qsys 是 Altera SOPC Builder 工具的后续产品，引入了 FPGA 优化芯片网络技术，与 SOPC Builder 相比，存储器映射和数据通路互连性能提高至两倍，SOPC Builder 适合单层次设计，而 Qsys 提高了系统级设计效能，适合多层次设计，并且，Qsys 支持业界标准 IP 接口，如 AMBA，使之可以支持设计重用。

此外，Qsys 利用了业界首创的 FPGA 优化芯片网络技术来支持多种业界标准 IP 协议，提高了 IP 核的生成质量，具有很高的效能。

Qsys 主要包括下列功能。

1. 定义和定制

Qsys 是系统定义和组件定制的强大开发工具。使用直观的简化设计定义、定制和验证的图形用户界面（GUI），用户从可扩展的 Qsys 库中选择处理器、存储器接口、外围设备、总线桥接器、IP 核及其他系统组件，并用单独的组件向导定制这些组件。

2. 系统集成

在定义嵌入式系统和配置所有必要的系统组件之后，需要将组件集成到系统中。Qsys 自动生成所在集成处理器、外围设备、存储器、总线、仲裁器和 IP 核所必要的逻辑，同时创建定制的系统组件 VHDL 或 Verilog HDL 源代码。图 4.2.1 所示为 Qsys 系统结构图。

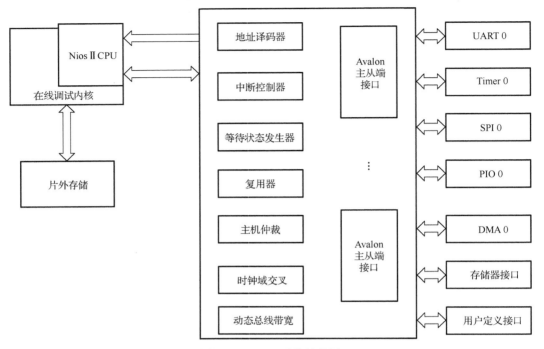

图 4.2.1 Qsys 系统结构图

由 Qsys 系统的结构图可以看出，Qsys 系统是指包含 Nios II 软核处理器和 UART、SPI、定制外设等外设集合的系统。其中 Nios II 是软核处理器，可以借助开发工具对其进行配置，然后下载到可编程芯片中。其优势是可以根据设计需要选择处理器和外设，并进行灵活配置。图 4.2.1 中间的 Avalon 互连模块将系统互连。Nios II 提供 JTAG 接口以方便用户下载和调试。Qsys 系统还可以通过外部存储器接口和 FPGA 片外的处理器通信，共享外部处理器。它还支持与高性能的 Avalon-ST 设备的互连。除了定制模块需要客户的开发，其余部分全部由 Qsys 系统集成工具来生成。

3. 软件生成

嵌入式软件设计者需要完整的与定制硬件匹配的软件开发环境，Qsys 可以自动产生这些软件。Qsys 可以创建软件开发需要的软件组织，并提供完整的设计环境。软件开发环境包括头文件、外围设备驱动程序、自定义软件库及 OS/RTOS 内核。

除了使用方便，软件开发环境还在硬件和软件工程师之间建立了良好的设计连贯性。使用 Qsys，硬件的改变会立即反映在软件开发环境中。软件工程师在进行软件设计时可以不必害怕硬件发生改变，只要软件工程师使用最新的头文件、库和驱动程序，硬件开发和软件开发就可以平滑地连接起来。

当在 Qsys 中加入所有的组件并指定所有必需的系统参数后，Qsys 将产生 Avalon 交换结构(Switch Fabric)，输出描述系统的 HDL 文件。在系统生成的过程中，Qsys 输出以下内容。

(1) 一个描述顶层系统模块和系统中各组件的 HDL 文件。

(2)一个代表顶层系统模块的.bsf文件,可在Quartus Ⅱ 13.0的原理图(.bsf)中被调用。

(3)可选项:用于嵌入式软件开发的软件文件,如存储器映射头文件和组件驱动文件。

(4)可选项:系统模块的测试台(TestBench)和ModelSim仿真项目文件。

4. 系统验证

Qsys提供硬件和软件环境的快速仿真。Qsys生成所有ModelSim项目文件,包含格式化的总线接口波形和完整的仿真测试平台,编译软件代码自动加入存储模型并与其他项目文件一起编译。

4.2.2 Qsys组成

Qsys是用CPU、存储器接口和外围器件(如片内存储器、PIO、定时器、UART等IP核)等组件构成总线系统的工具。它使用用户指定的组件和接口创建(生成)系统模块,并在Avalon控制器和所有系统组件上的从属设备端口之间自动生成互连(总线)逻辑。

Qsys最常用于构建包含CPU、存储器和I/O设备的嵌入式微处理器系统,也可以生成没有CPU的数据流系统。Qsys允许用户指定带有多个控制器和从属设备的总线结构,包含仲裁器的总线逻辑在系统构造时自动生成,用户也可以添加用户自身定制指令逻辑到Nios Ⅱ 内核以加速CPU性能,或添加用户外设以减轻CPU的任务。

Qsys库组件可以是很简单的固定逻辑块,也可以是复杂的、参数化的动态生成子系统。大多数Qsys库组件包含图形界面配置向导和HDL生成程序。

Qsys工具通过Quartus Ⅱ 13.0软件启动。只要用户已经创建新的Quartus Ⅱ 项目,就可以使用Qsys软件。重新运行Qsys编辑现有系统模块的快捷方法是双击Quartus Ⅱ 原理图编辑器中的系统模块符号。

Qsys由两个基本独立的部分组成。

(1)包含系统组件的GUI。在GUI内每个组件也可以提供自己的配置图形用户界面,GUI创建系统Qsys文件以对系统进行描述。

(2)将系统描述(Qsys)转换成硬件实现的生成程序。生成程序与其他任务一起创建针对选定目标器件的系统HDL描述。

Qsys GUI用于指定系统包含的组件的排列与生成,GUI本身不生成任何逻辑,不创建任何软件,也不完成其他的系统生成任务,GUI仅仅是系统描述文件(系统Qsys文件)的前端或编辑器。

用户可以在任何文本编辑程序中编辑系统Qsys文件,但必须关闭作为Qsys编辑程序的Qsys GUI。在两个编辑程序中同时打开相同的文件可能产生不可预测的结果。

如图4.2.2所示,Qsys图形用户界面可能包括两个页面(标签)。

1. 系统内容页面

如图4.2.2所示,系统内容(System Contents)页面主要包含以下两部分:左侧为组件库,列出了所有可用库组件列表,右侧为当前系统使用的所有组件列表。

1)组件库

组件库按照总线类型和种类显示所有的可用组件,每个组件名左边有一个色点,其含义如下。

绿点:完全授权用于生成系统的组件,如图4.2.2中的Bridges组件库下的Clock Bridge。

图 4.2.2　Qsys 图形用户界面

白点：当前不可使用，但可通过网络下载的组件，使用时还需获取授权。

组件库可以通过过滤动态地显示一部分或所有组件分类。有关组件库中组建的信息可以通过右击项目并从弹出列表中选择可用文档或网络连接获得。

2) 组件列表

组件表是用户设计的处理器系统的组件列表，其中的组件来自组件库。组件表允许用户描述以下信息。

(1) 系统中包含的组件和接口。

(2) 控制器和从属设备的连接关系。

(3) 系统地址映射。

(4) 系统中断请求分配。

(5) 共享从属设备仲裁优先级。

(6) 系统时钟频率。

组件表中左侧显示控制器和从属设备间的连接关系。系统中的任何级都可以有一个或多个控制器或从属设备端口，任何使用相同总线规程的控制器和从属设备可以互连。

由于 Avalon 总线与 Avalon Tri-State 三态总线是不同的总线规程，所以在连接 Avalon 控制器和 Avalon Tri-State 从属设备时需要使用桥接器组件。

系统中的每个控制器在组件表的左边都有一个对应的列，用户可以使用 View 菜单改变控制器列的出现，可以全部隐藏控制器列，也可以作为接线板显示(Show Connections)或显示仲裁优先级数(Show Arbitration)。

当两个控制器共用相同的从属设备时，Qsys 自动插入一个仲裁器。当两个控制器同时存取从属设备时，由仲裁器确定获得从属设备存取权的控制器。

每个共用的从属设备都将插入一个仲裁器,从属设备对每个控制器有一个仲裁优先级,并将按下列规则解决冲突:如果每个控制器的优先级为 P_i,所有优先级的总和为 P_{total},那么控制器 i 将在每 P_{total} 次冲突中赢得 P_i 次仲裁。

系统时钟频率用于外围设备生成时钟分频器或波特率发生器等,也提供测试生成程序,以产生要求频率的时钟。

系统时钟频率只用于 Qsys,不同于 Quartus Ⅱ 13.0 软件的时序分析,Quartus Ⅱ 13.0 软件的时钟频率必须单独配置。

2.系统生成页面

系统生成(Generation)页面(图 4.2.3)有一些用于控制系统生成的选项和一个显示系统生成过程输出的控制台窗口。单击 Generate 选项时,自动显示系统生成页面并启动生成过程。

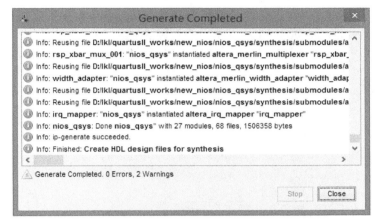

图 4.2.3　系统生成页面

Qsys 的工作流程如图 4.2.4 所示。

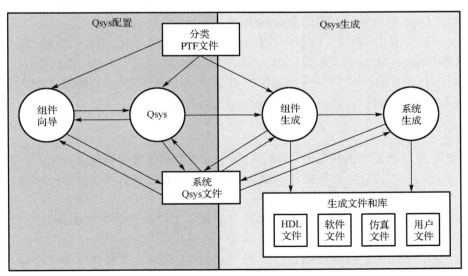

图 4.2.4　Qsys 的工作流程

系统生成程序完成下列任务。

(1) 读取系统描述(系统 Qsys 文件)。

(2) 为在库定义中提供软件支持的系统组件创建软件文件(驱动程序、库和实用程序)。

(3) 运行每个组件独立的生成程序。系统中的每个组件都可能有自己的生成程序(例如，创建组件的 HDL 描述)，主 Qsys 生成程序运行每个组件的子生成程序。

(4) 生成包含下列内容的系统级 HDL 文件(VHDL 或 Verilog HDL)：系统中每个组件的实例；实现组件互连的总线逻辑，包括地址译码器、数据总线复用器、共用资源仲裁器、复位产生和条件逻辑、中断优先逻辑、动态总线宽度(用宽的或窄的数据总线匹配控制器和从属设备)以及控制器和从属设备端口间所有的被动互连；仿真测试平台。

(5) 创建系统模块的符号(.bsf 文件)。

(6) 创建 ModelSim 仿真项目目录，包括以下文件：所有指定内容存储器组件的仿真数据文件，包含有用设置和为仿真生成系统定制别名的 setup_sim.do 文件，包括总线接口波形有用初始设置的 wave_presets.do 文件，以及当前系统的 ModelSim 项目(.mpf 文件)。

(7) 编写编译用 Quartus II Tcl 脚本，该脚本用来设置 Quartus II 编译所需要的所有文件。

4.2.3 Qsys 组件

在建立系统时，用户可以从下列两个来源添加组件(Components)：一是组件库中的预定义组件；二是用户定义组件。

用户可以将自定义逻辑块直接加入 Qsys 系统中，也可以加入为系统外部逻辑块定制的接口。

1. Qsys 组件的组成部分

(1) 组件类型的信息，如名称、版本和作者。

(2) 组件硬件的 HDL 描述。

(3) 组件接口硬件描述，如 I/O 信号的类型。

(4) 配置组件运行的参数说明。

(5) 配置 Qsys 中组件的实例的参数编辑器。

Altera 提供自动地和 Quartus II 13.0 一起安装的组件。通过在 Intellectual Property&Reference Designs 网页上的 Search 对话框中输入 Qsys Certified，然后选择 IPCore&Reference Designs，可以获得第三方 IP 开发商提供的 Qsys 兼容组件的列表。组件也和 Altera 开发板一起提供，在 All Development Kits 网页上列出。

2. 组件接口

可以使用组件所要求的任意数量的接口和接口类型的任意组合来设计组件。例如，一个组件除了对控制器提供存储器映射的从端口，还能对高吞吐量数据提供 Avalon-ST 源端口。

以下的接口可用于 Qsys。

(1) Memory-Mapped：用于使用存储器映射的读和写命令通信的 Avalon-MM 或 AXI 主端口和从端口。

(2) Avalon Streaming(Avalon-ST)：用于 Avalon-ST 源和发送数据流的接收器之间的点到点的连接。

(3) Interrupts：用于生成中断的中断发送器和执行中断的中断接收器之间的点到点的连接。

(4) Clocks：用于时钟源和时钟接收器之间的点到点的连接。

(5) Resets：用于复位源和复位接收器之间的点到点的连接。

(6) Avalon Tri-State Conduit（Avalon-TC）：用于连接到 PCB 上的三态器件的 Qsys 系统中的三态导管控制器。

(7) Conduits：用于导管接口之间的点到点的连接。可以使用导管接口类型来定义不符合任何其他接口种类的信号的定制集。

3. 组件结构

使用<component_name>_hw.tcl 文件（使用介绍 Qsys 的组件的 Tcl 脚本语言而写的文本文件）定义组件，可以手动或使用组件编辑器创建_hw.tcl 文件。_hw.tcl 文件包含关于组件设计文件（包括 SystemVerilog、Verilog HDL 或 VHDL 文件和定义综合与仿真的组件的约束文件）的名称和位置的信息。通过创建一个可以在组件编辑器之外使用的文件来添加高级程序，组件编辑器简化了创建_hw.tcl 文件的过程。当编辑以前保存的_hw.tcl 文件时，Qsys 自动地将早期版本备份为_hw.tcl~。

1) HDL 组件类型

下面根据如何指定设计文件来介绍 Qsys 组件类型。

(1) 静态组件：通过将相同的 HDL 文件用于组件的所有实例来实现动态组件。如果顶层 HDL 模板被参数化，那么根据参数值，实例可能具有独特的行为。

(2) 生成的组件：生成的组件的文件集回调函数使组件的实例基于实例的参数值能够创建独特的 HDL 设计文件。例如，基于参数值，可以写入一个文件集回调函数以包含控制和状态接口，回调函数克服了 HDL 的显示，从而不支持 runtime 参数。

(3) 组合组件：组合组件是从其他的组件实例构建的子系统，可以使用一个组合回调函数来管理组合组件中的子系统。

2) 组件文件组织

一个典型的组件使用以下目录结构。

(1) <component_directory>：组件名称，此部分不重要。

(2) <hdl>/：包含组件 HDL 设计文件，如包含顶层模块的.v 或.vhd 文件。

(3) <component_name>_hw.tcl：组件说明文件。

(4) <component_name>_sw.tcl：软件驱动配置文件。当需要时，该文件指定与组件相关的.c 和.h 文件的路径。

(5) <software>/：包含与组件相关的软件驱动或库。Altera 建议软件目录是一个包含_hw.tcl 文件的目录的子目录。

要了解与 Nios Ⅱ 处理器一起使用的器件驱动或软件封装的更多信息，请参考 Nios Ⅱ 13.0 软件开发商手册的 Hardware Abstraction Layer 部分，Nios Ⅱ 13.0 软件开发商手册的 Nios Ⅱ Software Build Tool Reference 章节介绍 Tcl 脚本中使用的命令。

3) 组件版本

可以创建和保持相同组件的多个版本。如果多个_hw.tcl 文件用于相同的 NAME 木块属性和不同的 VERSION 木块属性的组件，那么组件的两个版本都可用。如果组件的多个版本可用于 Qsys 组件库，那么通过右击组件，然后选择 Add version<version_number>，可以添加一个组件的指定版本。当组件的多个版本可用时，Qsys 系统中的实例必须是相同的版本。

4. 使用 Qsys Component Editor

Qsys Component Editor 能够创建并且封装用于 Qsys 的组件，在 Qsys Component Editor 中能够执行以下操作。

(1) 指定组件的识别信息，如名称、版本、作者等。
(2) 指定 SystemVerilog、Verilog HDL 或 VHDL 文件，以及定义综合和仿真的组件的约束文件。
(3) 通过首先定义其参数、信号和接口来创建组件的 HDL 模板。
(4) 关联并定义组件接口的信号。
(5) 在接口上设置参数，从而指定特性。
(6) 指定接口之间的关系。
(7) 声明改变组件结构或功能性的参数。

如果组件是基于 HDL 的，那么必须在 HDL 文件中定义参数和信号，并且不能在组件编辑器中将它们添加或删除。如果还未创建顶层 HDL 文件，并且在组件编辑器中声明了参数和信号，那么它们会包含到 Qsys 创建的 HDL 模板文件中。

Qsys 系统中，组件的接口在系统中被连接，或作为顶层从系统中导出。如果使用现有的 HDL 文件创建组件，那么标签出现在组件编辑器中的顺序反映组件开发所建议的设计流程。可以使用组件编辑器窗口底部的 Prev 和 Next 按钮指导标签操作。如果组件不是基于现有的 HDL 文件，那么首先输入参数、信号和接口，然后返回 Files 标签来创建顶层 HDL 文件模板，当单击 Finish 按钮时，Qsys 使用组件编辑器标签上提供的详细信息创建组件_hw.tcl。组件被保存后，它存在于 Qsys 组件库。

如果需要使用组件编辑器不支持的组件中的功能，如回调函数程序，那么可以使用组件编辑器创建_hw.tcl 文件，然后使用 Component Interface Tcl Reference 中的命令手动编辑文件以完成组件定义。

5. 打开 Qsys Component Editor

通过单击组件库中的 Project 栏下的 New Component 打开 Qsys 组件编辑器，如图 4.2.5 所示，单击组件编辑器中每个标签的顶层左端的 About 倒三角会显示标签需要的信息，如图 4.2.6 所示。

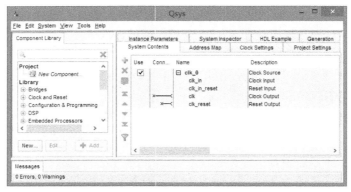

图 4.2.5　New Component 组件

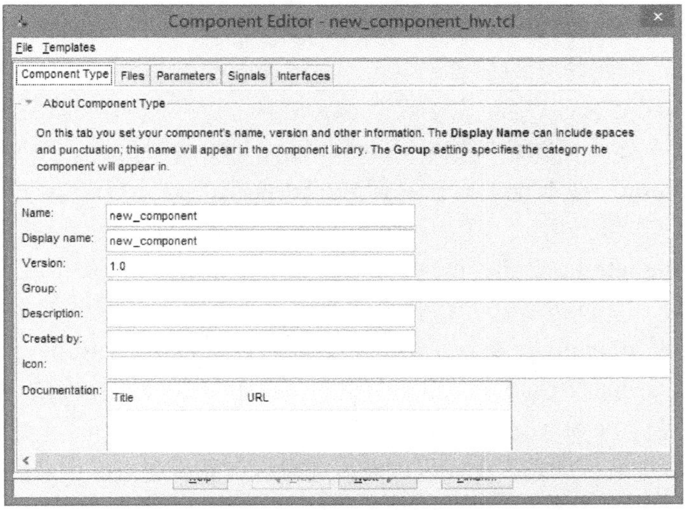

图 4.2.6　组件编辑信息窗口

Component Type 标签编辑窗口包含以下信息。

（1）Name：指定_hw.tcl 文件名中使用的名称，当对非基于 HDL 的组件创建综合封装文件时，它也指定顶层模块名称。

（2）Display name：识别参数编辑器 GUI 中的组件，并且出现在组件库中的 Project 下和 System Contents 标签上。

（3）Version：指定组件的版本编号。

（4）Group：代表组件库中组件列表中的组件的类别。可以从列表中选择一个现有的组（图 4.2.7），或者通过自 Group 对话框中输入一个名称定义新组，使用斜线在 Group 对话框中分离项以便定义一个子类别。例如，输入 Memories and Memory Controllers/On-Chip，那么组件出现在组件库中的 On-Chip 组下，它是 Memories and Memory Controllers 组的子类别。如果将 Qsys 设计保存到工程目录中，那么组件出现在组件库的 Project 下指定的组中。另外，如果将设计保存到 Quartus Ⅱ 13.0 安装目录中，那么组件出现在 Library 下指定的组中。

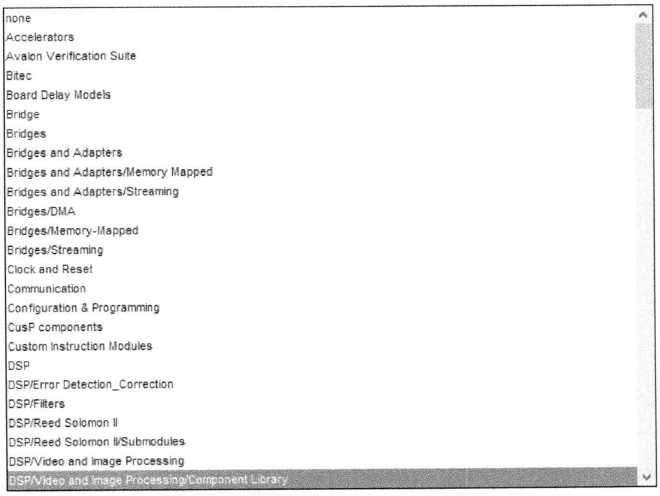

图 4.2.7　Group 可选项组

(5) Description：说明组件。

(6) Created by：指定组件的作者。

(7) Icon：输入图标文件(.gif、.jpg 或者.pgn 格式)的相对路径，它代表组件并且在组件的参数编辑器中显示为标头，默认图像是 Altera MegaCore 功能图标。

(8) Documentation：能够添加链接到组件的文件中，并且右击组件库中的组件，然后选择 Details 时出现。如果要指定一个 Internet 文件，则添加以 http://格式开始的文件路径，如 http://mydomain.com/datasheets/my_memory_controller.html，如果要指定文件系统中的文件，对于 Linux 系统添加以file:///格式开始的文件路径，对于 Windows 系统添加以file:////格式开始的文件路径，如file:////company_server/datasheets/my_memory_controller.pdf。

Display name、Group、Description、Created by、Icon 和 Documentation 项是可选的。图 4.2.8 显示了具有组件信息的 Component Type 标签的实例。图 4.2.8 显示了与图 4.2.9 中 Component Type 标签的项相关的组件硬件 Tcl 代码，该实例也包含所需的 Tcl package require 命令，它指定 Qsys 使用创建_hw.tcl 文件的 ACDS 版本，并且确保将来的 ACDS 版本与 Qsys API 的该版本相兼容。

图 4.2.8 组件编辑器中的组件类型标签

```
#
# request TCL package from ACDS 12.1
#
package require -exact qsys 12.1
#
# module demo_axi_memory
#
set_module_property DESCRIPTION "Demo AXI-3 memory with optional Avalon-ST port"
set_module_property NAME demo_axi_memory
set_module_property VERSION 1.0
set_module_property GROUP "My Components"
set_module_property AUTHOR Altera
set_module_property DISPLAY_NAME "Demo AXI Memory"
```

图 4.2.9 从组件类型标签创建的硬件 Tcl 命令

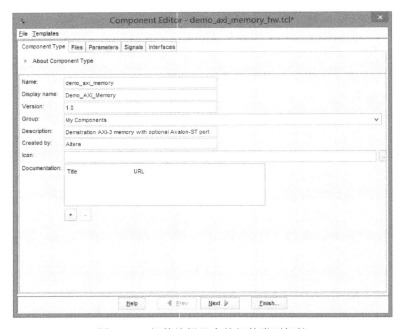

6. 文件(Files)标签

Files 标签是能够指定综合和仿真的文件,如果具有创建 Qsys 组件的 HDL 代码,那么可以指定 Files 标签上的文件,如"对综合指定 HDL 文件"中的介绍。如果还没有创建组件的 HDL 代码,但是已经识别了组件中需要的信号和参数,那么可以使用 Files 标签来创建顶层 HDL 模板文件,如"对综合创建新 HDL 文件"中的介绍。

1) 对综合指定 HDL 文件

当该组件被创建到 Synthesis Files 的列表中时,通过单击图 4.2.5 中 Project 下新建的 My Component/Demo_AXI_Memory,右击 Edit 按钮,选择需要添加的文件,在 Synthesis Files 栏单击"+",可以添加应该包含的 HDL 文件和其他支持文件,然后选择 Open 对话框中的文件。

一个组件必须将 HDL 文件指定为包含顶层模块的顶层文件。Synthesis Files 列表可能包含支持 HDL 文件,如时序约束,或者需要在 Quartus Ⅱ 13.0 中成功地综合和编译的其他文件,组件的综合文件在 Qsys 系统生成期间被复制到生成输出目录。图 4.2.10 在 Files 标签上的 Synthesis Files 部分设置顶层文件。

图 4.2.10 使用 HDL 文件定义组件

2) 对综合创建新 HDL 文件

如果没有组件 HDL 实现,那么可以使用组件编辑器来定义组件,然后对组件创建一个包含信号和参数的简单的顶层综合文件,然后编辑该 HDL 文件以添加实现组件行为的逻辑。开始时,首先在 Parameters、Signals 和 Interfaces 标签上指定组件的信息,然后通过单击 Create Synthesis File from Signals 按钮,返回 Files 标签来创建一个 HDL 文件。组件编辑从指定的参数和信号创建一个 HDL 文件。

3) 分析综合文件

指定了顶层 HDL 文件后,单击 Analyze Synthesis Files 按钮来分析顶层中的参数和信号,然后从 Top-level Module 列表中选择顶层模块,如果在 HDL 文件中具有一个单一模块或实体,那么 Qsys 自动填入 Top-level Module 列表。一旦分析完成并且选择了顶层模块,顶层模块中的参数和信号就会被用作组件的参数和信号,可以在 Parameters 和 Signals 标签上查看它们,组件编辑器可能在这一阶段报错或发出警告,因为还没有完全定义信号和接口。

在组件编辑器流程中的这一阶段,没有编辑 HDL 文件的情况下,不可以添加或删除从指定的 HDL 文件创建的参数或信号。

综合文件被添加到名称 Quartus_synth 和类型 Quartus_synth 的文件集中,顶层模块用于指定 Top_level 文件集属性。每个综合文件被单独地添加到文件集,如果源文件保存在与 _hw.tcl 位于的工作目录不同的目录中,那么可以使用标准的固定或相对路径标识来识别 Path 变量的文件位置。

4) 对自动接口和类型识别命名 HDL 信号

如果使用组件编辑器之前创建的组件的顶层 HDL 文件,那么编辑器基于源 HDL 文件中的信号名称识别接口和信号类型。这一自动识别功能消除手动在组件编辑器中分配每个接口和信号类型的任务,要识别这一自动识别功能,必须使用以下名称约定创建信号名称:<interface type prefix><interface name><signal type>。如果在组件定义中每个类型只有一个接口,那么使用<interface name>指定接口名称是可选的。对于只有一个信号的接口,如时钟和复位输入,<interface type prefix>也是可选的。组件编辑器识别了信号的有效前缀和信号类型后,它基于名称约定自动地将接口和信号类型分配到信号,如果一个信号没有被指定接口名称,那么可以在组件编辑器的 Interfaces 标签上选择接口名称。表 4.2.1 列出了<interface type prefix>的有效值。

表 4.2.1 自动信号识别的接口类型前缀

接口前缀	接口类型
asi	Avalon-ST 接收器(输入)
aso	Avalon-ST 源(输出)
avm	Avalon MM 主端口
avs	Avalon MM 从端口
axm	AXI 主端口
axs	AXI 从端口
coe	导管
sci	时钟接收器(输入)
cso	时钟源(输出)
inr	中断接收器
ins	中断发送器
ncm	Nios Ⅱ 定制指令主端口
ncs	Nios Ⅱ 定制指令从端口
rsi	复位接收器(输入)
rso	复位源(输出)
tcm	Avalon TC 主端口
tcs	Avalon TC 从端口

5）对仿真指定文件

要支持仿真的 Qsys 系统生成，一个组件必须指定 VHDL 或 Verilog 仿真文件。当用户将组件添加到 Qsys 系统并且选择生成 Verilog 或 VHDL 仿真文件时，仿真文件生成。大多数情况下这些文件和综合文件相同，如果存在仿真指定的 HDL 文件，那么除了使用综合文件以外可以使用它们，或者使用它们代替综合文件。要将综合文件用作仿真文件，在 Files 标签上，单击 Copy from Synthesis Files 按钮以将综合文件的列表复制到 Verilog Simulation Files 或 VHDL Simulation Files 列表，如图 4.2.11 所示。

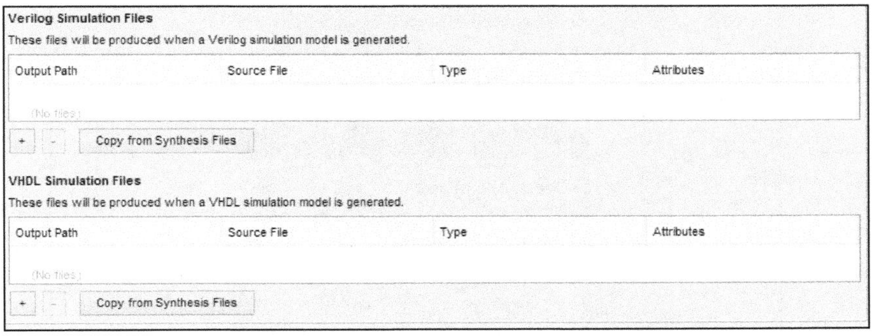

图 4.2.11 指定仿真输出文件

7. 参数（Parameters）标签

Parameters 标签指定用于在 Qsys 系统中配置组件的实例的参数。Parameters 标签显示了在顶层 HDL 模块中声明的 HDL 参数，如果还没有创建顶层 HDL 文件，那么在 Parameters 标签上创建的参数会包含到从 Files 标签创建的顶层综合文件模板中。当组件包含 HDL 文件时，在 Parameters 标签上创建的参数会与在顶层模块中定义的参数相匹配，并且不能在 Parameters 标签上添加或者删除它们，要添加或者删除参数，需编辑 HDL 源，然后重新分析文件。如果需要使用组件编辑器综合顶层模板 HDL 文件，可以从 Files 标签上的 Synthesis Files 列表中删除新创建的文件，进行参数更改，然后重新分析顶层综合文件。

我们可以使用 Parameters 标签来指定每个参数的以下信息，如图 4.2.12 所示。

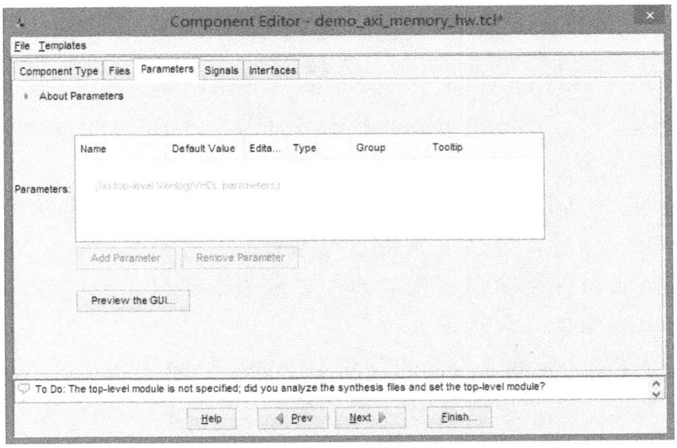

图 4.2.12 Parameters 参数设置

(1) Name：对参数进行命名。
(2) Default Value：设置组件的新实例中使用的默认值。
(3) Editable：指定用户是否可以编辑参数值。
(4) Type：将参数类型定义为字符串、整数、boolean、std_logic、逻辑矢量等。
(5) Group：可在参数编辑器中将参数分组。
(6) Tooltip：当组件的用户指向参数编辑器中的参数时，可以添加对参数的说明。

单击图 4.2.12 中的 Preview the GUI 按钮，会显示如图 4.2.13 所示的信号显示信息界面。

图 4.2.13　Preview the GUI

注：下列规则适用于参数编辑器中的 HDL 参数设置。
(1) 可编辑的参数不能包含计算表达式。
(2) 如果参数<n>定义信号的宽度，那么信号宽度必须遵循格式<n-1>:0。

8．信号(Signals)标签

在 Signals 标签中可以指定组件中的每个信号的接口和信号类型，如图 4.2.14 所示，将 HDL 文件添加到 Files 标签上的 Synthesis Files 列表后，单击 Analyze Synthesis Files 按钮，顶层模块上的信号出现在 Signals 标签上。

如果没有创建顶层 HDL 文件，那么可以单击 Add Signal 按钮以指定组件中的每个顶层信号，对于每个添加的信号，必须在 Name、Interface、Signal Type、Width 和 Direction 列中提供相应的值，同时可以使用窗口底部的错误和警告信息来帮助改正。通过双击 Name 列，然后输入新名称可以编辑信号名称。

如果已经分析了 Files 标签上组件的顶层 HDL 文件，就不可以在 Signals 标签上添加或删除信号或更改信号名称。若要更改信号，就需编辑 HDL 源，然后重新分析文件。如果使用组件编辑器综合创建顶层模板 HDL 文件，那么可以从 Files 标签上的 Synthesis Files 列表中删除新创建的文件，进行信号更改，然后重新分析顶层综合文件。

Interface 列对接口进行信号分配，每个信号必须属于一个接口并且基于该接口分配一个合法信号类型，要创建一个新的指定类型的接口，从列表中选择 new<interface type>；那么这个列表中新的接口就会用于接下来的信号分配。

注：在 Interfaces 标签上可编辑接口名称，而在 Signals 标签上不能进行接口名称编辑。

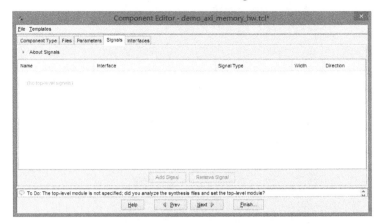

图 4.2.14　Signals 标签

9．接口（Interfaces）标签

Interfaces 标签用来管理组件的每个接口的设置。接口名称出现在 Signals 标签，当组件添加到系统时，它在 Qsys System Contents 标签中。如图 4.2.15 所示，可以配置每个接口的类型和属性，一些接口显示描述接口时序的波形，如果更新了时序参数，那么波形会自动更新。

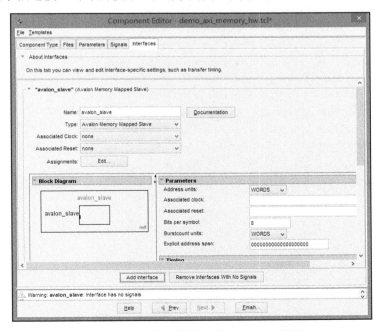

图 4.2.15　组件编辑器中的 Interfaces 标签

通过单击 Add Interface 按钮添加额外的接口，然后必须在 Signals 标签上对添加的接口指定信号，通过 Remove Interfaces With No Signals 按钮，可以删除没有信号的接口。

如下代码显示了与 Interfaces 标签的项相关的组件硬件 Tcl 代码，每个接口使用 add_interface 命令创建，使用 set_interface_property 命令指定每个接口的属性，接口的信号使用 add_interface_port 命令指定。

```
#
# connection point clock
#
add_interface clock clock end
set_interface_property clock clockRate 0
set_interface_property clock ENABLED true
add_interface_port clock clk clk Input 1
#
#connection point reset
#
#
add_interface reset rest end
set_interface_property reset associatedClock clock
set_interface_property reset synchronousEdges DEASSERT
set_interface_property reset ENABLED true
add_interface_port reset reset_n reset_n Input 1
#
#connection point streaming
#
add_interface streaming Avalon_streaming start
set_interface_property streaming associatedClock clock
set_interface_property streaming associatedReset reset
set_interface_property streaming dataBitsperSymbol 8
set_interface_property streaming errorDescriptor ""
set_interface_property streaming firstSymbolInHighOrderBits true
set_interface_property streaming maxChannel 0
set_interface_property streaming readyLatency 0
set_interface_property streaming ENABLED true
add_interface_port Streaming aso_data data Output 8
add_interface_port Streaming aso_Valid valid Output 1
add_interface_port Streaming aso_ready ready Input 1
#
#connection point slave
#
add_interface slave axi end
set_interface_property slave associatedClock clock
set_interface_property slave associatedReset reset
set_interface_property slave readAcceptanceCapability 1
set_interface_property slave writeAcceptanceCapability 1
set_interface_property slave combinedAcceptanceCapability 1
set_interface_property slave readDataReorderingDepth 1
set_interface_property slave ENABLED true
```

```
add_interface_port slave axs_awid awid Input AXI_ID_W
…
add_interface_port slave axs_rresp rresp Output 2
```

10. 寄存软件分配

可以使用 Tcl 命令创建软件分配，以及寄存需要的任何软件分配，如任意键值对。

```
set_module_assignment name value
set_interface_assignment name value
```

以上两行代码是一个典型的 Tcl API 脚本。

11. 保存组件并创建_hw.tcl 文件

通过单击组件编辑器中的 Finish 按钮保存组件，组件编辑器将组件保存到具有文件名 <component_name>_hw.tcl 的文件。

创建的组件文件可以移动到一个新的目录，如网络位置，以便其他的用户可以在系统中使用组件。_hw.tcl 文件包含其他文件的相对路径，如果移动一个_hw.tcl 文件，与其相关的 HDL 和其他文件也需要移动。建议将_hw.tcl 文件以及与它相关的文件保存到 Quartus Ⅱ 工程目录中的 ip/<class-name>目录。

12. 编辑组件

在 Qsys 中，通过右击组件库中的组件，然后单击 Edit 按钮对组件进行更改，进行更改后，单击 Finish 按钮以将更改保存到_hw.tcl 文件。可以在文本编辑器中打开_hw.tcl 文件以查看组件的硬件 Tcl，如果编辑_hw.tcl 文件使用高级功能，那么在没有覆盖原始文件的情况下不可以使用组件编辑器进行进一步的更改。不能使用组件编辑器来编辑和 Quartus Ⅱ 13.0 一起安装的组件，如 Altera 提供的组件，如果编辑组件的 HDL 并且将接口更改为顶层模块，那么必须编辑组件以反映对 HDL 进行的更改。

13. 系统产生文件

创建一个 Qsys 系统，系统会产生如下几个文件。
（1）bsf 文件：Qsys 顶层符号文件，用于添加到 Quartus Ⅱ 工程顶层文件中。
（2）cmp 文件：包含本地通用端口定义，用于 VHDL 设计文件中。
（3）html 文件：生成报告文件，包含组件的连接、内在映射地址、参数分配等信息。
（4）Qsys 文件：包含了 Qsys 系统中所添加的 IP 核、核连接和核参数。
（5）sopcifo 文件：包含完整的 Qsys 系统描述，软件项目依据此文件自动生成相关软件驱动。
（6）v 文件：Nios Ⅱ 硬件设计文件。
（7）qip 文件：Qsys 的 IP 核文件，不将这个文件添加到 Quartus Ⅱ 工程中，会出错。
（8）debuginfo 文件：用于传递 Qsys 互连的系统控制台和总线分析仪工具包信息。

其中最主要的三个文件为：Qsys 用于 Qsys 系统的移植、qip 用于 Quartus Ⅱ 硬件工程项目中、sopcinfo 用于 Nios Ⅱ SBT for Eclipse 软件工程项目中。

4.2.4 Qsys 应用实例

本节以 DE2 为平台，建立一个基于 Qsys 的 Nios Ⅱ 系统设计。

1. 新建工程

每个 Qsys 系统都与一个 Quartus Ⅱ 13.0 的工程相关联,因此在使用 Qsys 之前,必须首先在 Quartus Ⅱ 13.0 下建立一个 Project。

(1)使用 Quartus Ⅱ 13.0 的 New Project Wizard 在 D:/lkl/quartusII_works/new_nios 目录下新建一个工程(有关 Quartus Ⅱ 13.0 的使用请参见第 3 章),名为 helloword,如图 4.2.16 所示。

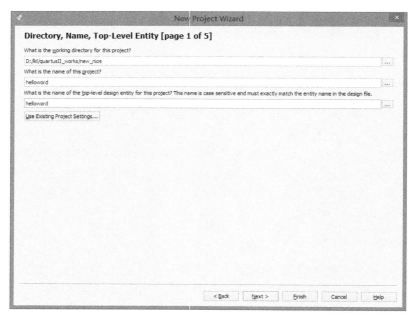

图 4.2.16　新建 helloword 工程

(2)添加文件:由于是新建工程,无添加文件,单击 Next 按钮即可,如图 4.2.17 所示。

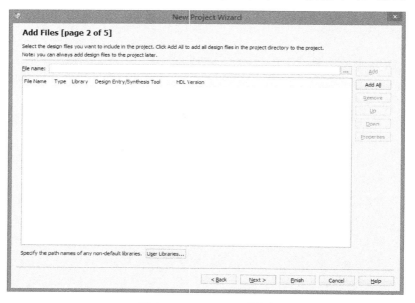

图 4.2.17　Add Files 页面

(3) 在建立 Project 的过程中，器件选择为 DE2 开发板上的 EP2C35F672C6，如图 4.2.18 所示。

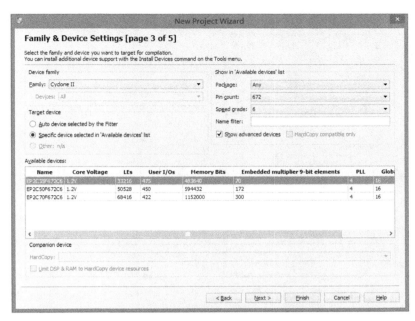

图 4.2.18　选择器件

(4) EDA 工具设置：由于此工程不进行仿真等，所以不进行设置，如果需要进行 ModelSim 仿真，则在 Simulation 行中，选择 Tool Name 为 ModelSim（这里根据所安装的 ModelSim 版本进行选择），Format(s) 选择为 Verilog HDL（这里也是根据所掌握的硬件描述语言进行选择）。然后单击 Next 按钮，进入 Summary 界面，并单击 Finish 按钮，完成工程的创建，如图 4.2.19 所示。

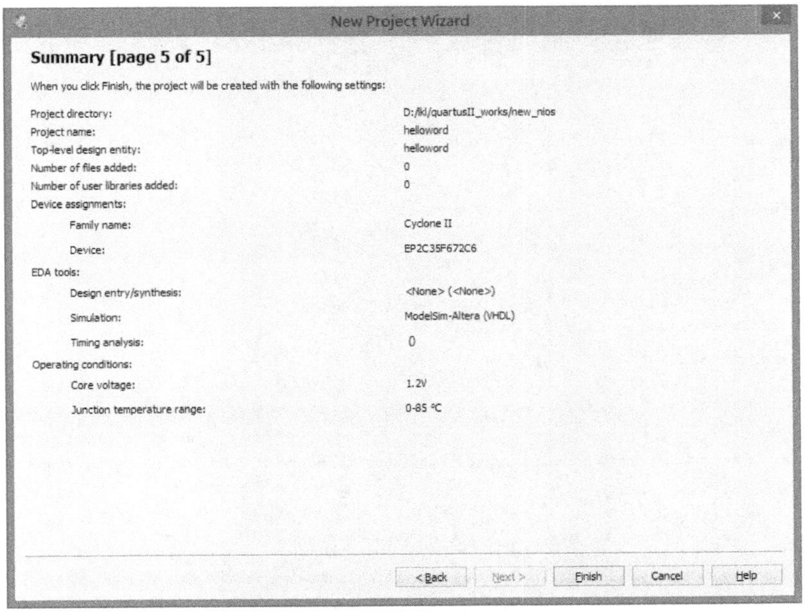

图 4.2.19　完成工程的创建图

(5)新建原理图 bdf 文件。在 Quartus Ⅱ 13.0 界面中执行 File→New 命令，并选择 Design Files 中的 Block Diagram/Schematic File 选项，单击 OK 按钮即可，出现 Block1.bdf 文件，如图 4.2.20 和图 4.2.21 所示。

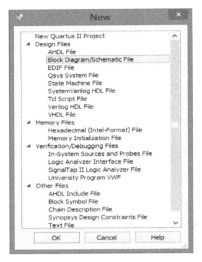

图 4.2.20 新建 bdf 文件　　　　　图 4.2.21 Block1.bdf 文件

2. 硬件设计

(1)启动 Qsys 工具：执行 Tools→Qsys 命令，进入 Qsys 设置界面，如图 4.2.22 所示。

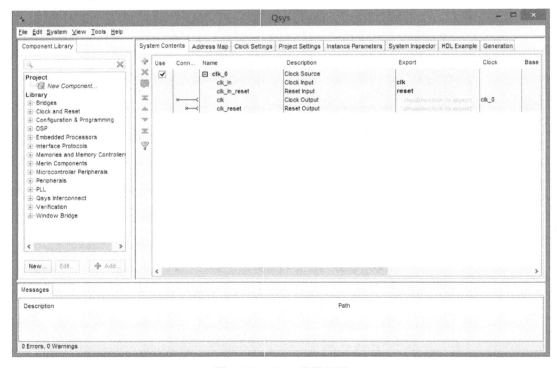

图 4.2.22 Qsys 设置界面

（2）系统已经默认添加了时钟模块，名称为 clk_0 ，这里选中 clk_0 并右击，在弹出的快捷菜单中选择 Rename 选项，将其名称去掉_0 更改为 clk，下面添加的模块也进行类似名称更改。

（3）左边的 Component Library 标签是系统提供的元件库，里面有一些构成处理器的常用模块。右面是已经添加到系统的模块，也就是说，Nios Ⅱ 软核处理器是可以定制的，根据具体需要设置。

（4）接着添加软核处理器的各部分模块：总共需要添加 Nios Ⅱ Processor、On-ChipMemory（RAM or ROM）、JTAG UART、System ID Peripheral 这 4 个模块。

（5）添加软核 Nios Ⅱ Processor：在 Component Library 中搜索 Nios Ⅱ Processor，双击即可进行配置，如图 4.2.23 所示。首先需要选择的是 Nios Ⅱ 核心的类型。Nios Ⅱ 软核的核心共分成三种，为 e 型、s 型以及 f 型。e 型核占用的资源最少（600～800 个逻辑单元），功能也最简单，速度最慢。s 型核占用资源比前者多一些，功能和速度较前者都有所提升，f 型核的功能最多，速度最快，占用的资源也最多，选择的时候根据需求和芯片资源来决定，这里我们选择 s 核。下面的 Reset Vector 是复位后启动时的 Memory 类型和偏移量，Exception Vector 是异常情况时的 Memory 类型和偏移量。现在还不能配置，需要 SDRAM 和 Flash 设置好以后才能修改这里，这两个地方很重要。最后单击 Finish 按钮，结束当前配置。

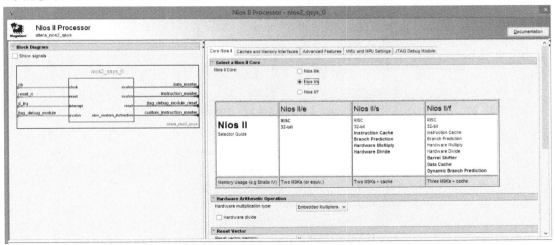

图 4.2.23　Nios Ⅱ Processor 配置图

（6）添加片内存储器：在元件库中搜索 On-Chip Memory，双击进行设置。主要设置 Size 区域中的 Data width（数据位宽）为 16 和 Total memory size（片内资源大小，根据芯片资源进行合理设置）为 10240 bytes。单击 Finish 按钮，结束当前配置，如图 4.2.24 所示。

（7）添加 JTAG 下载调试接口：JTAG UART 是实现 PC 和 Nios Ⅱ 系统间的串行通信接口，它用于字符的输入/输出，在 Nios Ⅱ 13.0 的开发调试中扮演重要角色。在元件库中搜索 JTAG UART。双击进行设置，选择默认配置即可。单击 Finish 按钮，结束当前配置，如图 4.2.25 所示。

（8）添加系统 ID 模块：系统 ID 是系统与其他系统区别的唯一标识，类似校验和，在用户下载程序之前或者重启之后，都会对它进行检验，以防止 Quartus 和 Nios 程序版本不一致的错误发生。在元件库中搜索 System ID Peripheral，双击进行设置，选择默认配置即可。单击 Finish 按钮，结束当前配置，如图 4.2.26 所示。

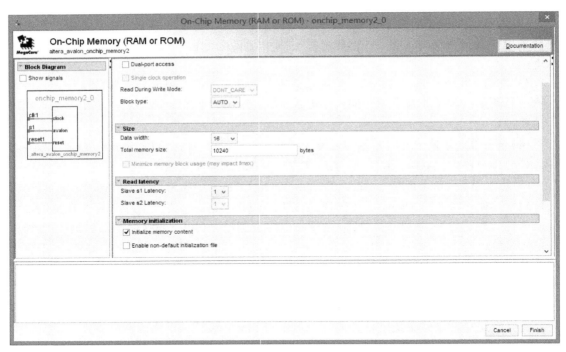

图 4.2.24 On-Chip Memory(RAM or ROM)配置

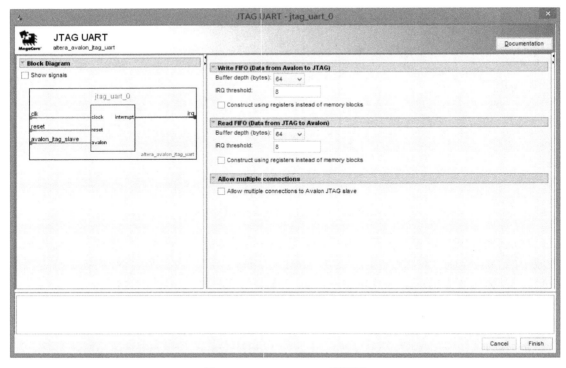

图 4.2.25 JTAG UART 配置图

(9)连线:将右面 Connections 栏目中的相关线通过设置节点进行连接。首先所有模块的 clk 和复位 reset 需要连接起来。然后片内存储器 On-Chip Memory 的 s1 和处理器 nios2_qsys

· 138 ·

的 data_master 和 instruction_master 相连。JTAG 调试模块 jtag_uart 的 avalon_jtag_slave 和处理器 nios2_qsys 的 data_master 相连。系统 ID 模块 sysid_qsys 的 control_slave 和处理器 nios2_qsys 的 data_master 相连。最后，处理器 nios2_qsys 的中断和 jtag_uart 的中断相连接。最终的完成效果图如图 4.2.27 所示。

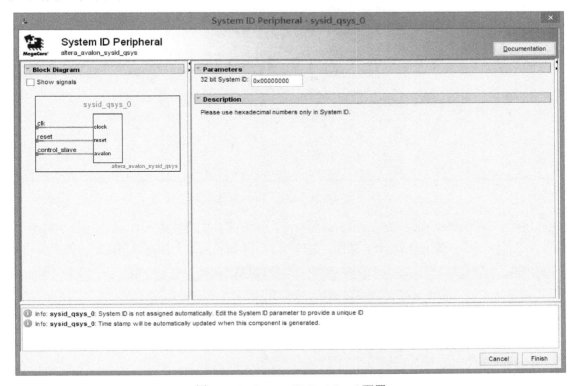

图 4.2.26 System ID Peripheral 配置

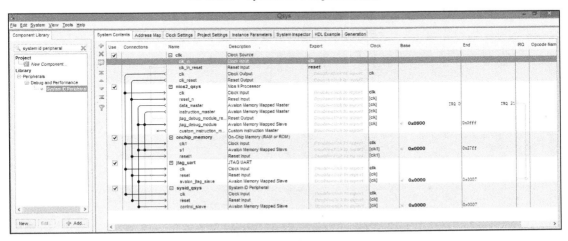

图 4.2.27 连线图

(10)进行软核的相关设置。

①双击 nios2_qsys，进入处理器设置模块。在 Core Nios II 栏目下，将 Reset vector memory 和 Exception vector memory 设置为 onchip_memory.s1，如图 4.2.28 所示。

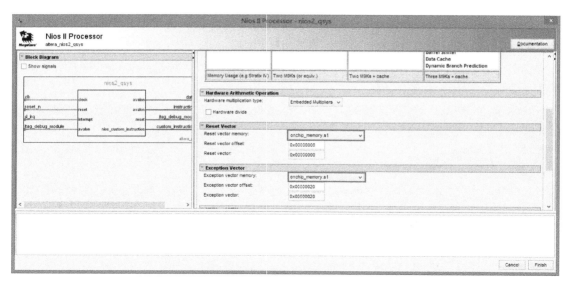

图 4.2.28　nios2_qsys 配置

②执行 System→Assign Base Addresses 命令，这时候我们会发现下方 Messages 窗口中原先的错误全部没有了，变为 0 Errors，如图 4.2.29 所示。如果不是这个结果，则返回去按步骤检查。

图 4.2.29　Messages 窗口无错误显示

③执行 File→Save 命令，进行保存，这里保存文件名为 nios_qsys（文件类型为.qsys），如图 4.2.30 所示。

④选择 Generation 选项卡，设置 Create simulation model 为 None，然后单击下面的 Generate 按钮，进行生成，如图 4.2.31 所示。时间较长，需耐心等待。生成完成后单击 Close 按钮即可，然后关闭 Qsys 回到 Quartus Ⅱ 13.0 界面，如图 4.2.32 所示。

图 4.2.30　保存.qsys 文件

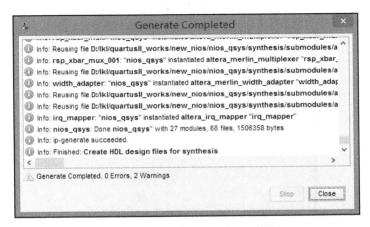

图 4.2.31　Generation 配置

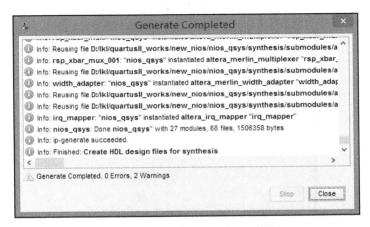

图 4.2.32　Generate Completed 界面

(11)双击 Block1.bdf 的空白处，打开 Symbol 对话框。单击左下角的 MegaWizard Plug-In Manager 按钮，进入宏模块调用界面，选择 Creat a new custom megafunction variation 单选按钮，如图 4.2.33 所示。

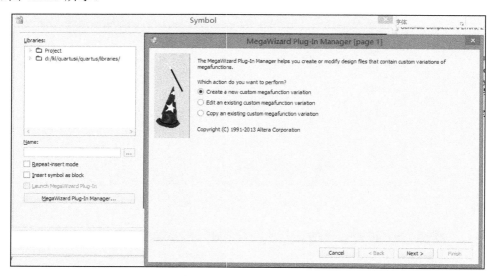

图 4.2.33　宏模块调用界面

(12)单击 Next 按钮进入下一步，在 What name do you want for the output file? 下面的地址后面添加输出文件的名称，如原来内容为 D:/lkl/quartusII_works/new_nios/，添加后为 D:/lkl/quartusII_works/new_nios/pll_nios。然后在右侧的搜索框中搜索 ALTPLL，选中即可，这一步主要为系统添加时钟模块，如图 4.2.34 所示，然后单击 Next 按钮进入下一步。

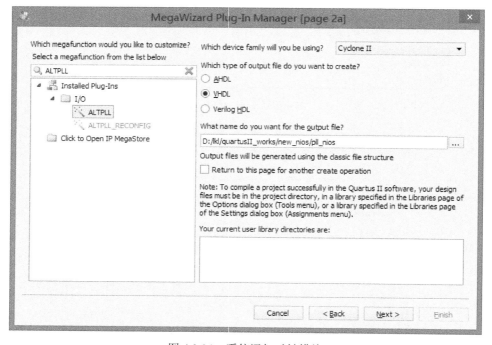

图 4.2.34　系统添加时钟模块

（13）弹出 ALTPLL 设置对话框，这里在 General 栏的 What is the frequency of the inclk0 input?右方文本框中，将时钟更改为 50MHz，然后连续单击 Finish 按钮完成操作，如图 4.2.35 所示，这时会弹出一个 Quartus Ⅱ IP Files 对话框，单击 Yes 按钮完成即可，不需要进行任何操作，如图 4.2.36 所示。然后单击 Symbol 对话框中的 OK 按钮即可，最后将模块放在 Block1.bdf 的空白界面中，如图 4.2.37 所示。

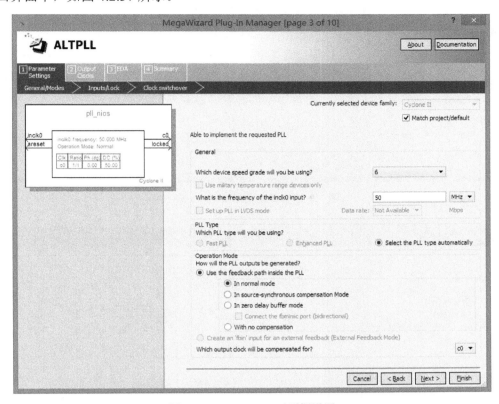

图 4.2.35　ALTPLL 对话框设置

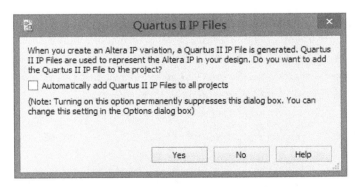

图 4.2.36　Quartus Ⅱ IP Files 对话框

（14）双击 Block1.bdf 的空白处，再次打开 Symbol 对话框。选择左侧的 Libraries 区域中 Project 下的 nios_qsys，然后单击 OK 按钮即可，将 nios_qsys 放置在空白处，如图 4.2.38 所示。用同样的方法在空白处放置两个输入 INPUT 和两输入与门 AND2，按图 4.2.39 所示连线。

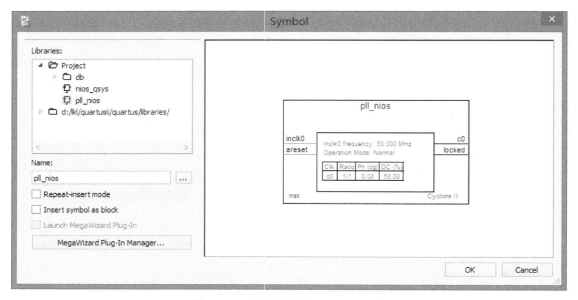

图 4.2.37　模块放置在 Block1.bdf 中

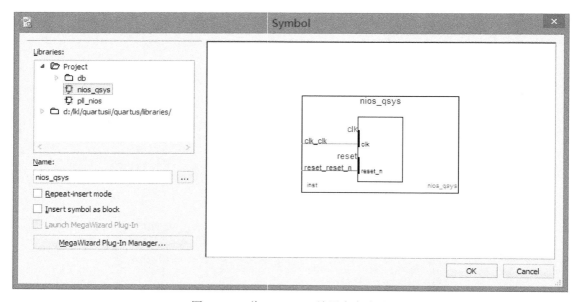

图 4.2.38　将 nios_qsys 放置在空白处

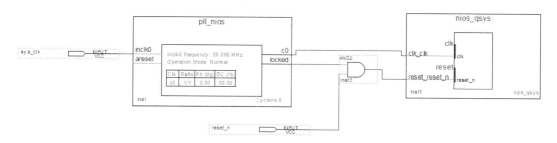

图 4.2.39　INPUT 与 AND2 连线

(15) 执行 File→Save 命令，进行文件保存操作，名称默认即可，如 helloword.bdf，如图 4.2.40 所示。

图 4.2.40　保存文件

(16) 执行 Project→Add→Remove Files in Project 命令，单击 File name 后面的浏览按钮，选择.qsys 文件（IP 核文件），单击 Add 按钮将其添加进来，然后单击 OK 按钮（如果没有这一步会出现错误 Error:Node instance "xx" instantiates undefined ENTITY "xx" vhdl，意思是你的部分 vhd 文件包括 IP 核等没加入工程）。

(17) 预编译，执行 Processing→Start→Start Analysis & Synthesis 命令，然后分配引脚：选择 Assignments→Pin Planner 选项，如图 4.2.41 所示（这里复位引脚用的是 button 按钮，不能是拨码开关，否则后面运行 Nios Ⅱ 硬件时会报错）。

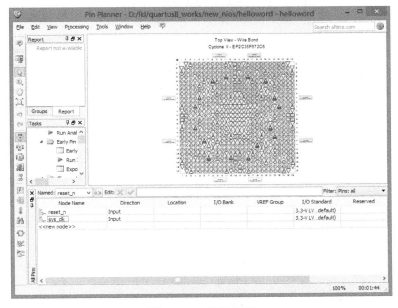

图 4.2.41　引脚分配

(18)也可以通过 Tcl 脚本的方式分配引脚:新建 Tcl 文件,内容格式为 set_location_assignment PIN_G21 -to CLK,然后选择 Tools→Tcl Scripts 选项,在弹出的文本框中选择需要的 Tcl 文件,单击 Run 按钮。

(19)执行 Processing→Start Compilation 命令进行编译,并把 sof 文件下载到 DE2 开发板里,硬件部分到此结束。

3. 软件部分设计

(1)打开 Quartus Ⅱ 13.0/Tools/Software Build Tools for Eclipse,首先,需要进行 Workspace Launcher(工作空间)路径的设置,接触过 Eclipse 的人都熟悉,自己设定即可,需要注意的是路径中不要含有空格等,然后单击 OK 按钮即可,弹出图 4.2.42 所示界面。

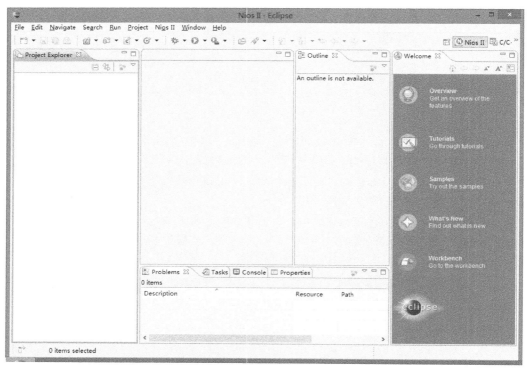

图 4.2.42 Nios Ⅱ-Eclipse 界面

(2)新建工程。执行 File→New→Nios Ⅱ Application and BSP from Template 命令,弹出 Nios Ⅱ Application and BSP from Template 对话框。先选择对应的 SOPC 系统,单击 SOPC Information File name 后面的浏览按钮,选择之前硬件部分做好的软核文件,后缀名为.sopcinfo,这里一定要注意,选择的文件一定要对应起来,否则会因为软硬件不匹配导致系统失败。这里选择的是 nios_qsys.sopcinfo,然后系统会自动读取 CPU name,不用再进行设置,下面填写 Project name,这里填写的是 helloword,工程模板(Project template)使用默认的即可,如图 4.2.43 所示。然后单击 Finish 按钮完成即可。这时候会在左侧的 Project Explorer 区域中生成两个工程文件,如图 4.2.44 所示。

(3)双击打开 helloword 工程下面的 hello_word.c 文件,就可以看到 C 语言代码,这里添加一句 printf("Hello world! \n"),如图 4.2.45 所示。

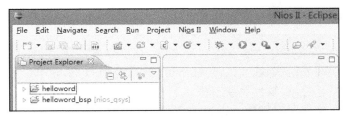

图 4.2.43　Nios Ⅱ Application and BSP from Template 设置

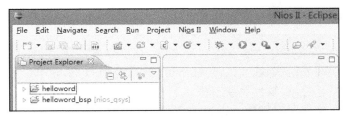

图 4.2.44　helloword 工程文件

图 4.2.45　hello_word.c 文件代码

(4) 右击 helloword 工程，执行 Nios Ⅱ→BSP Editor 命令，进入 Nios Ⅱ BSP Editor 配置界面。主要在 Main 选项卡下的 hal 中进行配置，具体配置内容如图 4.2.46 所示。然后单击 Generate 按钮，生成 BSP 库。生成完成后，单击 Exit 按钮退出即可。

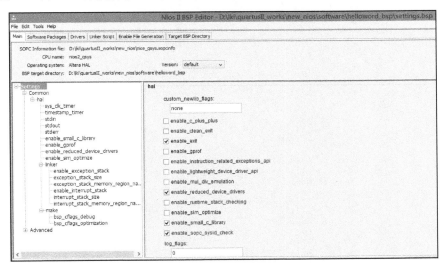

图 4.2.46　Nios Ⅱ BSP Editor 配置界面

(5) 右击 helloword 文件，选择 Build Project 选项。

(6) 编译完成后，右击工程，执行 Run As→Nios Ⅱ Hardware 命令，弹出 Run Configurations 对话框，默认 Project 选项卡中 Project name 和 Project ELF file name 应该都是有内容的，若没有，需要进行选择。然后进入 Target Connection 选项卡，Connections 中如果没有东西，单击右侧的 Refresh Connection 来查找我们的下载器，查找后单击 System ID Properties 选项，进行系统 ID 检测，检查是否是之前设置的 ID 号，无误后单击 Apply 按钮，然后再单击 Run 按钮，这时程序会被自动下载，最终在 Nios Ⅱ Console 选项卡中会显示下载完成后程序运行的结果，即发回两句话，具体效果如图 4.2.47 所示。

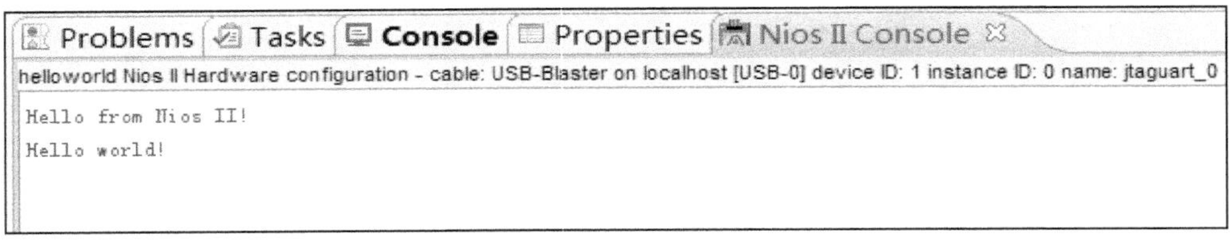

```
Problems  Tasks  Console  Properties  Nios II Console
helloworld Nios II Hardware configuration - cable: USB-Blaster on localhost [USB-0] device ID: 1 instance ID: 0 name: jtaguart_0
Hello from Nios II!
Hello world!
```

图 4.2.47 运行结果图

4.3 本章小结

本章首先简单归纳了 FPGA SOPC 系统开发的特点与开发流程，然后详细叙述了 Qsys 硬件开发环境，如何使用 Qsys 创建 Nios Ⅱ 系统模块，以及集成 Nios Ⅱ 系统到 Quartus Ⅱ 工程。接着通过一个引例构建一个最小系统，对 Qsys 软件系统开发进行了详细的阐述，包括 Nios Ⅱ IDE 集成开发环境，使用 Nios Ⅱ IDE 建立应用程序。通过本章的学习，读者可以了解 Qsys 软硬件环境以及整个系统的开发流程。为后面更深入地学习 Qsys 技术打下坚实的基础。

第三篇 FPGA 实验

第 5 章 数字系统基础实验设计

5.1 编码器实验

1. 实验目的

(1) 学习 TD-EDA/SOPC 综合实验平台或 DE2 开发板的使用方法。
(2) 学习使用 Quartus Ⅱ 13.0 集成环境对 VHDL 及图形文件进行编辑、编译、仿真的方法。
(3) 掌握 8-3 线优先编码器的工作原理,学习使用 VHDL 设计的方法。

2. 实验设备

硬件:PC 一台,TD-EDA/SOPC 综合实验平台或 DE2 开发板。
软件:Quartus Ⅱ 13.0 设计软件。

3. 实验原理

优先编码器功能:允许同时在几个输入端有输入信号,编码器按输入信号排定的优先顺序,只对同时输入的几个信号中优先权最高的一个进行编码。

8-3 线优先编码器的编码规则:当优先级较高的信号有效时,不管优先级较低的信号取何值,输出由优先级较高的信号决定。

8-3 线优先编码器的工作原理:8-3 线优先编码器输入信号为 X_0、X_1、X_2、X_3、X_4、X_5、X_6 和 X_7,输出信号为 Y_0、Y_1、Y_2。输入信号中 X_7 的优先级别最低,以此类推,X_0 的优先级别最高。也就是说若 X_0 输入为 1(即高电平),则无论后续的输入信号怎样,此状态一直保持不变;若 X_0 输入为 0(即低电平),则看优先级仅次于 X_0 的 X_1 的状态来决定,以此类推。因为 $X_0 \sim X_7$ 共 8 种状态,可以用 3 位二进制编码来表示。8-3 线优先编码器的真值表如表 5.1.1 所示。

4. 实验内容

本实验使用 VHDL 设计一个 8-3 线优先编码器,进行仿真、引脚分配并下载到电路板上进行功能验证。

5. 实验步骤

(1) 运行 Quartus Ⅱ 13.0 软件,选择 File→New Project Wizard 菜单项,如图 5.1.1 所示,建立一个新工程。单击 Next 按钮出现如图 5.1.2 所示的 New Project Wizard 对话框,选择工程目录名称、工程名称及顶层文件名称为 CODER。单击 Next 按钮在图 5.1.3 所示对话框中添加文件名,单击 Next 按钮出现如图 5.1.4 所示的器件设置对话框,在器件设置对话框中选择 Altera 公司的 DE2 开发板使用的 Cyclone Ⅱ 系列的 EP2C35F672C6 芯片，之后依次单击 Next 按钮、Next 按钮、Finish 按钮建立新工程。注：工程目录名称一栏为工程的保存路径，可在运行软件之前在硬盘分区创建工程保存文件夹，也可以在此对话框中直接创建。

表 5.1.1 8-3 线优先编码器的真值表

输入								输出		
X_0	X_1	X_2	X_3	X_4	X_5	X_6	X_7	Y_2	Y_1	Y_0
1	x	x	x	x	x	x	x	0	0	0
0	1	x	x	x	x	x	x	0	0	1
0	0	1	x	x	x	x	x	0	1	0
0	0	0	1	x	x	x	x	0	1	1
0	0	0	0	1	x	x	x	1	0	0
0	0	0	0	0	1	x	x	1	0	1
0	0	0	0	0	0	1	x	1	1	0
0	0	0	0	0	0	0	1	1	1	1

注："x"表示 0 和 1 均可。

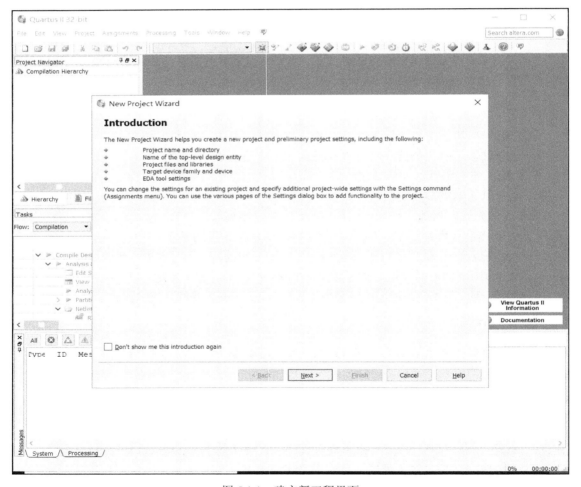

图 5.1.1 建立新工程界面

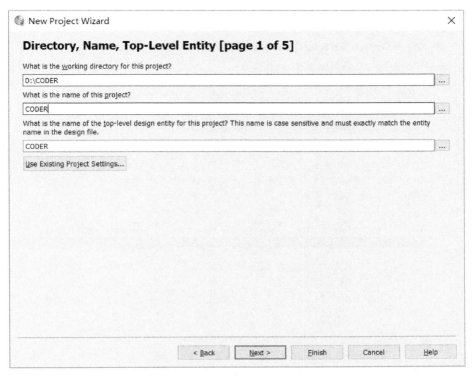

图 5.1.2　New Project Wizard 对话框

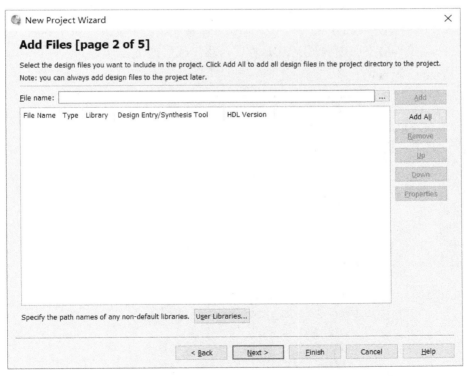

图 5.1.3　Add Files 对话框

图 5.1.4 器件设置对话框

(2)建立新工程后,选择 File→New 菜单项,打开如图 3.1.43 所示的新建设计文件选择对话框,在其中选择创建 VHDL 设计文件,单击 OK 按钮,打开文本编辑器界面。

(3)在文本编辑器界面中编写 VHDL 程序,程序代码如下:

```
LIBRARY IEEE;
USE IEEE.STD_LOGIC_1164.ALL;
ENTITY CODER IS
    PORT( DATAIN: IN STD_LOGIC_VECTOR(1 TO 8);
         DOUT : OUT STD_LOGIC_VECTOR(0 TO 2));
END ENTITY CODER;
ARCHITECTURE BEHAVE OF CODER IS
    SIGNAL SINT : STD_LOGIC_VECTOR(4 DOWNTO 0);
BEGIN
PROCESS(DATAIN)
BEGIN
    IF(DATAIN(8)='1')THEN DOUT<="111";
    ELSIF(DATAIN(7)='1')THEN DOUT<="011";
    ELSIF(DATAIN(6)='1')THEN DOUT<="101";
    ELSIF(DATAIN(5)='1')THEN DOUT<="001";
    ELSIF(DATAIN(4)='1')THEN DOUT<="110";
    ELSIF(DATAIN(3)='1')THEN DOUT<="010";
    ELSIF(DATAIN(2)='1')THEN DOUT<="100";
    ELSE                    DOUT<="000";
    END IF;
```

```
        END PROCESS;
        END ARCHITECTURE BEHAVE;
```

(4) 选择 File→Save As 菜单项,在如图 5.1.5 所示的"另存为"对话框中,将创建的 VHDL 设计文件名称保存为工程顶层文件名 CODER.vhd。

图 5.1.5 "另存为"对话框

(5) 选择 Processing→Start Compilation 菜单项,编译源文件。如果设计正确,则完全通过各种编译;如果有错误,则返回文本编辑工作区域进行修改,直至完全通过编译。

(6) 编译无误后建立一个新的仿真波形文件 CODER.vwf,如图 5.1.6 所示。

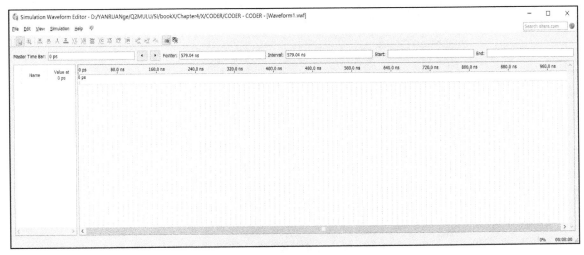

图 5.1.6 新建仿真波形文件界面

(7)选择 File→Save As 菜单项,在"另存为"对话框中将创建的仿真波形文件保存。在波形编辑器窗口的 Name 栏中双击,弹出如图 5.1.7 所示的 Insert Node or Bus 对话框。

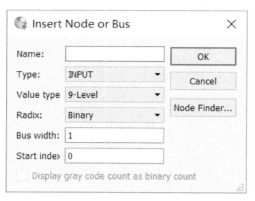

图 5.1.7　Insert Node or Bus 对话框

(8)在 Insert Node or Bus 对话框中单击 Node Finder 按钮,在弹出的如图 5.1.8 所示的 Node Finder 对话框中的 Filter 下拉框中选择 Pins:all,单击 List 按钮,将在 Nodes Found 区域中列出本实验中使用的输入引脚和输出引脚。在 Nodes Found 区域中选择所需要用到的仿真引脚,选至 Selected Nodes 区域中,单击 OK 按钮。

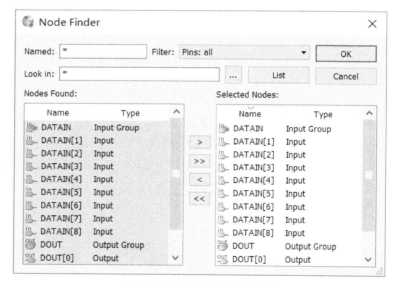

图 5.1.8　Node Finder 对话框

(9)在弹出的如图 5.1.9 所示的波形编辑器窗口中,编辑输入引脚的逻辑关系,输入完成后保存仿真波形文件。

(10)选择 Simulation→Run Function Simulation 菜单项进行功能仿真,如图 5.1.10 所示。

(11)分析仿真结果,仿真正确后选择 Assignments→Assignment Editor 菜单项,对工程进行引脚分配。

(12)选择 Processing→Start Compilation 菜单项,重新对此工程进行编译,生成可配置到 FPGA 的 SOF 文件。

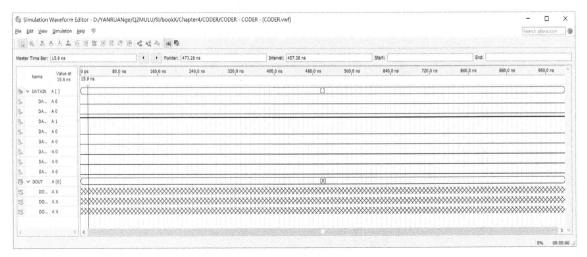

图 5.1.9　波形编辑器窗口

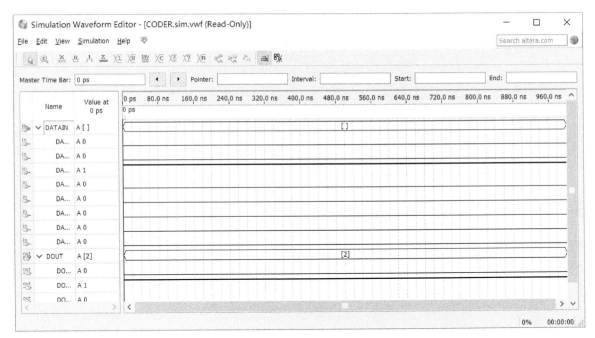

图 5.1.10　编码器功能仿真波形窗口

(13) 连接实验设备，打开电源，然后在 Quartus Ⅱ 软件中，选择 Tools→Programmer 菜单项，出现如图 5.1.11 所示的编程配置界面，单击 Hardware Setup 按钮，在弹出的如图 5.1.12 所示的 Hardware Setup 界面的 Currently selected hardware 下拉列表中选择 USB-Blaster[USB-0]后关闭对话框，在 Mode 下拉列表中选择 JTAG，单击 Add File 按钮添加需要配置的 SOF 文件，选中 Program/Configure 复选框，单击 Start 按钮对芯片进行配置。

(14) 配置完成后演示实验任务，观察输出结果，验证所设计的编码器是否正确。

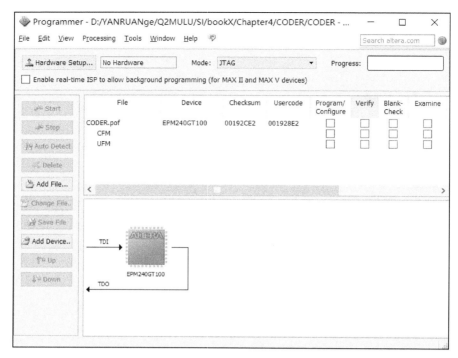

图 5.1.11 编程配置界面

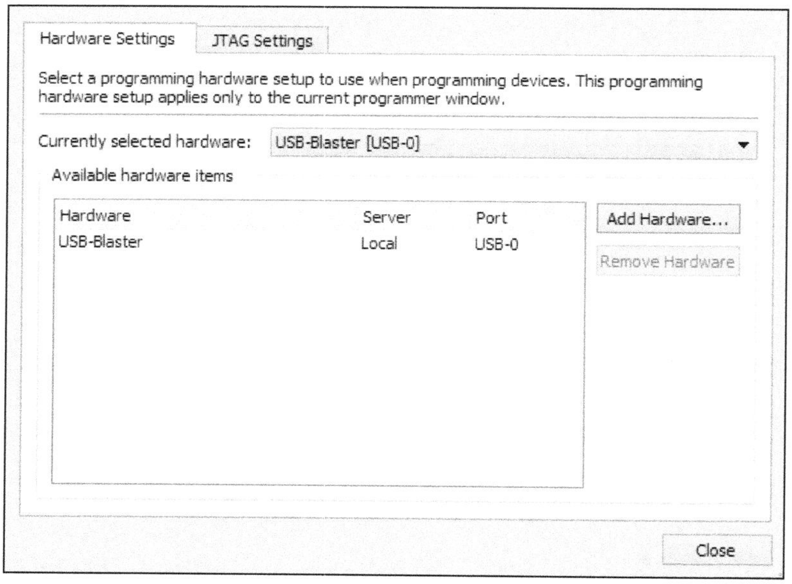

图 5.1.12 Hardware Setup 界面

6. 实验结果

分析实验结果,判断电路的逻辑功能是否满足设计要求;对调试中遇到的问题及解决方法进行分析总结。

对设计源程序、仿真波形、引脚分配情况、封装后的元件符号等进行截图,完成实验报告。

5.2 译码器实验

1. 实验目的

(1) 学习 TD-EDA/SOPC 综合实验平台或 DE2 开发板的使用方法。
(2) 学习使用 Quartus Ⅱ 13.0 集成环境对 VHDL 及图形文件进行编辑、编译、仿真的方法。
(3) 掌握 BCD/七段译码器的工作原理，学习使用 VHDL 设计的方法。

2. 实验设备

硬件：PC 一台，TD-EDA/SOPC 综合实验平台或 DE2 开发板。
软件：Quartus Ⅱ 13.0 设计软件。

3. 实验原理

在数字测量仪表和各种数字系统中，都需要将数字量直观地显示出来，一方面供人们直接读取测量和运算的结果；另一方面用于监视数字系统的工作情况。因此，数字显示电路是许多数字设备不可缺少的部分。数字显示电路通常由译码器、驱动器和显示器等部分组成，如图 5.2.1 所示。下面对显示器和译码器分别进行介绍。

图 5.2.1 数字显示电路组成框图

显示器是用来显示数字、文字或符号的器件，现在已有多种不同类型的产品，广泛应用于各种数字设备中，目前显示器正朝着小型、低功耗、平面化方向发展。

数码的显示方式一般有三种：第一种是字形重叠式，它是将不同字符的电极重叠起来，要显示某字符，只需使相应的电极发亮即可，如辉光放电管、边光显示管等。第二种是分段式，数码由分布在同一平面上若干段发光的笔画组成，如荧光数码管等。第三种是点阵式，它由一些按一定规律排列的可发光的点阵所组成，利用光点的不同组合便可显示不同的数码，如场致发光记分牌。

数字显示方式目前以分段式应用最普遍，图 5.2.2 表示七段数字显示器利用不同发光段组合方式，显示 0~15 等阿拉伯数字。在实际应用中，10~15 并不采用，而是用 2 位数字显示器进行显示。

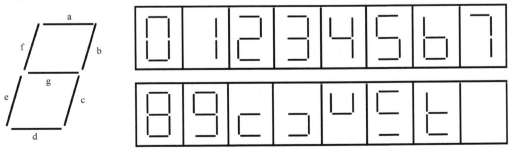

图 5.2.2 七段数字显示器发光组合图

按发光物质不同，数码显示器可分为下列几类。

(1)半导体显示器，也称发光二极管显示器。

(2)荧光数字显示器，如荧光数码管、场致发光数字板等。

(3)液体数字显示器，如液晶显示器、电泳显示器等。

(4)气体放电显示器，如辉光数码管、等离子体显示板等。

如前所述，分段式数码管是利用不同发光段组合的方式显示不同数码的。因此，为了使数码管能将数码所代表的数显示出来，必须将数码经译码器译出，然后经驱动器点亮对应的段。

BCD/七段译码器：因为计算机输出的是BCD码，要想在数码管上显示十进制数，就必须先把BCD码转换成7段字形数码管所要求的代码。我们把能够将计算机输出的BCD码换成7段字形代码，并使数码管显示出十进制数的电路称为七段字形译码器。其特点如下。

(1)输入：8421BCD码，用 $A_3 A_2 A_1 A_0$ 表示(4位)。

(2)输出：七段显示，用 $Y_a \sim Y_g$ 表示(7位)。

BCD/七段译码器真值表如表5.2.1所示。

表 5.2.1　BCD/七段译码器真值表

输入				输出							字形
A_3	A_2	A_1	A_0	Y_g	Y_f	Y_e	Y_d	Y_c	Y_b	Y_a	
0	0	0	0	0	1	1	1	1	1	1	0
0	0	0	1	0	0	0	0	1	1	0	1
0	0	1	0	1	0	1	1	0	1	1	2
0	0	1	1	1	0	0	1	1	1	1	3
0	1	0	0	1	1	0	0	1	1	0	4
0	1	0	1	1	1	0	1	1	0	1	5
0	1	1	0	1	1	1	1	1	0	1	6
0	1	1	1	0	0	0	0	1	1	1	7
1	0	0	0	1	1	1	1	1	1	1	8
1	0	0	1	1	1	0	1	1	1	1	9

4. 实验内容

本实验使用VHDL设计一个BCD/七段译码器，进行仿真、引脚分配并下载到电路板进行功能验证。由四个逻辑电平开关作为BCD4[3...0]的四位输入，输出信号对应数码管的显示段，为高电平时对应的段发亮。

5. 实验步骤

(1)运行Quartus Ⅱ 13.0软件，选择File→New Project Wizard菜单项，选择工程目录名称、工程名称及顶层文件名称为DECODER7，在选择器件设置对话框中选择目标器件，建立新工程。

(2)选择File→New菜单项，在打开的新建设计文件选择对话框中选择创建VHDL设计文件，单击OK按钮，打开文本编辑器界面，编写如下程序：

```
LIBRARY IEEE;
USE IEEE.STD_LOGIC_1164.ALL;
```

```vhdl
ENTITY DECODER7 IS
    PORT(BCD4 : IN STD_LOGIC_VECTOR(3 downto 0);
         LED7 : OUT STD_LOGIC_VECTOR(7 downto 0));
END ENTITY DECODER7;
ARCHITECTURE BCD_LED OF DECODER7 IS
BEGIN
  PROCESS( BCD4)
  BEGIN
    CASE BCD4 IS
        WHEN "0000"=> LED7<="00111111";
        WHEN "0001"=> LED7<="00000110";
        WHEN "0010"=> LED7<="01011011";
        WHEN "0011"=> LED7<="01001111";
        WHEN "0100"=> LED7<="01100110";
        WHEN "0101"=> LED7<="01101101";
        WHEN "0110"=> LED7<="01111101";
        WHEN "0111"=> LED7<="00000111";
        WHEN "1000"=> LED7<="01111111";
        WHEN "1001"=> LED7<="01101111";
        WHEN OTHERS=> LED7<="10000000";
    END CASE;
  END PROCESS;
END ARCHITECTURE BCD_LED;
```

(3) 在文本编辑器界面中编写完成 VHDL 程序，然后选择 File→Save As 菜单项，将创建的 VHDL 设计文件名称保存为工程顶层文件名 DECODER7.vhd。

(4) 选择 Processing→Start Compilation 菜单项，编译源文件。编译无误后建立仿真波形文件 DECODER7.vwf，选择 Simulation→Run Function Simulation 菜单进行功能仿真。

(5) 分析仿真结果，仿真正确后选择 Assignments→Assignment Editor 菜单项，对工程进行引脚分配。

(6) 选择 Processing→Start Compilation 菜单项，重新对此工程进行编译，生成可配置到 FPGA 的 SOF 文件。

(7) 连接实验设备，打开电源，然后在 Quartus II 软件中，选择 Tools→Programmer 菜单项，对芯片进行配置。

(8) 配置完成后拨动逻辑电平开关，观察显示的数字，验证所设计的 BCD/七段译码器是否正确。

6. 实验结果

分析实验结果，判断电路的逻辑功能是否满足设计要求；对调试中遇到的问题及解决方法进行分析总结。

对设计源程序、仿真波形、引脚分配情况、封装后的元件符号等进行截图，完成实验报告。

5.3 加法器实验

1. 实验目的

(1) 学习 TD-EDA/SOPC 综合实验平台或 DE2 开发板的使用方法。

(2) 学习使用 Quartus Ⅱ 13.0 集成环境对 VHDL 及图形文件进行编辑、编译、仿真的方法。
(3) 掌握加法器的工作原理，使用图形输入的方法设计一个全加器。
(4) 学习使用 VHDL 设计一个算术逻辑单元。

2. 实验设备

硬件：PC 一台，TD-EDA/SOPC 综合实验平台或 DE2 开发板。
软件：Quartus Ⅱ 13.0 设计软件。

3. 实验原理

加法器是产生数的和的装置。加数和被加数为输入，和数与进位为输出的装置为半加器。若加数、被加数与低位的进位数为输入，而和数与进位为输出则为全加器。常用作计算机算术逻辑部件，执行逻辑操作、移位与指令调用。在电子学中，加法器是一种数位电路，其可进行数字的加法计算。在现代的计算机中，加法器存在于算术逻辑单元（ALU）中。加法器可以用来表示各种数值，如 BCD、加三码，主要的加法器是以二进制做运算的。由于负数可用二进制补码来表示，所以加减器也就不那么必要了。

以单位元的加法器来说，有两种基本的类型：半加器和全加器，半加器有两个输入和两个输出，输入可以标识为 A、B 或 X、Y，输出通常标识为和 S 与进制 C。A 和 B 经 XOR 运算后为 S，经 AND 运算后为 C。

半加器：半加器有两个二进制的输入，其将输入的值相加，并输出结果到和（Sum）与进制（Carry）。半加器虽能产生进制值，但半加器本身并不能处理进制值。

全加器引入了进制值的输入，以计算较大的数。为区分全加器的两个进制线，在输入端的记作 C_i 或 C_{in}，在输出端的则记作 C_o 或 C_{out}。半加器简写为 H.A.，全加器简写为 F.A.。

加法器是由全加器再配以其他必要的逻辑电路组成的。全加器是最基本的加法单元，它有 3 个输入量，即操作数 A_i 和 B_i、低位传来的进位 C_{i-1}，两个输出量，即本位和 S_i、向高位的进位 C_i。1 位全加器可以用两个半加器及一个或门连接而成，半加器原理图的设计方法很多，可用一个与门、一个非门和同或门来实现。全加器的真值表如表 5.3.1 所示。

表 5.3.1 全加器的真值表

A_i	B_i	C_{i-1}	S_i	C_i
0	0	0	0	0
0	0	1	1	0
0	1	0	1	0
0	1	1	0	1
1	0	0	1	0
1	0	1	0	1
1	1	0	0	1
1	1	1	1	1

根据真值表，可得到全加器的逻辑表达式为

$$S_i = A_i \oplus B_i \oplus C_{i-1}$$
$$C_i = A_i B_i + (A_i \oplus B_i) C_{i-1} \tag{5.3.1}$$

4. 实验内容

本实验首先使用图形输入的方法由逻辑门电路设计一个全加器,然后使用 VHDL 设计一个具有加法、减法、相等、不相等比较运算的算术逻辑运算单元。分别进行仿真、引脚分配并下载到电路板进行功能验证。

5. 实验步骤

1)全加器实验步骤

(1)运行 Quartus Ⅱ 13.0 软件,选择 File→New Project Wizard 菜单项,选择工程目录名称、工程名称及顶层文件名称为 H_ADDER,在选择器件设置对话框中选择目标器件,建立新工程。

(2)选择 File→New 菜单项,弹出如图 3.1.43 所示的对话框,选择创建图形设计文件,在图形编辑器界面中完成如图 5.3.1 所示的由与门、非门、异或门构成的半加器电路图。

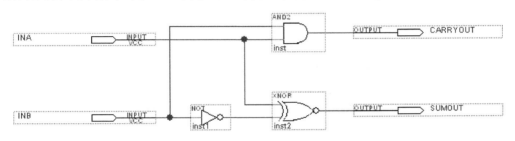

图 5.3.1 半加器电路图

(3)编译源文件,无误后进行仿真,验证半加器的逻辑功能。证明其正确后,选择 File→Create→Update→Create Symbol File for Current File 菜单项,为当前工程生成一个如图 5.3.2 所示的符号文件 H_ADDER.bsf 文件。

(4)选择 File→Close Project 菜单项关闭工程 H_ADDER。

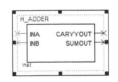

图 5.3.2 半加器符号图

(5)选择 File→New Project Wizard 菜单项,选择工程目录名称、工程名称及顶层文件名称为 ADDER,在选择器件设置对话框中选择目标器件,建立新工程。

(6)将 H_ADDER 工程目录下的文件 H_ADDER.bsf 和 H_ADDER.bdf 复制到 ADDER 工程目录下。

(7)选择 File→New 菜单项,创建图形设计文件 ADDER.bdf,在图形编辑器窗口中双击,在弹出的如图 5.3.3 所示的对话框中 Libraries 的 Project 目录中可以找到并添加 H_ADDER 的符号。

(8)在图形编辑器界面中完成如图 5.3.4 所示的全加器电路图。

(9)选择 Processing→Start Compilation 菜单项,编译源文件。编译无误后建立仿真波形文件 ADDER.vwf,如图 5.3.5 所示。选择 Simulation→Run Function Simulation 菜单项进行功能仿真。

(10)分析仿真结果,仿真正确后选择 Assignments→Assignment Editor 菜单项,对工程进行引脚分配。

(11)选择 Processing→Start Compilation 菜单项,重新对此工程进行编译,生成可配置到 FPGA 的 SOF 文件。

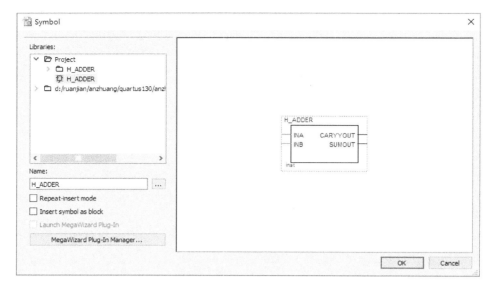

图 5.3.3 符号选择对话框

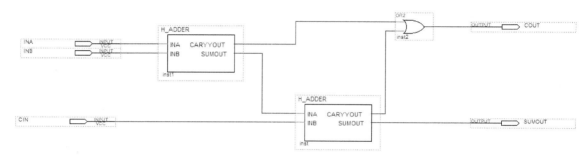

图 5.3.4 全加器电路图

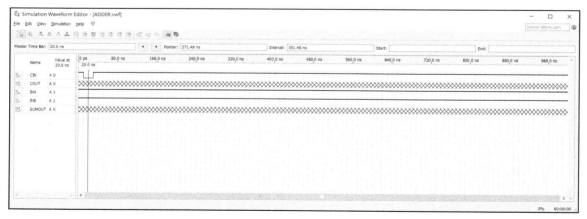

图 5.3.5 波形编辑器窗口

(12)连接实验设备,打开电源,然后在 Quartus Ⅱ 软件中,选择 Tools→Programmer 菜单项,对芯片进行配置。

(13)配置完成后拨动逻辑电平开关,验证所设计的全加器是否正确。

2) 算术逻辑运算单元实验步骤

(1) 运行 Quartus Ⅱ 软件,选择 File→New Project Wizard 菜单项,选择工程目录名称、工程名称及顶层文件名称为 ALU,在选择器件设置对话框中选择目标器件,建立新工程。

(2) 选择 File→New 菜单项,创建 VHDL 设计文件,打开文本编辑器界面,编写如下程序:

```vhdl
LIBRARY IEEE;
USE IEEE.STD_LOGIC_1164.ALL;
USE IEEE.STD_LOGIC_UNSIGNED.ALL;
ENTITY ALU IS
    PORT( A, B : IN STD_LOGIC_VECTOR(3 DOWNTO 0);
        OPCODE: IN STD_LOGIC_VECTOR(1 DOWNTO 0);
        RESULT: OUT STD_LOGIC_VECTOR(4 DOWNTO 0));
END ENTITY ALU;
ARCHITECTURE BEHAVE OF ALU IS
    CONSTANT PLUS : STD_LOGIC_VECTOR(1 DOWNTO 0):=B"00";
    CONSTANT MINUS : STD_LOGIC_VECTOR(1 DOWNTO 0):=B"01";
    CONSTANT EQUAL : STD_LOGIC_VECTOR(1 DOWNTO 0):=B"10";
    CONSTANT NOT_EQUAL: STD_LOGIC_VECTOR(1 DOWNTO 0):=B"11";
    SIGNAL  INA, INB : STD_LOGIC_VECTOR(4 DOWNTO 0);
BEGIN
    INA<='0'&A;
    INB<='0'&B;
    PROCESS(OPCODE, A, B)
BEGIN
    CASE OPCODE IS
        WHEN PLUS=>RESULT<=INA+INB;
        WHEN MINUS=>RESULT<=INA+NOT(INB)+1;
        WHEN EQUAL=>
            IF(A=B)THEN RESULT<=B"00001";
            ELSE RESULT<=B"11111";
            END IF;
        WHEN NOT_EQUAL=>
            IF(A/=B)THEN RESULT<=B"00001";
            ELSE RESULT<=B"11111";
            END IF;
    END CASE;
END PROCESS;
END ARCHITECTURE BEHAVE;
```

(3) 在文本编辑器界面中编写完成 VHDL 程序后,选择 File→Save As 菜单项,将创建的 VHDL 设计文件保存为工程顶层文件名 ALU.vhd。

(4) 选择 Processing→Start Compilation 菜单项,编译源文件。编译无误后在波形文件编辑窗口建立如图 5.3.6 所示的仿真波形文件 ALU.vwf。选择 Simulation→Run Function Simulation 菜单项进行功能仿真。

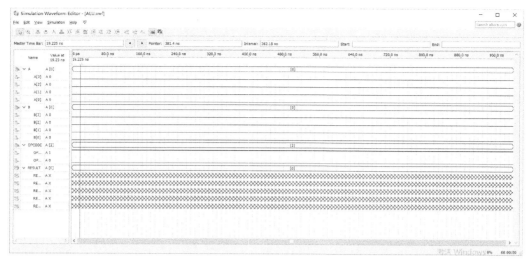

图 5.3.6 ALU 波形

(5)分析仿真结果,仿真正确后选择 Assignments→Assignment Editor 菜单项,对工程进行引脚分配。

(6)选择 Processing→Start Compilation 菜单项,重新对此工程进行编译,生成可以配置到 FPGA 的 SOF 文件。

(7)连接实验设备,打开电源,然后在 Quartus Ⅱ 13.0 软件中,选择 Tools→Programmer 菜单项,对芯片进行配置。

(8)配置完成后拨动逻辑电平开关,验证算术逻辑单元的正确性。

6. 实验结果

分析实验结果,判断电路的逻辑功能是否满足设计要求;对调试中遇到的问题及解决方法进行分析总结。

对设计源程序、仿真波形、引脚分配情况、封装后的元件符号等进行截图,完成实验报告。

5.4 乘法器实验

1. 实验目的

(1)熟悉 Quartus Ⅱ 13.0 集成环境提供的 LPM 宏功能模块及其使用方法。

(2)掌握乘法器的工作原理,使用 LPM 宏功能模块设计一个四位乘法器。

2. 实验设备

硬件:PC 一台,TD-EDA/SOPC 综合实验平台或 DE2 开发板。
软件:Quartus Ⅱ 13.0 设计软件。

3. 实验原理

Altera 公司为设计人员提供了多种功能的 LPM(Library of Parameterized Modules,参数可设置模块库)宏模块,从功能上可以把它们分为时序电路宏模块、运算电路宏模块和存储器宏模块三大类。其中时序电路宏模块包括触发器、锁存器、计数器、分频器、多路复用器和移位寄存器；运算电路宏模块包括加法器、减法器、乘法器、除法器、绝对值运算器、数值比较器、编译码器和奇偶校验发生器；存储器宏模块包括 RAM、FIFO 和 ROM。

乘法器(Multiplier)是一种完成两个互不相关的模拟信号相乘作用的电子器件。它可以将两个二进制数相乘，它是由更基本的加法器组成的。乘法器可以通过使用一系列计算机算数技术来实现。

乘法器不仅作为乘法、除法、乘方和开方等模拟运算的主要基本单元，而且广泛用于电子通信系统作为调制、解调、混频、鉴相和自动增益控制，另外，还可用于滤波、波形形成和频率控制等场合，因此是一种用途广泛的功能电路。

在计算机中，通常把 n 位乘转化为 n 次"累加与移位"。每一次只求一位乘数所对应的新部分积，并与原部分积做一次累加；为了节省器件，用原部分积的右移来代替新部分积的左移；符号位单独处理，同号为正，异号为负。

定点乘法运算：两个定点数 X 和 Y 相乘，乘积 P=|X|×|Y|，符号 $P_S = X_S \oplus Y_S$，式中，P_S 为乘积的符号，X_S 和 Y_S 为被乘数和乘数的符号。

浮点乘法运算：两个规格化浮点数 $A = M_A \times 2^{E_A}$ 和 $B = M_B \times 2^{E_B}$ 相乘，乘积 $P = A \times B = (M_A \times M_B) \times 2^{(E_A + E_B)}$，符号 $M_S = M_{SA} \oplus M_{SB}$，式中，$M_S$ 为乘积符号，M_{SA} 和 M_{SB} 为被乘数和乘数的符号。

4. 实验内容

本实验使用 Quartus 软件中提供的 LPM_MULT 宏模块设计一个四位数据的乘法器，进行仿真、引脚分配并下载到电路板进行功能验证。通过此实验使用户了解利用 LPM 进行设计的方法。

5. 实验步骤

(1)运行 Quartus Ⅱ 软件，选择 File→New Project Wizard 菜单项，选择工程目录名称、工程名称及顶层文件名称为 4BITMULT，在器件设置对话框中选择目标器件，建立新工程。

(2)选择 File→New 菜单项，创建图形设计文件，在图形编辑器窗口中双击，在如图 5.4.1

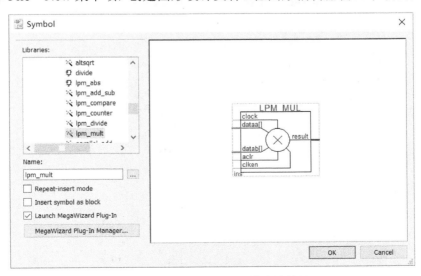

图 5.4.1 LPM_MULT 宏模块的符号

所示的 Symbol 对话框中可以找到 LPM_MULT 宏模块，单击 OK 按钮，在出现的如图 5.4.2 所示的界面中选择 VHDL 单选按钮，单击 Next 按钮。

图 5.4.2　宏模块配置界面

(3)在如图 5.4.3 所示的 LPM_MULT 宏模块的设置对话框中选择输入数据的宽度为 4 位，单击 Next 按钮。在随后的图形中一直单击 Next 按钮，直至出现如图 5.4.4 所示的界面，单击 Finish 按钮完成 LPM_MULT 宏模块的配置。

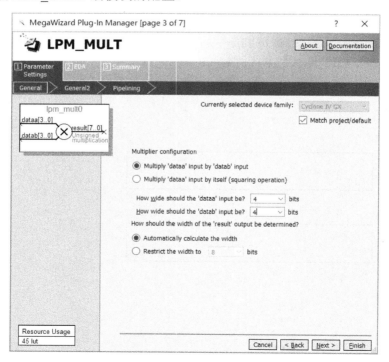

图 5.4.3　LPM_MULT 宏模块的设置

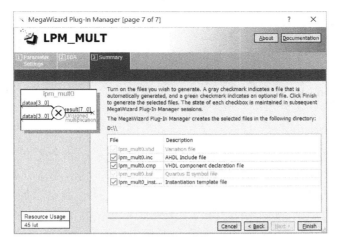

图 5.4.4　LPM_MULT 宏模块的设置完成

(4) 将设计好的 LPM_MULT 模块放置到图形编辑器界面中，在图形编辑器界面中完成如图 5.4.5 所示的乘法器电路图。

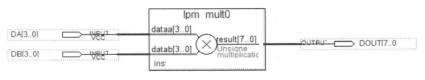

图 5.4.5　乘法器电路图

(5) 选择 Processing→Start Compilation 菜单项，编译源文件。编译无误后建立仿真波形文件 4BITMULT.vwf。选择 Simulation→Run Function Simulation 菜单项进行功能仿真。

(6) 分析仿真结果，仿真正确后选择 Assignments→Assignment Editor 菜单项，对工程进行引脚分配。

(7) 选择 Processing→Start Compilation 菜单项，重新对此工程进行编译，生成可以配置到 FPGA 的 SOF 文件。

(8) 连接实验设备，打开电源，然后在 Quartus Ⅱ 软件中，选择 Tools→Programmer 菜单项，对芯片进行配置。

(9) 配置完成后拨动逻辑电平开关，验证乘法器的正确性。

6. 实验结果

分析实验结果，判断电路的逻辑功能是否满足设计要求；对调试中遇到的问题及解决方法进行分析总结。

对设计源程序、仿真波形、引脚分配情况、封装后的元件符号等进行截图，完成实验报告。

5.5　寄存器实验

1. 实验目的

(1) 了解寄存器的分类方法，掌握各种寄存器的工作原理。

(2)学习使用 VHDL 设计两种类型的寄存器。

2. 实验设备

硬件：PC 一台，TD-EDA/SOPC 综合实验平台或 DE2 开发板。
软件：Quartus Ⅱ 13.0 设计软件。

3. 实验原理

寄存器是中央处理器内的组成部分。寄存器是有限存储容量的高速存储部件，它们可用来暂存指令、数据和地址。在中央处理器的控制部件中，包含的寄存器有指令寄存器(IR)和程序计数器(PC)。在中央处理器的算术及逻辑部件中，寄存器有累加器(ACC)。

寄存器是一种重要的基本时序电路，主要用来寄存信号的值，包含标量和向量。因为一个触发器能存储一位二值代码，所以用 N 个触发器组成的寄存器能存储一组 N 位的二值代码。

寄存器中二进制数的位可以用两种方式移入或移出。第一种方法是以串行的方式将数据每次移动一位，这种方法称为串行移位(Serial Shifting)，线路较少，但耗费时间较长。第二种方法是以并行的方式将数据同时移动，这种方法称为并行移位(Parallel Shifting)，线路较为复杂，但是数据传送的速度较快。

因此，按照数据进出移位寄存器的方式，可以将移位寄存器分为四种类型：串行输入串行输出(Serial In-Serial Out)移位寄存器、串行输入并行输出(Serial In-Parallel Out)移位寄存器、并行输入串行输出(Parallel In-Serial Out)移位寄存器、并行输入并行输出(Parallel In-Parallel Out)移位寄存器。

4. 实验内容

本实验使用 VHDL 设计一个八位并行输入串行输出右移移位寄存器和一个八位串行输入并行输出寄存器，分别进行仿真、引脚分配并下载到电路板进行功能验证。

5. 实验步骤

1) 并行输入串行输出移位寄存器实验步骤

(1)运行 Quartus Ⅱ 软件，选择 File→New Project Wizard 菜单项，选择工程目录名称、工程名称及顶层文件名称为 SHIFT8R，在器件设置对话框中选择目标器件，建立新工程。

(2)选择 File→New 菜单项，创建 VHDL 设计文件，打开文本编辑器界面，编写如下程序：

```vhdl
LIBRARY IEEE;
USE IEEE.STD_LOGIC_1164.ALL;
ENTITY SHIFT8R IS
   PORT(CLK, LOAD : IN STD_LOGIC;
        DIN : IN STD_LOGIC_VECTOR(7 DOWNTO 0);
        QB : OUT STD_LOGIC);
END ENTITY SHIFT8R;
ARCHITECTURE BEHAVE OF SHIFT8R IS
BEGIN
PROCESS(CLK, LOAD)
   VARIABLE REG8 : STD_LOGIC_VECTOR( 7 DOWNTO 0);
   BEGIN
```

```
        IF CLK'EVENT AND CLK='1' THEN
          IF LOAD='1' THEN
            REG8 := DIN;
          ELSE
            REG8(6 DOWNTO 0):= REG8(7 DOWNTO 1);
            REG8(7):='0';
          END IF;
        END IF;
        QB <= REG8(0);
    END PROCESS;
END ARCHITECTURE BEHAVE;
```

(3)在文本编辑器界面中编写完成 VHDL 程序后,选择 File→Save As 菜单项,将创建的 VHDL 设计文件保存为工程顶层文件名 SHIFT8R.vhd。

(4)选择 Processing→Start Compilation 菜单项,编译源文件。编译无误后建立如图 5.5.1 所示的仿真波形文件 SHIFT8R.vwf。选择 Simulation→Run Function Simulation 菜单项进行功能仿真。

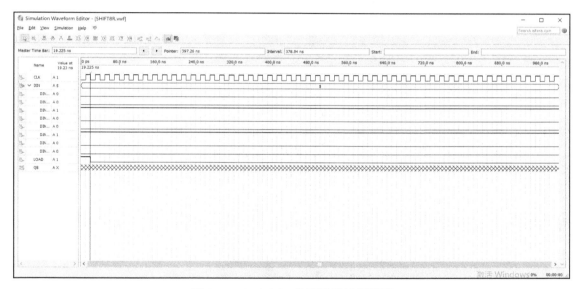

图 5.5.1 SHIFT8R 仿真波形编辑界面

(5)分析仿真结果,仿真正确后选择 Assignments→Assignment Editor 菜单项,对工程进行引脚分配。

(6)选择 Processing→Start Compilation 菜单项,重新对此工程进行编译,生成可以配置到 FPGA 的 SOF 文件。

(7)连接实验设备,打开电源,然后在 Quartus Ⅱ 13.0 软件中选择 Tools→Programmer 菜单项,对芯片进行配置。

(8)配置完成后验证移位寄存器的正确性。

2)串行输入并行输出寄存器实验步骤

(1)运行 Quartus Ⅱ 软件,选择 File→New Project Wizard 菜单项,选择工程目录名称、工

程名称及顶层文件名称为 SHIFT8，在器件设置对话框中选择目标器件，建立新工程。

(2) 选择 File→New 菜单项，创建 VHDL 设计文件，打开文本编辑器界面，编写如下程序：

```vhdl
LIBRARY IEEE;
USE IEEE.STD_LOGIC_1164.ALL;
ENTITY SHIFT8 IS
    PORT( DI, CLK : IN  STD_LOGIC;
          DOUT: OUT STD_LOGIC_VECTOR(7 DOWNTO 0));
END ENTITY SHIFT8;
ARCHITECTURE BEHAVE OF SHIFT8 IS
    SIGNAL TMP : STD_LOGIC_VECTOR(7 DOWNTO 0);
BEGIN
PROCESS(CLK)
BEGIN
   IF(CLK'EVENT AND CLK='1')THEN
     TMP(7)<=DI;
     FOR I IN 1 TO 7 LOOP
        TMP(7-I)<=TMP(8-I);
        END LOOP;
     END IF;
END PROCESS;
DOUT<=TMP;
END ARCHITECTURE BEHAVE;
```

(3) 选择 File→Save As 菜单项，将创建的 VHDL 设计文件保存为工程顶层文件名 SHIFT8.vhd。

(4) 选择 Processing→Start Compilation 菜单项，编译源文件。编译无误后建立如图 5.5.2 所示的仿真波形文件 SHIFT8.vwf。选择 Simulation→Run Function Simulation 菜单项进行功能仿真。

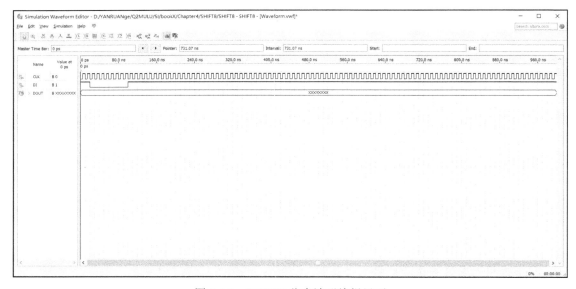

图 5.5.2　SHIFT8 仿真波形编辑界面

(5)分析仿真结果,仿真正确后选择 Assignments→Assignment Editor 菜单项,对工程进行引脚分配。

(6)选择 Processing→Start Compilation 菜单项,重新对此工程进行编译,生成可以配置到 FPGA 的 SOF 文件。

(7)连接实验设备,打开电源,然后在 Quartus Ⅱ 13.0 软件中,选择 Tools→Programmer 菜单项,对芯片进行配置。

(8)配置完成后验证串入并出寄存器的正确性。

6. 实验结果

分析实验结果,判断电路的逻辑功能是否满足设计要求;对调试中遇到的问题及解决方法进行分析总结。

对设计源程序、仿真波形、引脚分配情况、封装后的元件符号等进行截图,完成实验报告。

5.6 计数器实验

1. 实验目的

(1)掌握计数器的工作原理。
(2)学习使用 VHDL 设计一个十进制计数器。

2. 实验设备

硬件:PC 一台,TD-EDA/SOPC 综合实验平台或 DE2 开发板。

软件:Quartus Ⅱ 13.0 设计软件。

3. 实验原理

计数器(Counter)是数字系统中常用的时序电路,它的作用除了记录时钟脉冲的个数,还包括定时、分频、产生节拍脉冲等。计数器在控制信号下计数,可以带复位和置位信号。因此,按照复位、置位与时钟信号是否同步可以将计数器分为同步计数器和异步计数器两种基本类型,每一种计数器又可以分为进行加计数和进行减计数两种。在 VHDL 描述中,加减计数用"+"和"-"表示即可。

同步计数器与其他同步时序电路一样,复位和置位信号都与时钟信号同步,在时钟沿跳变时进行复位和置位操作。同样的道理,异步计数器是指计数器的复位、置位与时钟不同步。

1)同步十进制计数器

用 T 触发器组成的同步十进制加法计数器电路如图 5.6.1 所示。

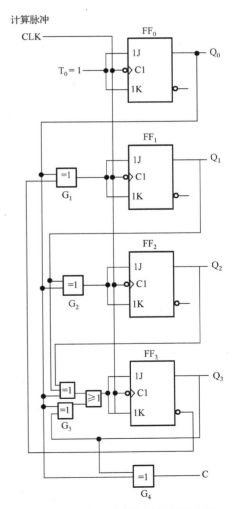

图 5.6.1 同步十进制加法计数器电路

由图 5.6.1 可知，从 0000 开始计算，计入第 9 个计数脉冲后电路进入 1001 状态，这时 Q_3' 的低电平使门 G_1 的输出为 0，而 Q_0 和 Q_3 的高电平使门 G_3 的输出为 1，所以 4 个触发器的输入控制端分别为 $T_0=1$、$T_1=0$、$T_2=0$、$T_3=1$。因此，当第 10 个计数脉冲输入后，FF_1 和 FF_2 维持 0 状态不变，FF_0 和 FF_3 从 1 翻转为 0，故电路返回状态 0000。

从逻辑图上可以写出电路的驱动方程为

$$\begin{cases} T_0 = 1 \\ T_1 = Q_0 Q_3' \\ T_2 = Q_0 Q_1 \\ T_3 = Q_0 Q_1 Q_2 + Q_0 Q_3 \end{cases} \quad (5.6.1)$$

将式(5.6.1)代入 T 触发器的特性方程可以得到电路的状态方程：

$$\begin{cases} Q_0^* = Q_0' \\ Q_1^* = Q_0 Q_3' Q_1' + (Q_0 Q_3')' Q_1 \\ Q_2^* = Q_0 Q_1 Q_2' + (Q_0 Q_1)' Q_2 \\ Q_3^* = (Q_0 Q_1 Q_2 + Q_0 Q_3) Q_3' + (Q_0 Q_1 Q_2 + Q_0 Q_3)' Q_3 \end{cases} \quad (5.6.2)$$

根据式(5.6.2)可以进一步列出表 5.6.1 所示的电路状态转换表，并画出如图 5.6.2 所示的电路状态转换图。由电路状态转换图可知，此电路是能自启动的。

表 5.6.1 电路状态转换表

计数顺序	电路状态				等效十进制数	输出 C
	Q_3	Q_2	Q_1	Q_0		
0	0	0	0	0	0	0
1	0	0	0	1	1	0
2	0	0	1	0	2	0
3	0	0	1	1	3	0
4	0	1	0	0	4	0
5	0	1	0	1	5	0
6	0	1	1	0	6	0
7	0	1	1	1	7	0
8	1	0	0	0	8	0
9	1	0	0	1	9	1
10	0	0	0	0	0	0
0	1	0	1	0	10	0
1	1	0	1	1	11	1
2	0	1	1	0	6	0
0	1	1	0	0	12	0
1	1	1	0	1	13	1
2	0	1	0	0	4	0
0	1	1	1	0	14	0
1	1	1	1	1	15	1
2	0	0	1	0	2	0

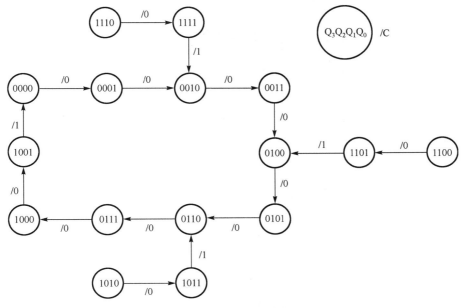

图 5.6.2 电路状态转换图

2) 异步十进制计数器

图 5.6.3 所示为异步十进制加法计数器的典型电路。假定所用的触发器为 TTL 电路，J、K 端悬空时相当于逻辑 1 电平。

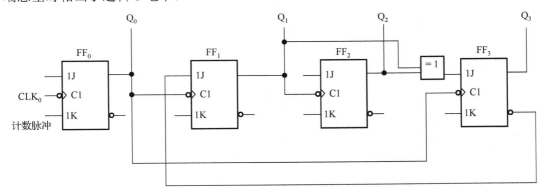

图 5.6.3 异步十进制加法计数器的典型电路

如果计数器从 $Q_3Q_2Q_1Q_0=0000$ 开始计数，由图 5.6.3 可知在输入第 8 个计数脉冲以前 FF_0、FF_1 和 FF_2 的 J 和 K 始终为 1，即工作在 T 触发器的 T=1 状态，因而工作过程和异步二进制加法计数器相同。在此期间虽然 Q_0 输出的脉冲也送给了 FF_3，但由于每次 Q_0 的下降沿到达时 $J_3 = Q_1Q_2 = 0$，所以 FF_3 一直保持 0 状态不变。

当第 8 个计数脉冲输入时，由于 $J_3 = K_3 = 1$，所以 Q_0 的下降沿到达以后 FF_3 由 0 变为 1。同时，J_1 也随 Q_3' 变为 0 状态。第 9 个计数脉冲输入以后，电路状态变成 $Q_3Q_2Q_1Q_0=1001$。第 10 个计数脉冲输入后，FF_0 翻成了 0，同时 Q_0 的下降沿使 FF_3 置 0，于是电路从 1001 返回到 0000，跳过了 1010～1111 这 6 个状态，成为十进制计数器。

将上述过程用电压波形表示，即得上述的时序图，如图 5.6.4 所示。

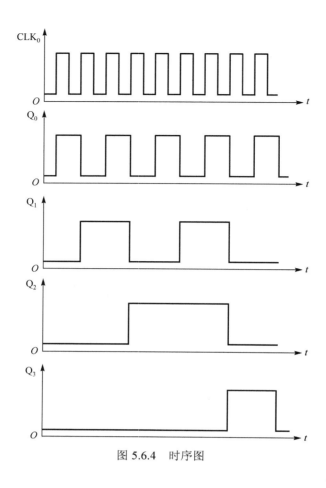

图 5.6.4 时序图

4. 实验内容

本实验使用 VHDL 设计十进制加法计数器，用发光二极管显示计数值，进行仿真、引脚分配并下载到电路板进行功能验证。

5. 实验步骤

(1) 运行 Quartus Ⅱ 13.0 软件，选择 File→New Project Wizard 菜单项，选择工程目录名称、工程名称及顶层文件名称为 COUNT10，在器件设置对话框中选择目标器件，建立新工程。

(2) 选择 File→New 菜单项，创建 VHDL 设计文件，打开文本编辑器界面，编写如下程序：

```
LIBRARY IEEE;
USE IEEE.STD_LOGIC_1164.ALL;
USE IEEE.STD_LOGIC_UNSIGNED.ALL;
ENTITY COUNT10 IS
    PORT( CLK, RST, EN: IN  STD_LOGIC;
          CQ: OUT STD_LOGIC_VECTOR(3 DOWNTO 0));
END ENTITY COUNT10;
ARCHITECTURE BEHAVE OF COUNT10 IS
BEGIN
PROCESS(CLK, RST, EN)
```

```
            VARIABLE CQI: STD_LOGIC_VECTOR(3 DOWNTO 0);
            BEGIN
               IF RST='0' THEN CQI:=(OTHERS=>'0');
               ELSIF CLK'EVENT AND CLK='1' THEN
                  IF EN='1' THEN
                     IF CQI < "1010" THEN CQI:= CQI + 1;
                       ELSE CQI:=(OTHERS =>'0');
                     END IF;
                  END IF;
               END IF;
               IF CQI="1010" THEN CQI:="0000";
               END IF;
               CQ<=CQI;
            END PROCESS;
         END ARCHITECTURE BEHAVE;
```

(3) 选择 File→Save As 菜单项，将创建的 VHDL 设计文件保存为工程顶层文件名 COUNT10.vhd。

(4) 选择 Processing→Start Compilation 菜单项，编译源文件。编译无误后建立仿真波形文件 COUNT10.vwf 如图 5.6.5 所示。选择 Simulation→Run Function Simulation 菜单项进行功能仿真。

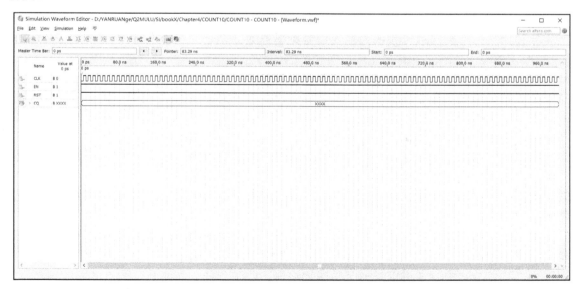

图 5.6.5　COUNT10 波形编辑界面

(5) 分析仿真结果，仿真正确后选择 Assignments→Assignment Editor 菜单项，对工程进行引脚分配。

(6) 选择 Processing→Start Compilation 菜单项，重新对此工程进行编译，生成可以配置到 FPGA 的 SOF 文件。

(7) 连接实验设备，打开电源，然后在 Quartus Ⅱ 13.0 软件中，选择 Tools→Programmer 菜单项，对芯片进行配置。

(8)配置完成后验证计数器的正确性。

6. 实验结果

分析实验结果，判断电路的逻辑功能是否满足设计要求；对调试中遇到的问题及解决方法进行分析总结。

对设计源程序、仿真波形、引脚分配情况、封装后的元件符号等进行截图，完成实验报告。

5.7 分频器实验

1. 实验目的

(1)掌握分频器的工作原理，了解半整数分频器的工作原理。
(2)学习使用 VHDL 设计一个可以设置分频系数的半整数分频器。
(3)掌握在 Quartus Ⅱ 13.0 软件中使用层次化设计的方法。

2. 实验设备

硬件：PC 一台，TD-EDA/SOPC 综合实验平台或 DE2 开发板。
软件：Quartus Ⅱ 13.0 设计软件。

3. 实验原理

分频器是指使输出信号频率为输入信号频率整数分之一的电子电路，在许多电子设备(如电子钟、频率合成器等)中需要各种不同频率的信号协同工作，常用的方法是以稳定度高的晶体振荡器为主振源，通过变换得到所需要的各种频率成分，分频器是一种主要的变换手段。早期的分频器多为正弦分频器，随着数字集成电路的发展，脉冲分频器(又称数字分频器)逐渐取代了正弦分频器，即使在输入、输出信号均为正弦波时也往往采用模数转换-数字分频-数模转换的方法来实现分频。正弦分频器除在输入信噪比低和频率极高的场合已很少使用。

对于任何一个 N 次分频器，在输入信号不变的情况下，输出信号可以有 N 种间隔为 $\frac{2\pi}{N}$ 的相位。这种现象是分频作用所固有的，与分频器的具体电路无关，称为分频器输出相位多值性。

从电路结构可知，分频器本质上是由电容器和电感线圈构成的 LC 滤波网络，高音通道是高通滤波器，它只让高频信号通过而阻止低频信号；低音通道正好相反，它只让低音通过而阻止高频信号；中音通道则是一个带通滤波器，除了一低一高两个分频点之间的频率可以通过，高频成分和低频成分都将被阻止。在实际的分频器中，有时为了平衡高、低音单元之间的灵敏度差异，还要加入衰减电阻；另外，有些分频器中还加入了由电阻、电容构成的阻抗补偿网络，其目的是使音箱的阻抗曲线平坦一些，以便于功放驱动。

分频器通常用于对某个给定频率进行分频，得到所需的频率。整数分频器的实现比较简单，通常采用标准的计数器。但是在某些场合系统时钟源与所需的频率不呈整数倍关系，此时可以采用小数分频器进行分频。例如，有一个 1MHz 的时钟源，但电路中需要一个 400Hz 的时钟信号，由于分频比为 2.5，此时整数分频器将不能胜任。

利用可编程逻辑器件进行小数分频的基本原理是：采用脉冲吞吐计数和锁相环技术，设计两个不同分频比的整数分频器,通过控制单位时间内两种分频比出现的不同次数,获得所需要的小数分频值。例如,设计分频系数为 10.1 的分频器,可以将分频器设计成 9 次 10 分频 1 次 11 分频,这样总的分频值为 $F=(9\times10+1\times11)/(9+1)=10.1$。

从这种实现方法的特点可以看出,由于分频器的分频值在不断改变,因此分频后得到的信号抖动较大。当分频系数为 $N-0.5$(N 为整数)时,可控制扣除脉冲的时间,使输出为一个稳定的脉冲频率,而不是一次 N 分频,一次 $N-1$ 分频。

4. 实验内容

本实验采用层次化的设计方法,顶层的原理图输入调用了半整数分频器符号,半整数分频器的输出经过一个 D 触发器输出方波。底层的半整数分频器是使用 VHDL 设计的,其可以预置系数实现 $N=1\sim15$ 的半整数分频,并且在此程序中调用子模块 D_HEX。子模块 D_HEX 使用 VHDL 设计了将输入信号经过译码后驱动两个 LED 进行显示。

分频器的预置输入、CS 使能信号由逻辑电平给出,计数时钟由实验箱上连续脉冲单元的 1MHz 信号提供,输出信号驱动 LED 数码管,用于显示分频的模 N,用虚拟逻辑分析仪或示波器可观察到输出的分频信号频率随模 N 的变换。分别进行仿真、引脚分配并下载到电路板进行功能验证。

5. 实验步骤

(1)运行 Quartus Ⅱ 13.0 软件,选择 File→New Project Wizard 菜单项,选择工程目录名称、工程名称及顶层文件名称为 DECOUNT,在器件设置对话框中选择目标器件,建立新工程。

(2)选择 File→New 菜单项,创建 VHDL 设计文件,打开文本编辑器界面,编写如下程序:

```
LIBRARY IEEE;
USE IEEE.STD_LOGIC_1164.ALL;
USE IEEE.STD_LOGIC_ARITH.ALL;
USE IEEE.STD_LOGIC_UNSIGNED.ALL;
ENTITY DECOUNT IS
    PORT( CS : IN STD_LOGIC;
        INCLK : IN STD_LOGIC;
        PRESET : IN STD_LOGIC_VECTOR(3 DOWNTO 0);
        SEG : OUT STD_LOGIC_VECTOR(1 DOWNTO 0);
        LED : OUT STD_LOGIC_VECTOR(7 DOWNTO 0);
        OUTCLK: BUFFER STD_LOGIC );
END ENTITY DECOUNT;
ARCHITECTURE BEHAVE OF DECOUNT IS
    SIGNAL CLK, DIVIDE2 : STD_LOGIC;
    SIGNAL COUNT: STD_LOGIC_VECTOR(3 DOWNTO 0);
COMPONENT D_HEX
    PORT( CS : IN STD_LOGIC;
        DATA : IN STD_LOGIC_VECTOR(3 DOWNTO 0);
        HEX_OUT : OUT STD_LOGIC_VECTOR(7 DOWNTO 0)
        SEG : OUT STD_LOGIC_VECTOR(1 DOWNTO 0));
END COMPONENT;
BEGIN
```

```vhdl
            CLK<= INCLK XOR DIVIDE2;
            PROCESS(CLK)
               BEGIN
                  IF(CLK'EVENT AND CLK='1')THEN
                     IF(COUNT="0000")THEN
                        COUNT<=PRESET-1;
                        OUTCLK<='1';
                     ELSE
                        COUNT<=COUNT-1;
                        OUTCLK<='0';
                     END IF;
                  END IF;
            END PROCESS;
            PROCESS(OUTCLK)
               BEGIN
                  IF(OUTCLK'EVENT and OUTCLK='1')THEN
                     DIVIDE2<=NOT DIVIDE2;
                  END IF;
            END PROCESS;
DISPLAY1: D_HEX
   PORT MAP(CS=>CS, DATA=>PRESET,
      HEX_OUT =>LED);
END ARCHITECTURE BEHAVE;
```

(3) 选择 File→Save As 菜单项，将创建的 VHDL 设计文件保存为 DECOUNT.vhd。

(4) 因为 DECOUNT.vhd 程序中调用了子模块 D_HEX，所以还应该编写 D_HEX 子程序。选择 File→New 菜单项，创建 VHDL 设计文件，打开文本编辑器界面，编写如下程序：

```vhdl
LIBRARY IEEE;
USE IEEE.STD_LOGIC_1164.ALL;
USE IEEE.STD_LOGIC_ARITH.ALL;
USE IEEE.STD_LOGIC_UNSIGNED.ALL;
ENTITY D_HEX IS
   PORT(CS : IN STD_LOGIC;
      DATA : IN STD_LOGIC_VECTOR(3 DOWNTO 0);
      HEX_OUT : OUT STD_LOGIC_VECTOR(7 DOWNTO 0);
      SEG : OUT STD_LOGIC_VECTOR(1 DOWNTO 0));
END ENTITY D_HEX;
ARCHITECTURE BEHAVE OF D_HEX IS
   SIGNAL COM : STD_LOGIC_VECTOR(3 DOWNTO 0);
BEGIN
   COM<=DATA;
   PROCESS(COM, CS)
   BEGIN
     IF(CS='1')THEN
       CASE COM IS
         WHEN "0000" => HEX_OUT <="00111111";
         WHEN "0001" => HEX_OUT <="00000110";
```

```
            WHEN "0010" => HEX_OUT <="01011011";
            WHEN "0011" => HEX_OUT <="01001111";
            WHEN "0100" => HEX_OUT <="01100110";
            WHEN "0101" => HEX_OUT <="01101101";
            WHEN "0110" => HEX_OUT <="01111101";
            WHEN "0111" => HEX_OUT <="00000111";
            WHEN "1000" => HEX_OUT <="01111111";
            WHEN "1001" => HEX_OUT <="01101111";
            WHEN "1010" => HEX_OUT <="01110111";
            WHEN "1011" => HEX_OUT <="01111100";
            WHEN "1100" => HEX_OUT <="00111001";
            WHEN "1101" => HEX_OUT <="01011110";
            WHEN "1110" => HEX_OUT <="01111001";
            WHEN "1111" => HEX_OUT <="01110001";
            WHEN OTHERS => HEX_OUT <="10000000";
          END CASE;
        END IF;
        IF(CS='0')THEN
          CASE COM IS
            WHEN OTHERS=>HEX_OUT<="10000000";
          END CASE;
        END IF;
      END PROCESS;
    END ARCHITECTURE BEHAVE;
```

(5) 选择 File→Save As 菜单项，将创建的 VHDL 设计文件保存为 D_HEX.vhd。

(6) 选择 Processing→Compiler Tool 菜单项，编译 DECOUNT.vhd 源文件。编译无误后建立仿真波形文件 DECOUNT.vwf。选择 Simulation→Run Function Simulation 菜单项进行功能仿真。证明其正确后，选择 File→Create→Update →Create Symbol File for Current File 菜单项，为当前工程生成一个如图 5.7.1 所示的符号文件：DECOUNT.bsf 文件。选择 File→Close Project 菜单项关闭工程 DECOUNT。

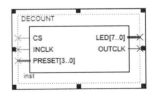

(7) 选择 File→New Project Wizard 菜单项，选择工程目录名称、工程名称及顶层文件名称为 ODD_DEV_F，在器件设置对话框中选择目标器件，建立新工程。

图 5.7.1 DECOUNT 符号图

(8) 将 DECOUNT 工程目录下的 D_HEX.vhd、DECOUNT.vhd 和 DECOUNT.bsf 文件复制到 ODD_DEV_F 工程目录下。

(9) 选择 File→New 菜单项，创建图形设计文件，在图形编辑器窗口中双击，在 Symbol 对话框中可以找到 DECOUNT 的符号。在图形编辑器界面中完成如图 5.7.2 所示的分频器电路图。

(10) 选择 File→Save As 菜单项，将设计的图形文件保存为工程顶层文件名 ODD_DEV_F.bdf。

(11) 选择 Processing→Start Compilation 菜单项，编译源文件。编译无误后建立如图 5.7.3 所示的仿真波形文件 ODD_DEV_F.vwf。选择 Simulation→Run Function Simulation 菜单项进行功能仿真。

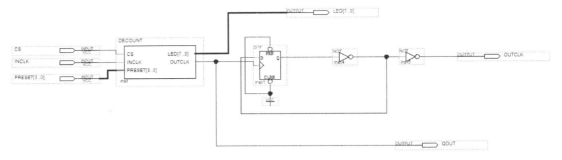

图 5.7.2 分频器电路图

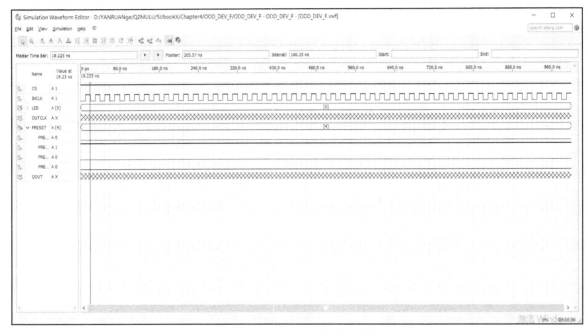

图 5.7.3 ODD_DEV_F 仿真波形编辑界面

(12)分析仿真结果,仿真正确后选择 Assignments→Assignment Editor 菜单项,对工程进行引脚分配。

(13)选择 Processing→Start Compilation 菜单项,重新对此工程进行编译,生成可以配置到 FPGA 的 SOF 文件。

(14)连接实验设备,打开电源,然后在 Quartus Ⅱ 13.0 软件中,选择 Tools→Programmer 菜单项,对芯片进行配置。

(15)配置完成后,验证分频器的正确性。

6. 实验结果

分析实验结果,判断电路的逻辑功能是否满足设计要求;对调试中遇到的问题及解决方法进行分析总结。

对设计源程序、仿真波形、引脚分配情况、封装后的元件符号等进行截图,完成实验报告。

5.8 存储器实验

1. 实验目的

(1) 掌握存储器的结构及工作原理。
(2) 掌握 SRAM 的工作原理，使用 RAM 宏模块设计一个数据存储器。

2. 实验设备

硬件：PC 一台，TD-EDA/SOPC 综合实验平台或 DE2 开发板。
软件：Quartus Ⅱ 13.0 设计软件。

3. 实验原理

存储器是数字系统的重要组成部分，数据处理单元的结果需要存储，许多处理单元的初始化也需要存放在存储器中。存储器还可以完成一些特殊的功能，如多路复用、数值计算、脉冲形成、特殊序列产生以及数字频率合成等。

Quartus Ⅱ 软件提供了 RAM、ROM 和 FIFO 等宏模块，Altera 公司的许多 CPLD/FPGA 器件内部都有存储器模块，适合于存储器的设计。设计者可以很方便地设计各种类型的存储器。

随机存取存储器(Random Access Memory，RAM)可以随时在任一指定地址写入或读取数据，它的最大优点是可以方便地读出/写入数据，但是 RAM 存在易失性的缺点，掉电后所存数据便会丢失。RAM 的应用十分广泛，它是计算机系统的重要组成部分，在数字信号处理中 RAM 作为数据存储单元是必不可少的。

4. 实验内容

本实验利用 Quartus Ⅱ 软件提供的 RAM 模块"RAM:2-PORT"设计一个数据存储器，使用 Quartus Ⅱ 13.0 软件进行仿真。

5. 实验步骤

(1) 运行 Quartus Ⅱ 13.0 软件，选择 File→New Project Wizard 菜单项，选择工程目录名称、工程名称及顶层文件名称为 RAM，在器件设置对话框中选择目标器件，建立新工程。

(2) 选择 File→New 菜单项，创建图形设计文件，在图形编辑器窗口中双击，在 Symbol 对话框中单击 MegaWizard Plug_In Manager，在弹出的第一页对话框单击 Next 按钮，在打开的对话框中找到 RAM:2-PORT 宏模块符号，输入文件名 RAM_2，单击 Next 按钮。

(3) 在如图 5.8.1 所示的 RAM:2-PORT 宏模块中如图设置，单击 Next 按钮。

(4) 在如图 5.8.2 所示的 RAM:2-PORT 宏模块中如图设置，单击 Next 按钮。

(5) 在 RAM:2-PORT 宏模块设置窗口依次单击 Finish→Yes 按钮，将设计好的 RAM:2 模块放置到图形编辑器界面中，完成如图 5.8.3 所示的存储器电路图。

(6) 选择 Processing→Start Compilation 菜单项，编译源文件。编译无误后建立仿真波形文件 RAM.vwf，选择 Simulation→Run Function Simulation 菜单项进行功能仿真。

(7) 分析仿真结果，验证所设计的存储器是否正确。

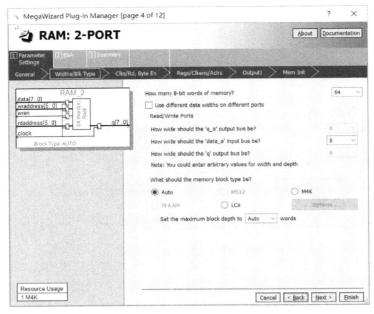

图 5.8.1　RAM: 2-PORT 宏模块的设置(一)

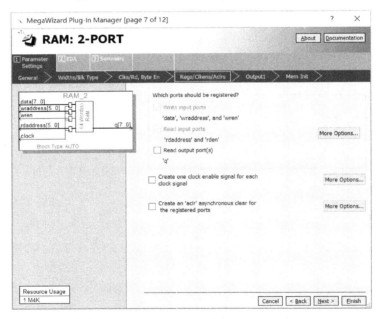

图 5.8.2　RAM: 2-PORT 宏模块的设置(二)

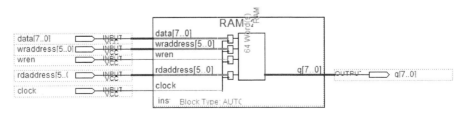

图 5.8.3　存储器电路图

6. 实验结果

分析实验结果,判断电路的逻辑功能是否满足设计要求;对调试中遇到的问题及解决方法进行分析总结。

对设计源程序、仿真波形、引脚分配情况、封装后的元件符号等进行截图,完成实验报告。

5.9 数据选择器实验

1. 实验目的

(1)学习 TD-EDA/SOPC 综合实验平台或 DE2 开发板的使用方法。
(2)学习使用 Quartus Ⅱ 13.0 集成环境对 VHDL 及波形文件进行编辑、编译、仿真的方法。
(3)掌握数据选择器的工作原理,学习使用 VHDL 设计的方法。

2. 实验设备

硬件:PC 一台,TD-EDA/SOPC 综合实验平台或 DE2 开发板。
软件:Quartus Ⅱ 13.0 设计软件。

3. 实验原理

4 选 1 数据选择器可以用于 4 路信号的切换。4 选 1 数据选择器有 4 个输入端 a、b、c、d;两个信号控制端 S_0、S_1;一个信号输出端 Z。当 S_0、S_1 输入不同的选择信号时,就可以使 a、b、c、d 中的一个输入信号与输出 Z 端口连接。4 选 1 数据选择器真值表如表 5.9.1 所示。

表 5.9.1 4 选 1 数据选择器真值表

信号控制端	信号输出
00	a
01	b
10	c
11	d

4. 实验内容

本实验使用 VHDL 设计一个 4 选 1 数据选择器,仿真、引脚分配并下载到电路板进行功能验证。由四个逻辑电平开关作为 BCD4[3...0]的四位输入,输出信号对应数码管的显示段,为高电平时对应的段发亮。

5. 实验步骤

(1)运行 Quartus Ⅱ 13.0 软件,选择 File→New Project Wizard 菜单项,选择工程目录名、工程名及顶层文件名为 SELECT4_1,在选择器件设置对话框中选择目标器件,建立新工程。

(2)选择 File→New 菜单项,在打开的新建设计文件选择对话框中选择创建 VHDL 设计文件,单击 OK 按钮,打开文本编辑器界面,在文本编辑器界面中编写如下 SELECT4_1 的 VHDL 程序:

```vhdl
LIBRARY IEEE;
USE IEEE.STD_LOGIC_1164.ALL;
ENTITY SELECT4_1 IS
    PORT ( A, B, C, D : IN STD_LOGIC;
           S : IN STD_LOGIC_VECTOR(1 DOWNTO 0);
           Z : OUT STD_LOGIC);
END SELECT4_1;
ARCHITECTURE ONE OF SELECT4_1 IS
BEGIN
PROCESS(S, A, B, C, D)
    BEGIN
        CASE S IS
            WHEN "00"=>Z<=A;
                WHEN "01"=>Z<=B;
                WHEN "10"=>Z<=C;
                WHEN "11"=>Z<=D;
                WHEN OTHERS=>Z<=NULL;
            END CASE;
    END PROCESS;
END ONE;
```

(3)选择 File→Save As 菜单项,将创建的 VHDL 设计文件名保存为工程顶层文件名 SELECT4_1.vhd。

(4)选择 Processing→Start Compiler 菜单项,编译源文件。编译无误后建立仿真波形文件 SELECT4_1.vwf,选择 Simulation 菜单项进行仿真(波形仿真:选择 File→New→University Program VWF 菜单项打开波形编辑界面,然后选择 Simulation→Run Function Simulation 菜单项)。

(5)分析仿真结果,仿真正确后选择 Assignments→Assignment Editor 菜单项,对工程进行引脚分配。

(6)选择 Processing→Start Compiler 菜单项,重新对此工程进行编译,生成可配置到 FPGA 的 SOF 文件。

(7)连接实验设备,打开电源,然后在 Quartus II 软件中,选择 Tools→Programmer 菜单项,对芯片进行配置。

(8)配置完成后演示实验任务,观察输出结果,验证 4 选 1 数据选择器是否正确。

6. 实验结果

分析实验结果,判断电路的逻辑功能是否满足设计要求;对调试中遇到的问题及解决方法进行分析总结。

对设计源程序、仿真波形、引脚分配情况、封装后的元件符号等进行截图,完成实验报告。

第6章 数字系统综合实验设计

6.1 键盘扫描输入实验

1. 实验目的

(1) 学习复杂数字系统的设计方法。
(2) 掌握矩阵式键盘输入阵列的设计方法。

2. 实验设备

硬件：PC 一台，TD-EDA/SOPC 综合实验平台或 DE2 开发板。
软件：Quartus Ⅱ 13.0 设计软件。

3. 实验原理

在电子、控制、信息处理等各种系统中，操作人员经常需要向系统输入数据和命令来实现人机通信。实现人机通信最常用的输入设备是键盘。在 EDA 技术的综合应用设计中，常用的键盘输入电路有独立式键盘输入电路、矩阵式键盘输入电路和虚拟式键盘输入电路。

矩阵式键盘是一种常用的电子输入装置，在平常的生活中，矩阵式键盘在通信设备、信息终端、家用电器等各种电子产品上都有很重要的作用。矩阵式键盘输入电路，就是将水平键盘扫描线和垂直输出译码线的交叉处通过一个按键来连通，再通过一个键盘输入译码电路，将各种键盘扫描线和垂直输出译码线信号的不同组合编码转换成一个特定的输入信号值或输入信号编码。利用这种行列矩阵结构的键盘，只需 N 个行线和 M 个列线即可组成 $N×M$ 按键。矩阵式键盘输入电路的优点是当需要键数较多时，可以节省 I/O 口线；缺点是编程相对困难。

图 6.1.1 是一个 4×4 矩阵式键盘的面板配置图。

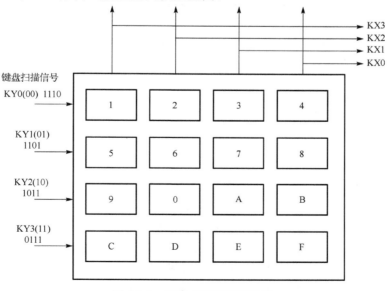

图 6.1.1 矩阵式键盘面板设置

键盘上的每个按键都是一个机械开关，设按键被按下时，该键的电路会输出低电平，反之，如果没有按下则输出高电平(按键被按下为高电平，未被按下为低电平亦可)。键盘由行信号 KY0～KY3 控制开始进行行扫描，变换的顺序依次为 1110-1101-1011-0111-1110。每次扫描一行，依次进行循环。例如，现在的行扫描信号为 1011，表示目前扫描的是 9、0、A、B 这行的按键，如果这行当中没有按键按下，则 KX3～KX0 输出为 1111；反之如果是 9 键按下，则由 KX3～KX0 输出为 0111。各按键的位置与按键值的关系如表 6.1.1 所示。

表 6.1.1　按键位置与按键值的关系

KY3～KY0	KX3～KX0	按键值
1110	0111	1
1110	1011	2
1110	1101	3
1110	1110	4
1101	0111	5
1101	1011	6
1101	1101	7
1101	1110	8
1011	0111	9
1011	1011	0
1011	1101	A
1011	1110	B
0111	0111	C
0111	1011	D
0111	1101	E
0111	1110	F

当从 KX3～KX0 读出的值皆为 1 时，代表该列没有按键按下，则不进行按键译码操作；反之，当有按键按下时，则将 KX3～KX0 读出的值送至译码电路进行译码。

4．实验内容

本实验使用实验设备上的键盘单元设计一个 4×4 矩阵键盘的扫描译码电路。此设计包括键盘扫描模块和扫描码锁存模块，实现每按下键盘阵列的一个按键立即在七段数码管上显示相应的数值。

5．实验步骤

(1)运行 Quartus Ⅱ 13.0 软件，选择 File→New Project Wizard 菜单项，单击 Next 按钮，在出现的如图 6.1.2 所示的对话框中选择工程名称及顶层文件名称为 JPSCAN。

(2)在选择器件设置对话框中选择目标器件，如图 6.1.3 所示，建立新工程。

(3)选择 File→New 菜单项，创建 VHDL 设计文件，在文本编辑器界面中编写键盘扫描模块 JPSCAN 的 VHDL 源程序、键盘消抖模块 JPXD 的 VHDL 源程序以及 D 触发器电路 DCFQ 的 VHDL 源程序，分别保存设计文件并设 JPSCAN.vhd 为顶层文件。

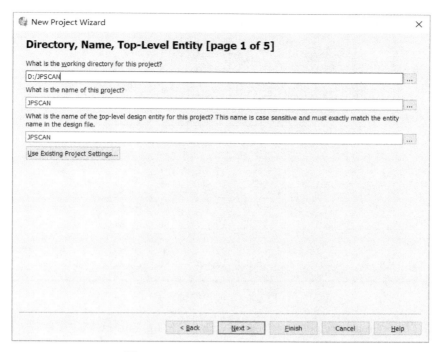

图 6.1.2 New Project Wizard 对话框

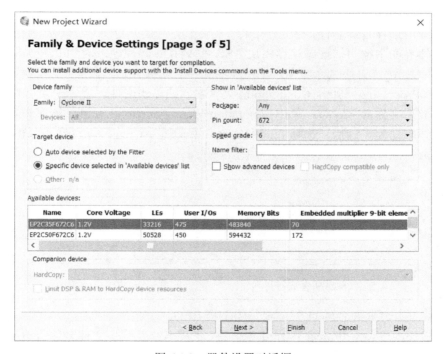

图 6.1.3 器件设置对话框

(4) 选择 Processing→Start Compilation 菜单项，编译源文件。编译无误后建立如图 6.1.4 所示的仿真波形文件 JPSCAN.vwf，选择 Simulation→Run Function Simulation 菜单项进行功能仿真，验证其逻辑功能正确后，关闭波形编辑界面。

· 187 ·

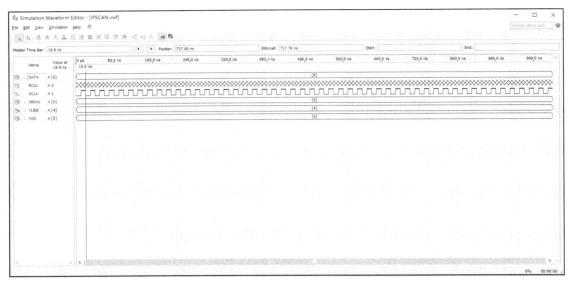

图 6.1.4　波形编辑界面

(5)选择 File→Create→Update→Create Symbol File for Current File 菜单项,生成如图 6.1.5 所示的符号文件 JPSCAN.bsf。

(6)选择 File→Close Project 菜单项,关闭工程 JPSCAN。

(7)选择 File→New Project Wizard 菜单项,工程名称及顶层文件名称为 REG,在选择器件设置对话框中选择目标器件,建立新工程。选择 File→New 菜单项,创建 VHDL 设计文件,在文本编辑器界面中编写扫描码锁存模块 REG 的 VHDL 源程序,选择 File→Save As 菜单项,将创建的 VHDL 设计文件名称保存为工程顶层文件名 REG.vhd。

(8)选择 Processing→Start Compilation 菜单项,编译源文件。编译无误后建立如图 6.1.6 所示的仿真波形文件 REG.vwf,选择 Simulation→Run Function Simulation 菜单项进行功能仿真,验证其逻辑功能正确后,选择 File→Create→Update→Create Symbol File for Current File 菜单项,生成如图 6.1.6 所示的符号文件 REG.bsf。

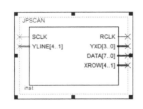
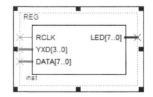

图 6.1.5　JPSCAN 生成符号　　　　图 6.1.6　REG 生成符号

(9)选择 File→Close Project 菜单项关闭工程 REG。

(10)选择 File→New Project Wizard 菜单项,工程名称及顶层文件名称为 JIANPAN,在选择器件设置对话框中选择目标器件,建立新工程。将 JPSCAN 工程目录和 REG 工程目录下的 JPSCAN.bsf、REG.bsf 文件和 JPSCAN.vhd、REG.vhd 文件复制到 JIANPAN 工程目录下。

(11)选择 File→New 菜单项,创建图形设计文件。如图 6.1.7 所示,完成键盘扫描输入电路的设计。将创建的图形设计文件保存为 JIANPAN.bdf 作为整个设计的顶层文件。

(12)选择 Processing→Start Compilation 菜单项,编译文件。

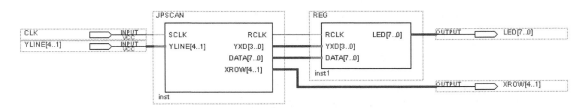

图 6.1.7　键盘扫描输入电路顶层设计电路图

(13) 选择 Assignments→Assignment Editor 菜单项，对工程进行引脚分配。

(14) 选择 Processing→Start Compilation 菜单项，重新对此工程进行编译，生成可以配置到 FPGA 的 JIANPAN.sof 文件。

(15) 连接实验设备，打开电源，然后在 Quartus Ⅱ 13.0 软件中，选择 Tools→Programmer 菜单项，对芯片进行配置。

(16) 配置完成后，观察实验现象，验证设计的正确性。

6．实验结果

分析实验结果，判断电路的逻辑功能是否满足设计要求；对调试中遇到的问题及解决方法进行分析总结。

对设计源程序、仿真波形、引脚分配情况、封装后的元件符号等进行截图，完成实验报告。

6.2　扫描数码显示器实验

1．实验目的

(1) 学习状态机的原理及使用 VHDL 设计的方法。
(2) 学习复杂数字系统的设计方法。
(3) 掌握动态扫描数码显示器的设计方法。
(4) 掌握图形化设计的设计方法。

2．实验设备

硬件：PC 一台，TD-EDA/SOPC 综合实验平台或 DE2 开发板。
软件：Quartus Ⅱ 13.0 设计软件。

3．实验原理

1) 状态机

状态机是一类很重要的时序电路，是许多数字电路的核心部件。根据状态机的输出方式可以分为 Mealy 型和 Moore 型两种状态机。输出与状态有关而与输入无关的状态机称为 Moore 型状态机。输出与状态及输入皆有关系的状态机称为 Mealy 型状态机。状态机通常包含说明部分、主控时序进程、主控组合进程、辅助进程几个部分。利用状态机进行设计的步骤如下：

(1) 分析设计要求，列出状态机所有可能的状态，并对每一个状态进行状态编码。

(2)根据状态转移关系和输出函数画出状态转移图。

(3)由状态转移图,用状态机语句描述状态机。

2)多位数码管的动态显示

动态扫描是指各个数码管不是同时进行显示,而是按照一定的顺序发光显示,一组数据显示所需时间较小,由于人的眼睛有视觉暂留效应,看起来像是同时显示的。因此,要实现在数码管上清晰稳定地显示,需要在设计中产生位选、段选控制信号。

位选信号可以用计数器来产生,即在时钟信号的作用下,计数器加1,从而依次选中每只数码管,计数器的模取决于所用到的数码管的个数。本实验中需要使用6只数码管,因此可将计数器设计为模6计数器。而计数器的时钟频率应选择适宜,频率太高,会使数码管的亮度降低,频率太低,数码管会出现闪烁的现象,因此本实验中选择的扫描信号时钟频率为1kHz。

由于动态扫描时,要显示的几位数值实质上是依次显示的,为了确保选中的数码管与它所需显示的值对应,需要设计一个数据选择器,数据选择器的数据输入端为要显示的数值,数据选择器的地址端使用位选信号来控制,数据选择器输出作为显示译码器的输入,显示译码器的输出就是段选信号。

4. 实验内容

本实验设计一个可以使6位数码管动态刷新显示的扫描电路。分析系统的要求可知此设计需要包括6进制计数器、BCD译码器、数据选择多路开关等多个小单元模块。实验需要设计一个模块来为6个数码块提供要显示的数据,设计一个六位数123456从左向右移动的方式,直到最高一位移出最右边数码块后,最低位6再从最左边数码块移进,从而实现循环移动。

5. 实验步骤

(1)运行Quartus Ⅱ 13.0软件,建立新工程,工程名称及顶层文件名称为SCANLED。

(2)选择File→New菜单项,创建图形设计文件,在图形编辑器界面中选择Block Tool工具按钮,分别新建DATA、MULX、BCD_LED子模块,完成模块的定义及模块之间的连接,完成如图6.2.1所示的数码扫描显示器顶层设计电路图。

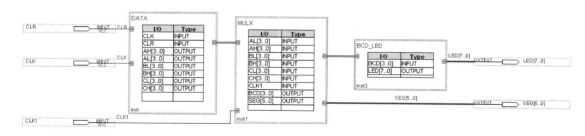

图6.2.1 数码扫描显示器顶层设计电路图

(3)将创建的图形设计文件保存为SCANLED.bdf,作为整个设计的顶层文件。

(4)右击DATA模块,在弹出的快捷菜单中选择Create Design File from Selected Block选项,生成名称为DATA.vhd的VHDL设计文件。

(5)在文本编辑器界面中编写程序,文件保存为DATA.vhd。

(6)右击 MULX 模块，在弹出的快捷菜单中选择 Create Design File from Selected Block 选项，生成名称为 MULX.vhd 的 VHDL 设计文件。

(7)在文本编辑器界面中编写程序，文件保存为 MULX.vhd。

(8)右击 BCD_LED 模块，在弹出的快捷菜单中选择 Create Design File from Selected Block 选项，生成名称为 BCD_LED.vhd 的 VHDL 设计文件。

(9)在文本编辑器界面中编写程序，文件保存为 BCD_LED.vhd。

(10)选择 Processing→Start Compilation 菜单项，编译 SCANLED.bdf 源文件。编译无误后建立仿真波形文件 SCANLED.vwf。

(11)选择 Simulation→Run Function Simulation 菜单项进行功能仿真。分析仿真结果，仿真正确后选择 Assignments→Assignment Editor 菜单项，对工程进行引脚分配。

(12)选择 Processing→Start Compilation 菜单项，重新对此工程进行编译，生成可以配置到 FPGA 的 SOF 文件。

(13)连接实验设备，打开电源，然后在 Quartus Ⅱ 13.0 软件中，选择 Tools→Programmer 菜单项，对芯片进行配置。

(14)配置完成后，验证设计的正确性。

6. 实验结果

分析实验结果，判断电路的逻辑功能是否满足设计要求；对调试中遇到的问题及解决方法进行分析总结。

对设计源程序、仿真波形、引脚分配情况、封装后的元件符号等进行截图，完成实验报告。

6.3 点阵显示实验

1. 实验目的

(1)学习复杂数字系统的设计方法。
(2)学习点阵 LED 的基本结构。
(3)掌握点阵显示控制的设计方法。

2. 实验设备

硬件：PC 一台，TD-EDA/SOPC 综合实验平台或 DE2 开发板。
软件：Quartus Ⅱ 13.0 设计软件。

3. 实验原理

LED 电子显示屏是随着计算机及相关的微电子、光电子技术的迅猛发展而形成的一种新型信息显示媒体。它利用发光二极管构成的点阵模块或像素单元组成可变面积的显示屏幕，以可靠性高、使用寿命长、环境适应能力强、性能价格比高、使用成本低等特点，在短短的十来年中，迅速成长为平板显示的主流产品，在信息显示领域中得到了广泛的应用。LED(Light Emitting Diode)，即发光二极管，是利用半导体的 PN 结电致发光原理制成的一种半导体发光器件。LED 具有亮度高、功耗小、寿命长、工作电压低、易小型化等优点。近几年来，它得到了迅猛的发展。目前，已研制出多种规格的 LED 显示器，从色彩上讲，有单色、多色、全色显示屏；从显示尺寸上讲，LED屏现已做到了数百平方米，已形成了一个新兴的高科技产业。最近，蓝色、纯绿色超高亮发光二极管相继研制成功并已商品化，用LED制成室外"大彩电"已成为现实，它标志着LED显示技术达到了一个新的高度。LED显示屏是利用发光二极管作为显示像素而构成的显示屏，受空间限制小，适合于几平方米的屏幕，在此范围内和其他几种屏幕相比有较强的优势，可表现文字、图形、图像、动画和视频，能较好地适应各种使用环境。

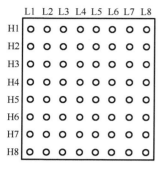

图6.3.1 8×8点阵二极管示意图

1）点阵发光显示器的结构及工作原理

图6.3.1是一个8×8阵列的点阵发光显示器，该点阵发光显示器由8×8阵列组成，共8行，每行8只发光二极管，共64只发光管像素。每列的8只发光二极管的所有负极（阴极）相连，点阵发光显示器在同一时间只能点亮一列，每列点亮的情况根据从显示器H1～H8送入的数据点亮，要使一个字符在显示器整屏显示，点阵发光显示器就必须通过快速逐列点亮，而且是周而复始地循环点亮，使人眼的暂留视觉效应形成一个全屏字符。

2）系统原理图

点阵显示实验顶层设计电路图如图6.3.2所示。

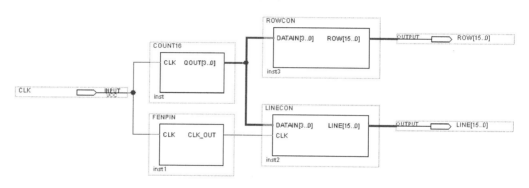

图6.3.2 点阵显示实验顶层设计电路图

4. 实验内容

点阵单元由四个8×8点阵器件构成16×16的LED点阵。其中R1～R16为行控制信号，L1～L16为列控制信号。给某行低电平、某列高电平，则对应的LED点亮，如使R1为0，L1为1，则左上角的LED点亮。本实验使16×16 LED点阵由大到小循环显示符号"口"。整个系统由四个单元电路组成：16进制计数器单元COUNT16，对输入时钟进行16进制计数，产生扫描状态信号；分频器单元FENPIN，对输入时钟进行分频，实现扫描信号时钟；行控制单元ROWCON，根据计数器的输出，产生行控制扫描状态；列控制单元LINECON，产生列控制信号，显示不同的字符。

5. 实验步骤

（1）运行Quartus Ⅱ 13.0软件，分别建立新工程，选择File→New菜单项，创建VHDL

设计文件，分别编写 16 进制计数器单元 COUNT16、分频器单元 FENPIN、行控制单元 ROWCON、列控制单元 LINECON 的 VHDL 源程序，然后选择 File→Save As 菜单项，将创建的 VHDL 设计文件名称分别保存为 COUNT16.vhd、FENPIN.vhd、ROWCON.vhd、LINECON.vhd。

（2）分别编译源文件，编译无误后分别对上述 VHDL 文件进行仿真，验证其逻辑功能正确后，选择 File→Create→Update→Create Symbol File for Current File 菜单项，分别生成符号文件。

（3）建立新工程，工程名称及顶层文件名称为 DIANZHEN。将 COUNT16.vhd、FENPIN.vhd、ROWCON.vhd、LINECON.vhd 和 COUNT16.bsf、FENPIN.bsf、ROWCON.bsf、LINECON.bsf 一起复制到 DIANZHEN 工程文件夹下。选择 File→New 菜单项，创建图形设计文件。如图 6.3.2 所示，完成点阵显示的设计。将创建的图形设计文件保存为 DIANZHEN.bdf，作为整个设计的顶层文件。

（4）选择 Processing→Start Compilation 菜单项，编译 DIANZHEN.bdf 文件。

（5）选择 Assignments→Assignment Editor 菜单项，对工程进行引脚分配。

（6）选择 Processing→Start Compilation 菜单项，重新对此工程进行编译，生成可以配置到 FPGA 的 DIANZHEN.sof 文件。

（7）连接实验设备，打开电源，然后在 Quartus Ⅱ 13.0 软件中，选择 Tools→Programmer 菜单项，对芯片进行配置。

（8）配置完成后，观察实验现象，验证设计的正确性。

6. 实验结果

分析实验结果，判断电路的逻辑功能是否满足设计要求；对调试中遇到的问题及解决方法进行分析总结。

对设计源程序、仿真波形、引脚分配情况、封装后的元件符号等进行截图，完成实验报告。

6.4　交通灯控制实验

1. 实验目的

（1）学习复杂数字系统的设计方法。
（2）掌握交通灯的原理及设计方法。

2. 实验设备

硬件：PC 一台，TD-EDA/SOPC 综合实验平台或 DE2 开发板。
软件：Quartus Ⅱ 13.0 设计软件。

3. 实验原理

依交通常规，"红灯停，绿灯行，黄灯提醒"，其交通灯的亮灭规律为：初始态是两个路口的红灯全亮。之后，东西路口的绿灯亮，南北路口的红灯亮，东西方向开始通行，同时从 15s 开始倒计时。倒计时到 5s 时，东西路口绿灯开始闪烁，倒计时到 1s 时东西绿灯灭，黄灯开始亮。倒计时到 0s 后，东西路口红灯亮，同时南北路口的绿灯亮，南北方向开始通行，同样从 15s 开始倒计时,再切换到东西路口方向,以后周而复始地重复上述过程。图 6.4.1 所示为十字路口交通灯示意图。

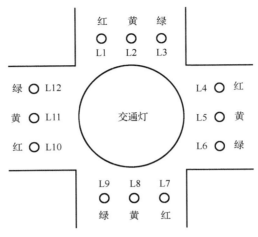

图 6.4.1 十字路口交通灯示意图

交通灯控制器由单片 CPLD/FPGA 来实现,整个系统由七个单元电路组成,顶层原理图如图 6.4.2 所示。

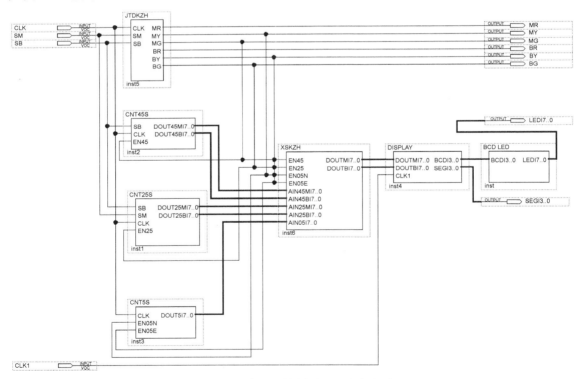

图 6.4.2 交通灯控制顶层设计电路图

图 6.4.2 中的七个单元电路分别如下。

交通灯控制器单元 JTDKZH:根据主干道、支干道输入信号 SM、SB 及时钟信号 CLK,

发出主、支干道指示灯的控制信号，同时向各个定时单元 CNT45S、CNT25S、CNT5S，显示控制单元 XSKZH 发出使能控制信号 EN45、EN25、EN05M、EN05B。

定时单元 CNT45S、CNT25S、CNT5S：分别实现 45s、25s、5s 的定时，根据 SM、SB、CLK 及 JTDKZH 单元发出的相关使能控制信号 EN45、EN25、EN05M、EN05B 按要求进行定时，并将其输出传送到显示控制单元 XSKZH。

显示控制单元 XSKZH：根据交通灯控制器单元 JTDKZH 发出的有关使能控制信号 EN45、EN25、EN05M、EN05B 选择定时单元 CNT45S、CNT25S、CNT5S 的输出传送到显示单元 DISPLAY。

显示单元 DISPLAY：根据显示控制单元 XSKZH 发出的数据，把需要显示的数据传送给相应七段数码管的段选和位选信号。段选信号动态扫描相应的数码管，位选信号输出到译码单元 BCD_LED。

译码单元 BCD_LED：将显示单元 DISPLAY 发出的位选信号进行七段译码，用于在数码管上显示正确的数据。

4. 实验内容

本实验要求设计一个由一条主干道和一条支干道的汇合点形成的十字路口的交通灯控制器，具体要求如下。

(1) 主、支干道各设有一个绿、黄、红指示灯，两个显示数码管。

(2) 主干道处于长允许通行状态，而支干道有车来时才允许通行。当主干道允许通行亮绿灯时，支干道亮红灯。而支干道允许通行亮绿灯时，主干道亮红灯。

(3) 当主干道、支干道均有车时，两者交替允许通行，主干道每次通行 45s，支干道每次通行 25s，在每次由绿灯向红灯转换的过程中，要亮 5s 的黄灯作为过渡，并进行减计时显示。

5. 实验步骤

(1) 运行 Quartus Ⅱ 13.0 软件，分别建立新工程，选择 File→New 菜单项，创建 VHDL 描述语言设计文件，分别编写 JTDKZH.vhd、CNT45S.vhd、CNT25S.vhd、CNT5S.vhd、XSKZH.vhd、DISPLAY.vhd 及 BCD_LED.vhd 源程序。根据前述实验内容自行设计 CNT45S、CNT25S、CNT5S、DISPLAY、BCD_LED 单元，完成其功能。

(2) 分别编译源文件，无误后分别对上述 VHDL 文件进行仿真，验证其逻辑功能正确后，选择 File→Create→Update→Create Symbol File for Current File 菜单项，分别生成符号文件。

(3) 建立新工程，工程名称及顶层文件名称为 JTDKZHQ。将 JTDKZH.vhd、CNT45S.vhd、CNT25S.vhd、CNT5S.vhd、XSKZH.vhd、DISPLAY.vhd、BCD_LED.vhd 和 JTDKZH.bsf、CNT45S.bsf、CNT25S.bsf、CNT5S.bsf、XSKZH.bsf、DISPLAY.bsf 及 BCD_LED.bsf 一起复制到 JTDKZHQ 工程文件夹下。选择 File→New 菜单项，创建图形设计文件。

(4) 如图 6.4.2 所示，完成交通灯控制器的设计。将创建的图形设计文件保存为 JTDKZHQ.bdf 作为整个设计的顶层文件。

(5) 选择 Processing→Start Compilation 菜单项，编译 JTDKZHQ.bdf 文件。编译无误后建立仿真波形文件 JTDKZHQ.vwf。

(6) 选择 Simulation→Run Function Simulation 菜单项，进行功能仿真。分析仿真结果，仿真正确后选择 Assignments→Assignment Editor 菜单项，对工程进行引脚分配。

(7) 选择 Processing→Start Compilation 菜单项，重新对此工程进行编译，生成可以配置到 FPGA 的 SOF 文件。

(8) 连接实验设备，打开电源，然后在 Quartus Ⅱ 13.0 软件中，选择 Tools→Programmer 菜单项，对芯片进行配置。

(9) 配置完成后，观察实验现象，验证设计的正确性。

6. 实验结果

分析实验结果，判断电路的逻辑功能是否满足设计要求；对调试中遇到的问题及解决方法进行分析总结。

对设计源程序、仿真波形、引脚分配情况、封装后的元件符号等进行截图，完成实验报告。

6.5 数字钟实验

1. 实验目的

(1) 学习复杂数字系统的设计方法。
(2) 掌握数字钟的原理及设计方法。

2. 实验设备

硬件：PC 一台，TD-EDA/SOPC 综合实验平台。
软件：Quartus Ⅱ 13.0 设计软件。

3. 实验原理

钟表是人们生活中的必备工具，通常的时钟具备显示时、分、秒的功能，有些以 24 小时循环计数，有些以 12 小时循环计数。从结构上看数字钟可以分为三个部分：计时电路、显示电路和调整控制电路。在计时电路中秒针部分、分针部分由 60 进制计数器组成，时针部分可以由 12 进制计数器或者 24 进制计数器组成。显示电路部分由 6 个数码管构成，对小时、分钟、秒进行显示。调整控制电路则用于调整数字钟的参数。

4. 实验内容

本实验设计一个综合的数字钟，要求能实现时、分、秒的计时功能，将计时结果显示在六个七段数码管上，并且可通过两个设置键对数字钟的时间进行调整。

5. 实验步骤

(1) 运行 Quartus Ⅱ 13.0 软件，分别建立新工程，选择 File→New 菜单项，创建 VHDL 设计文件，分别编写 TZHKZH.vhd、CNT60.vhd、CNT24.vhd、MULX.vhd 及 BCD_LED.vhd 源程序。根据前述实验内容自行设计 TZHKZH、CNT60、CNT24、MULX、BCD_LED 单元，完成其功能。

(2) 分别编译源文件，无误后分别对上述 VHDL 文件进行仿真，验证其逻辑功能正确后，选择 File→Create→Update→Create Symbol File for Current File 菜单项，分别生成符号文件。

(3) 建立新工程，工程名称及顶层文件名称为 CLOCK。将 JTZHKZH.vhd、CNT60.vhd、CNT24.vhd、MULX.vhd、BCD_LED.vhd 和 TZHKZH.bsf、CNT60.bsf、CNT24.bsf、MULX.bsf、BCD_LED.bsf 一起复制到 CLOCK 工程文件夹下。选择 File→New 菜单项，创建图形设计文件。

(4) 如图 6.5.1 所示，完成交通灯控制器的设计。将创建的图形设计文件保存为 CLOCK.bdf，作为整个设计的顶层文件。

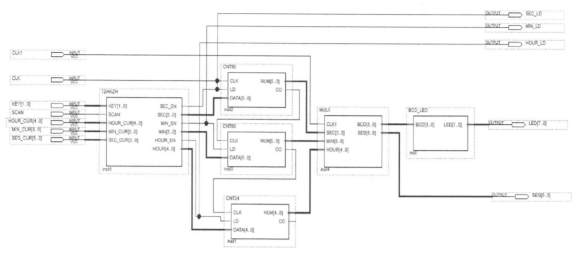

图 6.5.1 数字钟实验顶层设计原理图

(5) 选择 Processing→Start Compilation 菜单项，编译 BLOCK.bdf 源文件。编译无误后建立仿真波形文件 BLOCK.vwf。

(6) 选择 Simulation→Run Function Simulation 菜单项进行功能仿真。分析仿真结果，仿真正确后选择 Assignments→Assignment Editor 菜单项，对工程进行引脚分配。

(7) 选择 Processing→Start Compilation 菜单项，重新对此工程进行编译，生成可以配置到 FPGA 的 SOF 文件。

(8) 连接实验设备，打开电源，然后在 Quartus Ⅱ 13.0 软件中，选择 Tools→Programmer 菜单项，对芯片进行配置。

(9) 配置完成后，观察实验现象，验证设计的正确性。

(10) 配置完成后，验证设计的正确性。

6. 实验结果

分析实验结果，判断电路的逻辑功能是否满足设计要求；对调试中遇到的问题及解决方法进行分析总结。

对设计源程序、仿真波形、引脚分配情况、封装后的元件符号等进行截图，完成实验报告。

6.6 液晶显示实验

1. 实验目的

(1) 学习复杂数字系统的设计方法。

(2)学习 16×2 字符型液晶显示器的基本原理。

(3)掌握液晶显示控制器的设计方法。

2. 实验设备

硬件：PC 一台，TD-EDA/SOPC 综合实验平台或 DE2 开发板。

软件：Quartus Ⅱ 13.0 设计软件。

3. 实验原理

液晶显示器(LCD)由于体积小、质量轻、功耗小等优点，已成为各种便携式电子产品的理想显示器。液晶显示器从其显示的内容可分为字段型、点阵字符型和点阵图形式三种。点阵字符型液晶显示器是专门用于显示数字、字母、图形符号及少量自定义符号的显示器。这类显示器把 LCD 控制器、点阵驱动器全部做在一块印刷电路板上，构成便于应用的液晶显示模块。

字符型液晶显示模块在国际上已经规范化，控制器主要有 KS0066(三星公司产品)、HD44780(日立公司产品)、SED1278(EPSON 公司产品)。本实验使用的液晶模块是 HD44780 控制器。HD44780 控制器的指令如表 6.6.1 所示。

表 6.6.1 HD44780 控制器的指令

指令名称	控制信号		控制代码								运行时间 250kHz
	RS	R/W	D7	D6	D5	D4	D3	D2	D1	D0	
清屏	0	0	0	0	0	0	0	0	0	1	1.64ms
归 Home 位	0	0	0	0	0	0	0	0	1	*	1.64ms
输入方式设置	0	0	0	0	0	0	0	1	I/D	S	40μs
显示状态设置	0	0	0	0	0	0	1	D	C	B	40μs
光标画面滚动	0	0	0	0	0	1	S/C	R/L	*	*	40μs
工作方式设置	0	0	0	0	1	DL	N	F	*	*	40μs
CGRAM 地址设置	0	0	0	1	A5	A4	A3	A2	A1	A0	40μs
DDRAM 地址设置	0	0	1	A6	A5	A4	A3	A2	A1	A0	40μs
读 BF 和 AC 值	0	1	BF	AC6	AC5	AC4	AC3	AC2	AC1	AC0	0μs
写数据	1	0	数据								40μs
读数据	1	1	数据								40μs

*表示任意值，在实际应用时一般认为是 0。

表 6.6.1 中的指令功能如下。

1)清屏(Clear Display)指令

格式：

| 0 | 0 | 0 | 0 | 0 | 0 | 0 | 1 |

代码：01H。

功能：将空码(20H)写入 DDRAM 的全部 80 个单元，将地址指针计数器 AC 清零，光标或闪烁归 Home 位，设置输入方式参数 I/D=1。该指令多用于上电时或更新全屏显示内容时。在使用该指令前要确认 DDRAM 的当前内容是否有用。

2)归 Home 位(Return Home)

格式：

| 0 | 0 | 0 | 0 | 0 | 0 | 1 | 0 |

代码：02H。

功能：该指令将地址指针计数器 AC 清零。执行该指令的效果有：将光标或闪烁位返回到显示屏的左上第一字符位上，即 DDRAM 地址 00H 单元位置，这是因为光标和闪烁位都是以地址指针计数器 AC 当前值定位的。如果画面已滚动，则撤销滚动效果，将画面拉回到 Home 位。

3) 输入方式设置 (Enter Mode Set)

格式：

| 0 | 0 | 0 | 0 | 0 | 1 | I/D | S |

代码：04H～07H。

功能：该指令设置了显示字符的输入方式，即在计算机读/写 DDRAM 或 CGRAM 后，地址指针计数器 AC 的修改方式，反映在显示效果上，当写入一个字符后画面或光标的移动。该指令的两个参数位 I/D 和 S 确定了字符的输入方式。

I/D：表示当计算机读/写 DDRAM 或 CGRAM 的数据后，地址指针计数器 AC 的修改方式，由于光标位置也是由 AC 值确定的，所以也是光标移动的方式。

I/D=0：AC 为减一计数器，光标左移一个字符位。

I/D=1：AC 为加一计数器，光标右移一个字符位。

S：表示在写入字符时，是否允许显示画面的滚动。

S=0：禁止滚动。

S=1：允许滚动。

S=1 且 I/D=0：显示画面向右滚动一个字符。

S=1 且 I/D=1：显示画面向左滚动一个字符。

综合而论，该指令可以实现四种字符的输入方式，如表 6.6.2 所示。

表 6.6.2　输入方式设置指令功能表

输入方式	指令代码	参数状态
画面不动光标左移	04H	I/D=S=0
画面右滚动	05H	I/D=0，S=1
画面不动光标右移	06H	I/D=1，S=0
画面左滚动	07H	I/D=S=1

4) 显示状态设置 (Display on/off Control)

格式：

| 0 | 0 | 0 | 0 | 1 | D | C | B |

代码：08H～0FH。

功能：该指令控制着画面、光标及闪烁的开与关，该指令有三个状态位 D、C、B，这三个状态位分别控制着画面、光标和闪烁的显示状态。

D：画面显示状态位。

当 D=1 时为开显示，当 D=0 时为关显示，而 DDRAM 内容不变。这与清屏指令截然不同。

C：光标显示状态位。

当 C=1 时为光标显示，当 C=0 时为光标消失。光标为底线形式(5×1 点阵)，出现在第八行或第十一行上。光标的位置由地址指针计数器 AC 确定，并随其变动而移动。当 AC 值超出了画面的显示范围时，光标将随之消失。

B：闪烁显示状态位。

当 B=1 时为闪烁启用，当 B=0 时为闪烁禁止。闪烁是指一个字符位交替进行正常显示态和全亮显示态。闪烁频率在控制器工作频率为 250kHz 时为 2.4Hz。闪烁位置同光标一样受地址指针计数器 AC 的控制。

闪烁出现在有字符或光标显示的字符位时，正常显示态为当前字符或光标的显示；全亮显示态为该字符位所有点全显示。若出现在无字符或光标显示的字符位时，正常显示态为无显示。全亮显示态为该字符位所有点全显示。这种闪烁方式可以设计成块光标，如同计算机 CRT 上块状光标闪烁提示符的效果。该指令代码的功能如表 6.6.3 所示。

表 6.6.3　显示状态设置指令功能表

指令代码	状态位			功能
	D	C	B	
08H～0BH	0	*	*	关显示
0CH	1	0	0	画面显示
0DH	1	0	1	画面、闪烁显示
0EH	1	1	0	画面、光标显示
0FH	1	1	1	画面、光标、闪烁显示

* 表示 0、1 均可。

5）光标或画面滚动（Cursor or Display Shift）

格式：

| 0 | 0 | 0 | 1 | S/C | R/L | 0 | 0 |

功能：该指令将产生画面或光标向左或向右滚动一个字符位。如果定时间隔地执行该指令将产生画面或光标的平滑滚动。画面的滚动是在一行内连续循环进行的，也就是说一行的第一个单元与最后一个单元连接起来，形成了闭环式的滚动。当未开光标显示时，执行画面滚动指令时不修改地址指针计数器 AC 值；当有光标显示时，由于执行任意一条滚动指令时都将使光标产生位移，所以地址指针计数器 AC 都需要被修改。光标的滚动是在 DDRAM 内全程进行的，它不分是一行显示还是两行显示。

S/C：滚动对象的选择。

S/C=1：画面滚动。

S/C=0：光标滚动。

R/L：滚动方向的选择。

R/L=1：向右滚动。

R/L=0：向左滚动。

该指令代码的功能如表 6.6.4 所示。

表 6.6.4　光标或画面滚动指令功能表

指令代码	状态位		功能
	S/C	R/L	
10H	0	0	光标左滚动，AC 自动减 1

续表

指令代码	状态位		功能
	S/C	R/L	
14H	0	1	光标右滚动，AC 自动加 1
18H	1	0	画面左滚动
1CH	1	1	画面右滚动

该指令与输入方式设置指令都可以产生光标或画面的滚动，区别在于该指令专用于滚动功能，执行一次，呈现一次滚动效果；而输入方式设置指令仅是完成了一种字符输入方式的设置，仅在计算机对 DDRAM 等进行操作时才能产生滚动的效果。

6) 工作方式设置（Function Set）

格式：

0	0	1	DL	N	F	0	0

功能：该指令设置了控制器的工作方式，包括控制器与计算机的接口形式和控制器显示驱动的占空比系数等。该指令有三个参数 DL、N 和 F，它们的作用如下。

DL：设置控制器与计算机的接口形式。接口形式体现在数据总线长度上。

DL=1：设置数据总线为 8 位长度，即 DB7～DB0 有效。

DL=0：设置数据总线为 4 位长度，即 DB7～DB4 有效。该方式下 8 位指令代码和数据将按先高 4 位后低 4 位的顺序分两次传送。

N：设置显示的字符行数。

N=0：为一行字符行。

N=1：为两行字符行。

F：设置显示字符的字体。

F=0：为 5×7 点阵字符体。

F=1：为 5×10 点阵字符体。

N 和 F 的组合设置了控制器的确定占空比系数，如表 6.6.5 所示。

表 6.6.5 工作方式设置指令功能表

N	F	字符行数	字符体形式	占空比系数
0	0	1	5×7	1/8
0	1	1	5×10	1/11
1	0	2	5×7	1/16

该指令是字符型液晶显示控制器的初始化设置指令，也是唯一的软件复位指令。HD44780 虽然具有复位电路，但为了可靠地工作，HD44780 要求计算机在操作时首先对其进行软件复位。也就是说在控制字符型液晶显示模块工作时首先要进行软件复位。

7) CGRAM 地址设置（Set CG RAM Address）

格式：

0	1	A5	A4	A3	A2	A1	A0

功能：该指令将 6 位的 CGRAM 地址写入地址指针计数器 AC 内，随后计算机对数据的操作是对 CGRAM 的读/写操作。

8) DDRAM 地址设置 (Set DD RAM Address)
格式：

| 1 | A6 | A5 | A4 | A3 | A2 | A1 | A0 |

功能：该指令将 7 位 DDRAM 地址写入地址指针计数器 AC 内，随后计算机对数据的操作是对 DDRAM 的读/写操作。

9) 读"忙"标志和地址指针值 (Read Busy Flag and Address)
格式：

| BF | AC6 | AC5 | AC4 | AC3 | AC2 | AC1 | AC0 |

功能：计算机对指令寄存器通道读操作 (RS=0，R/W=1) 时，将读出此格式的"忙"标志 BF 值和 7 位地址指针计数器 AC 的当前值。计算机随时都可以对 HD44780 读"忙"操作。BF 值反映 HD44780 的接口状态。计算机在对 HD44780 每次操作时首先都要读 BF 值判断 HD44780 的当前接口状态，仅在 BF=0 时计算机才可以向 HD44780 写指令代码或显示数据和从 HD44780 读出显示数据。计算机读出的地址指针计数器 AC 当前值可能是 DDRAM 地址也可能是 CGRAM 的地址，这取决于最近一次计算机向 AC 写入的是哪类地址。

10) 写数据 (Write Data to CG or DD RAM)

计算机向数据寄存器通道写入数据，HD44780 根据当前地址指针计数器 AC 值的属性及数值将该数据送入相应的存储器内的 AC 所指的单元中。如果 AC 值为 DDRAM 地址指针，则认为写入的数据为字符代码并送入 DDRAM 内 AC 所指的单元中；如果 AC 值为 CGRAM 的地址指针，则认为写入的数据是自定义字符的字模数据并送入 CGRAM 内 AC 所指的单元中。所以计算机在写数据操作之前要先设置地址指针或人为地确认地址指针的属性及数值。在写入数据后地址指针计数器 AC 将根据最近设置的输入方式自动修改。由此可知，计算机在写数据操作之前要做两项工作，其一是设置或确认地址指针计数器 AC 值的属性及数值，以保证所写数据能够正确到位；其二是设置或确认输入方式，以保证连续写入数据时 AC 值的修改方式符合要求。

11) 读数据 (Read Data to CG or DD RAM)

在 HD44780 的内部运行时序的操作下，地址指针计数器 AC 的每一次修改，包括新的 AC 值的写入、光标滚动位移所引起的 AC 值的修改或由计算机读写数据操作后所产生的 AC 值的修改，HD44780 都会把当前 AC 所指单元的内容送到接口部数据输出寄存器内，供计算机读取。如果 AC 值为 DDRAM 地址指针，则认为接口部数据输出寄存器的数据为 DDRAM 内 AC 所指单元的字符代码；如果 AC 值为 CGRAM 的地址指针，则认为数据输出寄存器的数据是 CGRAM 内 AC 所指单元的自定义字符的字模数据。

计算机的读数据是从数据寄存器通道中数据输出寄存器读取当前所存放的数据。所以计算机在首次读数据操作之前需要重新设置一次地址指针 AC 值，或用光标滚动指令将地址指针计数器 AC 值修改到所需的地址上，然后进行读数据操作将能获得所需的数据。在读取数据后地址指针计数器 AC 将根据最近设置的输入方式自动修改。由此可知，计算机在读数据操作之前要做两项工作,其一是设置或确认地址指针计数器 AC 值的属性及数值,以保证所读数据的正确性;其二是设置或确认输入方式,以保证连续读取数据时 AC 值的修改方式符合要求。

  HD44780 控制器的接口时序为 M6800 时序,其特点是读/写操作时序是由使能信号 E 完成的。E 信号是正脉冲信号,不操作时为低电平状态,操作时产生一个正脉冲。在读操作时 E 信号在高电平时,控制器将所需数据送入数据总线上,供计算机读取;在写操作时,E 信号的下降沿处将数据总线上的数据写入控制器接口部的寄存器内。

  HD44780 控制器对读/写操作的识别是判断 R/W 信号端上的电平状态,R/W=1 为读操作选择,R/W=0 为写操作选择。R/W 信号的宽度要大于 E 信号的宽度才能保证计算机的操作正确。

  RS 信号的作用是使 HD44780 控制器识别数据总线上的数据属于指令代码还是属于需要显示的数据。RS=0 选通指令寄存器通道,数据总线传输的是指令代码或标志位;RS=1 选通数据寄存器通道,数据总线传输的是显示数据或自定义字符的字模数据。

  4. 实验内容

  本实验使用 TD-EDA 实验系统的液晶单元,设计一个液晶接口模块,控制 LCD 动态左循环显示字符串"Welcome To Use EDA"。液晶接口模块由三个单元组成:时钟控制模块 CLK_CON 主要为系统提供时钟源和产生使能信号 EN,考虑到动态左移显示时人眼能够方便地观察,时钟控制模块的输入时钟频率宜采用 50~100Hz;字符数据模块 CHAR_RAM 为系统提供显示字符,限于篇幅,书中省略了部分字符,读者可参照 ASCII 字符表;逻辑控制模块 CON_LOGIC 实现 LCD 的状态控制、读/写操作。根据 LCD 的控制命令,采用状态机的描述方式实现 LCD 的控制功能。

  5. 实验步骤

  (1)运行 Quartus Ⅱ 13.0 软件,分别建立新工程,选择 File→New 菜单项,创建 VHDL 设计文件,分别编写时钟控制模块 CLK_CON、逻辑控制模块 LOGIC_CON、字符数据模块 CHAR_RAM 的 VHDL 源程序:CLK_CON.vhd、LOGIC_CON.vhd、CHAR_RAM.vhd。

  (2)分别编译源文件,编译无误后选择 File→Create→Update →Create Symbol File for Current File 菜单项,分别生成符号文件。

  (3)建立新工程,工程名称及顶层文件名称为 LCD。将 CLK_CON.vhd、LOGIC_CON.vhd、CHAR_RAM.vhd 和 CLK_CON.bsf、LOGIC_CON.bsf、CHAR_RAM.bsf 一起复制到 LCD 工程文件夹下。选择 File→New 菜单项,创建图形设计文件。如图 6.6.1 所示,完成液晶显示实验的设计。将创建的图形设计文件保存为 LCD.bdf 作为整个设计的顶层文件。

  (4)选择 Processing→Start Compilation 菜单项,编译文件。

  (5)选择 Assignments→Assignment Editor 菜单项,对工程进行引脚分配。

  (6)选择 Processing→Start Compilation 菜单项,重新对此工程进行编译,生成可以配置到 FPGA 的 LCD.sof 文件。

  (7)连接实验设备,打开电源,然后在 Quartus Ⅱ 13.0 软件中,选择 Tools→Programmer 菜单项,对芯片进行配置。

  (8)配置完成后,观察实验现象,验证设计的正确性。

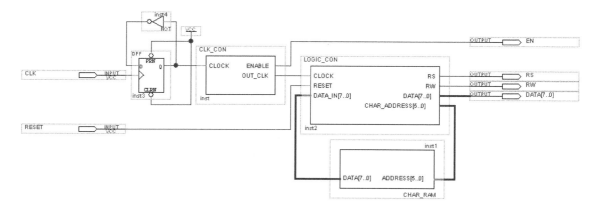

图 6.6.1 液晶显示实验顶层设计电路图

6．实验结果

分析实验结果，判断电路的逻辑功能是否满足设计要求；对调试中遇到的问题及解决方法进行分析总结。

对设计源程序、仿真波形、引脚分配情况、封装后的元件符号等进行截图，完成实验报告。

6.7 PS/2 接口实验

1．实验目的

（1）学习复杂数字系统的设计方法。
（2）学习 PS/2 键盘接口的基本原理。
（3）掌握 PS/2 键盘接口控制器的设计方法。

2．实验设备

硬件：PC 一台，TD-EDA/SOPC 综合实验平台或 DE2 开发板。
软件：Quartus Ⅱ 13.0 设计软件。

3．实验原理

1）PS/2 接口协议

通常，将一个键盘视为类似二维矩阵的行列结构。键盘扫视程序周期性地对行、列进行扫视，根据回收的信息最终确定当前按键的行、列位置值。

PS/2 接口是一种鼠标和键盘的专用接口，通常使用专用芯片来实现，其引脚定义如图 6.7.1 所示。其为一种 6 针的圆形接口，但鼠标、键盘只使用其中的 4 针传输数据和供电，其余 2 个为空脚。PS/2 接口的传输速率比 COM 接口稍快一些，而且是 ATX 主板的标准接口，是目前应用最为广泛的鼠标接口之一，但仍然不能使高档鼠标、键盘完全发挥其性能，而且不支持热插拔。在 BTX 主板规范中，这也是即将被淘汰的接口。

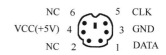

图 6.7.1 PS/2 接口引脚分布

（1）DATA（PIN1）：数据。

(2) CLK(PIN5)：时钟。
(3) VCC(PIN4)、GND(PIN3)：电源、地。
(4) NC(PIN2、PIN6)：悬空。

其输入数据的格式如表 6.7.1 所示。

表 6.7.1 输入的数据格式

格式	功能
1 个起始位	总是逻辑 0
8 个数据位	(LSB)低位在前
1 个奇偶校验位	奇校验
1 个停止位	总是逻辑 1
1 个应答位	仅用在主机对设备的通信中

表 6.7.1 中，如果数据位中 1 的个数为偶数，校验位就为 1；如果数据位中 1 的个数为奇数，校验位就为 0。总之，数据位中 1 的个数加上校验位中 1 的个数总为奇数，因此总进行奇校验。

PS/2 设备的 clock 和 data 都是集电极开路的，平时都是高电平。当 PS/2 设备等待发送数据时，它首先检查 clock 是否为高电平。如果为低电平，则认为 PC 抑制了通信，此时它缓冲数据直到获得总线的控制权。如果 clock 为高电平，PS/2 则开始向 PC 发送数据。一般都是由 PS/2 设备产生时钟信号，发送按帧格式。数据位在 clock 为高电平时准备好，在 clock 下降沿被 PC 读入。

数据从键盘/鼠标发送到主机或从主机发送到键盘/鼠标，时钟都是 PS/2 设备产生的。主机对时钟控制有优先权，即主机箱发送控制指令给 PS/2 设备时，可以拉低时钟线至少 100μs，然后再下拉数据线，最后释放时钟线为高。PS/2 设备的时钟线和数据线都是集电极开路的，容易实现拉低低电平。

需要注意的是，在连接 PS/2 接口鼠标时不能错误地插入键盘 PS/2 接口(当然，也不能把键盘插入鼠标 PS/2 接口)。一般情况下，符号 PC99 规范的主板，其鼠标的接口为绿色，键盘的接口为紫色，另外也可以从 PS/2 接口的相对位置来判断：靠近主板 PCB 的是键盘接口，其上方的是鼠标接口。PS/2 接口是输入装置接口，而不是传输接口。所以，PS/2 接口根本没有传输速率的概念，只有扫描速率。在 Windows 环境下，USB 鼠标的采样率为 120 次/秒。较高的采样率理论上可以提高鼠标的移动精度。

2) 键盘扫描码

通过 PC 键盘输入汉字时，其中经过多次的代码转换：用户/汉字输入码/键盘/键盘扫描码/BIOS 键盘驱动程序/ASCII 码/汉字输入软件/汉字内码。实验涉及从键盘的输入到转换成 ASCII。

键盘上的每一个键都有两个唯一的数值进行标志。为什么要用两个数值而不是一个数值呢？这是因为一个键可以被按下，也可以被释放。键盘接口中的微处理器负责扫描或监视按键的动作，如果发现有按键按下、按住或者释放，键盘将会发送扫描码的信息包。扫描码有通码和断码两种，当一个按键按下或按住时，键盘就向接口发送一字节的键盘接通的扫描码，称为通码。当该按键弹起或释放时，键盘向接口发送两字节的键盘断开的扫描码，称为断码。断码和通码有一定的联系，多数第二套断码有两字节长。它们的第一字节是 F0，第二字节是这个键的通码。扩展按键的断码通常有 3 字节，它们前两字节是 E0h，F0h，最后一字节是这个按键通码的最后一字节。键盘每个按键被分配了唯一的通码和断码。这样，我们通过查找唯一的通码和断码就可以确定按下的是哪一个键。每个键一整套的通断码组成了扫描码集。有三套标准的扫描码集，所以现代的键盘默认使用第二套扫描码。

4. 实验内容

本实验要求使用实验系统的 PS/2 单元，设计一个 PS/2 接口控制器，将 PS/2 接口的键盘接到实验系统上，每按下键盘上一个按键，该键的扫描码即以十六进制形式显示在数码管上。PS/2 控制模块由两部分组成：PS/2 控制模块 PSCON 完成 PS/2 接口的时序控制和接口功能；数码管扫描显示模块 SCANLED 将按键的扫描码动态地显示在 LED 数码管上便于观察。

5. 实验步骤

(1) 运行 Quartus Ⅱ 13.0 软件，分别建立新工程，选择 File→New 菜单项，创建 VHDL 设计文件，分别编写 PS/2 控制模块 PSCON、MULX 模块、DECODER7 模块的 VHDL 源程序，选择 File→Save As 菜单项，将创建的 VHDL 设计文件名称分别保存为工程顶层文件名 PSCON.vhd、MULX.vhd、DECODER7.vhd。

(2) 数码管扫描显示模块 SCANLED 的原理图如图 6.7.2 所示。

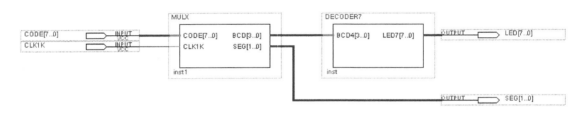

图 6.7.2　显示模块 SCANLED 电路图

(3) 分别编译源文件，编译无误后选择 File→Create→Update→Create Symbol File for Current File 菜单项，分别生成符号文件。

(4) 建立新工程，工程名称及顶层文件名称为 PSII。将 PSCON.vhd、MULX.vhd、DECODER7.vhd 和 PSCON.bsf、MULX.bsf、DECODER7.bsf 一起复制到 PSII 工程文件夹下。选择 File→New 菜单项，创建图形设计文件。如图 6.7.3 所示，完成 PSII 接口实验的设计。将创建的图形设计文件保存为 PSII.bdf 作为整个设计的顶层文件。

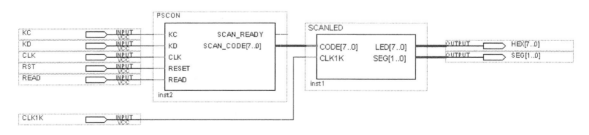

图 6.7.3　PSII 实验顶层设计电路图

(5) 选择 Processing→Start Compilation 菜单项，编译文件。

(6) 选择 Assignments→Assignment Editor 菜单项，对工程进行引脚分配。

(7) 选择 Processing→Start Compilation 菜单项，重新对此工程进行编译，生成可以配置到 FPGA 的 PSII.sof 文件。

(8) 连接实验设备，打开电源，然后在 Quartus Ⅱ 13.0 软件中，选择 Tools→Programmer 菜单项，对芯片进行配置。

(9) 配置完成后，观察实验现象，验证设计的正确性。

6. 实验结果

分析实验结果，判断电路的逻辑功能是否满足设计要求；对调试中遇到的问题及解决方法进行分析总结。

对设计源程序、仿真波形、引脚分配情况、封装后的元件符号等进行截图，完成实验报告。

6.8 VGA 显示实验

1. 实验目的

(1) 学习复杂数字系统的设计方法。
(2) 学习 VGA 显示接口的基本原理。
(3) 掌握 VGA 接口控制器的设计方法。

2. 实验设备

硬件：PC 一台，VGA 显示器一台，TD-EDA/SOPC 综合实验平台或 DE2 开发板。
软件：Quartus Ⅱ 13.0 设计软件。

3. 实验原理

计算机显示器的显示有许多标准，常见的有 VGA、SVGA 等。常见的彩色显示器，一般由 CRT（阴极射线管）构成，彩色是由 R（红，Red）、G（绿，Green）、B（蓝，Blue）三基色组成的。显示是用逐行扫描的方式解决的，阴极射线枪发出电子束打在涂有荧光粉的荧光屏上，产生 RGB 三基色，合成一个彩色像素。扫描从屏幕的左上方开始，从左到右，从上到下，进行扫描，每扫完一行，电子束回到屏幕的左边下一行的起始位置。在这期间，CRT 对电子束进行消隐，每行结束时，用行同步信号进行行同步；扫描完所有行，用场同步信号进行场同步，并使扫描回到屏幕的左上方，同时进行场消隐，预备下一场的扫描。

对于普通的 VGA 显示器，其引出线共含 5 个信号：R、G、B，三基色信号；HS，行同步信号；VS，场同步信号。对这 5 个信号的时序驱动，要严格遵循"VGA 工业标准"，即 640×480×60 模式，否则会损害 VGA 显示器。显示过程中 HS 和 VS 的极性可正可负，显示器内可自动转换为正极性逻辑。现以正极性为例说明 CRT 的工作过程。R、G、B 为正极性信号，即高电平有效。当 VS=0、HS=0 时，CRT 显示的内容为亮的过程，即正向扫描过程约为 26μs。当一行扫描完毕时，行同步 HS=1，约需 6μs；其间，CRT 扫描产生消隐，电子束回到 CRT 左边下一行的起始位置(X=0，Y=1)；当扫描完 480 行后，CRT 的场同步 VS=1，产生场同步使扫描线回到 CRT 的第一行第一列(X=0，Y=0)处(约为两个行周期)。HS 和 VS 的时序如图 6.8.1 所示。

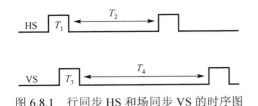

图 6.8.1 行同步 HS 和场同步 VS 的时序图

在图 6.8.1 中，T_1 为行同步消隐（约为 6μs）；T_2 为行显示时间（约为 26μs）；T_3 为场同步消隐（2 行周期）；T_4 为场显示时间（480 行周期）。设计的彩条信号发生器可以通过外部控制产生三种显示模式，共六种显示变化，如表 6.8.1 所示，其中的颜色编码如表 6.8.2 所示。

表 6.8.1 彩条信号发生器的六种显示变化

序号	显示模式	显示变化	显示变化
1	横彩条	1：白黄青绿品红黑蓝	2：黑蓝红品绿青黄白
2	竖彩条	1：白黄青绿品红黑蓝	2：黑蓝红品绿青黄白
3	棋盘格	1：棋盘格显示模式 1	2：棋盘格显示模式 2

表 6.8.2 彩条信号发生器的颜色编码

颜色	黑	蓝	红	品	绿	青	黄	白
R	0	0	0	0	1	1	1	1
G	0	0	1	1	0	0	1	1
B	0	1	0	1	0	1	0	1

VGA 工业标准要求的频率如下。

时钟频率（Clock Frequency）：25.175MHz（像素输出的频率）。

行频（Line Frequency）：31469Hz。

场频（Field Frequency）：59.94Hz（每秒图像刷新频率）。

设计 VGA 图像显示控制要注意两个问题：一个是时序驱动，这是完成设计的关键，时序稍有偏差，显示就不正常，甚至会损坏彩色显示器；另一个是 VGA 信号的电平驱动。

4. 实验内容

一般 VGA 的显示控制都使用专用的显示控制器。本实验使用实验系统的 VGA 单元，用 FPGA 来实现 VGA 图像显示控制器，这在产品开发设计中有许多实际应用。

5. 实验步骤

(1) 运行 Quartus Ⅱ 13.0 软件，分别建立新工程，选择 File→New 菜单项，创建 VHDL 设计文件，分别编写 VGA 控制模块 VGAC 的 VHDL 源程序，选择 File→Save As 菜单项，将创建的 VHDL 设计文件名称保存为工程顶层文件名 VGAC.vhd。

(2) 编译源文件，编译无误后选择 File→Create→Update→Create Symbol File for Current File 菜单项，生成符号文件 VGAC.bsf。

(3) 建立新工程，工程名称及顶层文件名称为 VGA。将 VGAC.vhd 和 VGAC.bsf 一起复制到 VGA 工程文件夹下。选择 File→New 菜单项，创建图形设计文件。如图 6.8.2 所示，完成 VGA 显示实验的设计。将创建的图形设计文件保存为 VGA.bdf 作为整个设计的顶层文件。

(4) 选择 Processing→Start Compilation 菜单项，编译文件。

(5) 编译无误后选择 Assignments→Assignment Editor 菜单项，对工程进行引脚分配。

(6) 选择 Processing→Start Compilation 菜单项，重新对此工程进行编译，生成可以配置到 FPGA 的 VGA.sof 文件。

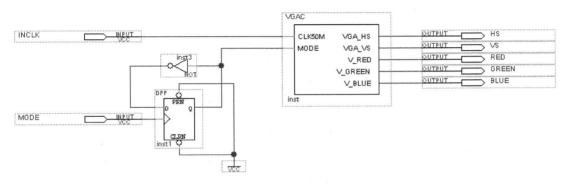

图 6.8.2　VGA 显示实验顶层设计电路图

(7) 调整显示器的分辨率及刷新率。在 Windows 桌面右击，执行"显示设置"→"高级显示设置"→"显示适配器属性"命令，在如图 6.8.3 所示的显示器对话框中选择"适配器"选项卡。

图 6.8.3　显示器对话框

(8) 在"适配器"选项卡中单击"列出所有模式"按钮，在如图 6.8.4 所示的"列出所有模式"对话框中选择"640×480，真彩色(32 位)，60 赫兹"。

注：有些显示器不具备存储显示模式的功能，这种显示器做实验时，显示的图像可能会有问题。

(9) 连接实验设备，打开电源，然后在 Quartus Ⅱ 13.0 软件中，选择 Tools→Programmer 菜单项，对芯片进行配置。

(10) 配置完成后拨动控制开关，观察实验现象，验证设计的正确性。

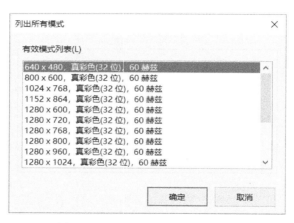

图 6.8.4 "列出所有模式"对话框

6. 实验结果

分析实验结果,判断电路的逻辑功能是否满足设计要求;对调试中遇到的问题及解决方法进行分析总结。

对设计源程序、仿真波形、引脚分配情况、封装后的元件符号等进行截图,完成实验报告。

6.9 SPI 串行同步通信实验

1. 实验目的

(1)学习复杂数字系统的设计方法。
(2)学习 SPI 通信的基本原理。
(3)掌握 SPI 串行同步通信的设计方法。

2. 实验设备

硬件:PC 一台,TD-EDA/SOPC 综合实验平台或 DE2 开发板。
软件:Quartus II 13.0 设计软件。

3. 实验原理

顾名思义,串行接口的数据传输方式是串行的,即数据是一位一位地进行传输,虽然串行接口的传输方式导致其传输速度会比较慢,但是它却具有较强的抗干扰能力,并能有较长的传输距离,RS232 口的最大传输距离为 15m。

SPI 主要应用在 EEPROM、Flash、实时时钟、AD 转换器,还有数字信号处理器和数字信号解码器之间。SPI 是一种高速的、全双工、同步的通信总线,并且在芯片的引脚上只占用四根线,节约了芯片的引脚,同时为 PCB 的布局节省空间,提供方便,正是出于这种简单易用的特性,现在越来越多的芯片集成了这种通信协议。

SPI 的通信原理很简单,它以主从方式工作,这种模式通常有一个主设备和一个或多个从设备,需要至少 4 根线,事实上 3 根也可以(单向传输时)。也是所有基于 SPI 的设备共有的,它们是 SDI(数据输入)、SDO(数据输出)、SCK(时钟)、CS(片选)。

(1) SDO：主设备数据输出，从设备数据输入。
(2) SDI：主设备数据输入，从设备数据输出。
(3) SCK：时钟信号，由主设备产生。
(4) CS：从设备使能信号，由主设备控制。

其中 CS 是控制芯片是否被选中的，也就是说只有片选信号为预先规定的使能信号时(高电位或低电位)，对此芯片的操作才有效。这就允许在同一总线上连接多个 SPI 设备成为可能。

接下来要介绍的就是 SPI 通信中负责数据和时钟传输的 3 根线了。通信是通过数据交换完成的，这里先要知道 SPI 是串行通信协议，也就是说数据是一位一位地传输的。这就是 SCK 时钟线存在的原因，由 SCK 提供时钟脉冲，SDI、SDO 则基于此脉冲完成数据传输。数据输出通过 SDO 线，数据在时钟上升沿或下降沿时改变，在紧接着的下降沿或上升沿被读取。完成一位数据传输，输入也使用同样的原理。这样，至少 8 次时钟信号的改变(上沿和下沿为一次)，就可以完成 8 位数据的传输。

SPI 是一个环形总线结构，其时序其实很简单，主要是在时钟信号的控制下，两个双向移位寄存器进行数据交换。

假设下面的 8 位寄存器装的是待发送的数据 10101010，上升沿发送，下降沿接收，高位先发送。

那么第一个上升沿到来的时候数据将会是 SDO=1；寄存器中的 10101010 左移一位，后面补入送来的一位未知数 x，成了 0101010x。下降沿到来的时候，SDI 上的电平将锁存到寄存器中，那么这时寄存器=0101010SDI，这样在 8 个时钟脉冲以后，两个寄存器的内容互相交换一次。这样就完成了一个 SPI 时序。

4. 实验内容

本实验根据接收和发送两个主要部分实现了 SPI 的基本功能。此外，该设计还实现了波特率发生器、数码管显示的功能。

5. 实验步骤

(1) 运行 Quartus Ⅱ 13.0 软件，分别建立新工程，选择 File→New 菜单项，创建 VHDL 设计文件，分别编写波特率发生器模块 FP、数据发送模块 SDO、数据接收模块 SDI、数码管显示模块 SMG 的 VHDL 源程序，然后选择 File→Save As 菜单项，将创建的 VHDL 设计文件分别保存为 FP.vhd、SDO.vhd、SDI.vhd、SMG.vhd。

(2) 分别编译源文件，编译无误后分别对上述 VHDL 文件进行仿真，验证其逻辑功能正确后，选择 File→Create→Update→Create Symbol File for Current File 菜单项，分别生成符号文件。

(3) 建立新工程,工程名称及顶层文件名称为 SPI。将 FP.vhd、SDO.vhd、SDI.vhd、SMG.vhd 和 FP.bsf、SDO.bsf、SDI.bsf、SMG.bsf 一起复制到 SPI 工程文件夹下。选择 File→New 菜单项，创建图形设计文件。如图 6.9.1 所示，完成 SPI 串行同步通信的设计。将创建的图形设计文件保存为 SPI.bdf 作为整个设计的顶层文件。

(4) 选择 Processing→Start Compilation 菜单项，编译 SPI.bdf 文件。

(5) 选择 Assignments→Assignment Editor 菜单项，对工程进行引脚分配。

(6) 选择 Processing→Start Compilation 菜单项，重新对此工程进行编译，生成可以配置到 FPGA 的 SPI.sof 文件。

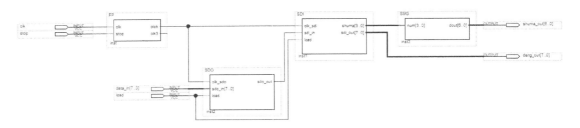

图 6.9.1 SPI 串行同步通信电路图

(7)连接实验设备,打开电源,然后在 Quartus Ⅱ 13.0 软件中,选择 Tools→Programmer 菜单项,对芯片进行配置。

(8)配置完成后,观察实验现象,验证设计的正确性。

6. 实验结果

分析实验结果,判断电路的逻辑功能是否满足设计要求;对调试中遇到的问题及解决方法进行分析总结。

对设计源程序、仿真波形、引脚分配情况、封装后的元件符号等进行截图,完成实验报告。

6.10 电梯控制器实验

1. 实验目的

(1)学习复杂数字系统的设计方法。
(2)掌握电梯运行控制的设计方法。

2. 实验设备

硬件:PC 一台,TD-EDA/SOPC 综合实验平台或 DE2 开发板。
软件:Quartus Ⅱ 13.0 设计软件。

3. 实验原理

电梯控制器的功能模块如图 6.10.1 所示,乘客选择所要到达的楼层,通过主控制器的处理之后,电梯开始运行,状态显示器显示当前电梯的运行状态,电梯所在楼层数通过译码器译码在数码管上显示。分控制器把有效的请求传给主控制器进行处理,同时显示电梯的运行状态和电梯所在层数。

电梯共有上升、下降、开门、关门、停止、一楼、二楼、三楼等几个状态,若电梯开始时停在一楼,当某一楼层有上升或下降请求时,电梯主控电路响应该请求并控制电

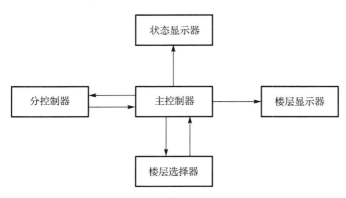

图 6.10.1 电梯控制器原理图

梯到达目标楼层，之后电梯开门、关门，此时按下要前往的楼层按钮，电梯主控电路响应该请求到达目标楼层，电梯开门、走出电梯、关门……如此反复，实现电梯的控制功能。电梯的运行规则：当电梯处于上升模式时，只响应比所在位置高的上升请求信号，由下至上依次执行；若有更高层的下楼请求信号时，直接上升至最高的下降请求楼层，进入下降模式。当电梯上锁时，电梯处于非工作状态，所有指示灯全灭。

4. 实验内容

本实验设计一个电梯运行控制器，要求能实现实际电梯的运行控制功能，并将电梯的状态结果显示在数码管上。电梯控制模块由三部分组成：分频电路、电梯主控制电路、数码管显示译码电路。

5. 实验步骤

1) 实现方法一（代码实现）

(1) 运行 Quartus II 13.0 软件，选择 File→New Project Wizard 菜单项，选择工程目录名称、工程名称及顶层文件名称为 LIFT_C，在选择器件设置对话框中选择目标器件，建立新工程。

(2) 选择 File→New 菜单项，在打开的新建设计文件选择对话框中选择创建 VHDL 设计文件，单击 OK 按钮，打开文本编辑器界面。

(3) 在文本编辑器界面中编写分频电路 FP、电梯主控电路 LIFT_CT、数码管显示译码电路 DECL7S 以及顶层电路 LIFT_C 的 VHDL 程序，然后分别保存设计文件，并设 LIFT_C.vhd 为顶层文件。

(4) 选择 Processing→Start Compilation 菜单项，编译源文件。编译无误后建立仿真波形文件 LIFT.vwf，选择 Simulation→Run Function Simulation 菜单项进行功能仿真。

(5) 分析仿真结果，仿真正确后关闭波形编辑窗口，选择 Assignments→Assignment Editor 菜单项，对工程进行引脚分配。

(6) 选择 Processing→Start Compilation 菜单项，重新对此工程进行编译，生成可配置到 FPGA 的 SOF 文件。

(7) 连接实验设备，打开电源，然后在 Quartus II 13.0 软件中，选择 Tools→Programmer 菜单项，对芯片进行配置。

(8) 配置完成后拨动逻辑电平开关,观察显示的数字,验证所设计的电梯控制器是否正确。

2) 实现方法二（图形实现）

(1) 运行 Quartus II 软件，分别建立新工程，选择 File→New 菜单项，创建 VHDL 设计文件，分别编写 FP.vhd、LIFT_CT.vhd 以及 DECL7S.vhd 源程序。

(2) 分别编译源文件，无误后分别对上述 VHDL 文件进行仿真，验证其逻辑功能正确后，选择 File→Create→Update→Create Symbol File for Current File 菜单项，分别生成符号文件。

(3) 建立新工程，工程名称及顶层文件名称为 LIFT。将 FP.vhd、LIFT_CT.vhd、DECL7S.vhd 和 FP.bsf、LIFT_CT.bsf、DECL7S.bsf 一起复制到 LIFT 工程文件夹下。选择 File→New 菜单项，创建图形设计文件。

(4) 如图 6.10.2 所示，完成电梯控制器的设计。将创建的图形设计文件保存为 LIFT.bdf 作为整个设计的顶层文件。

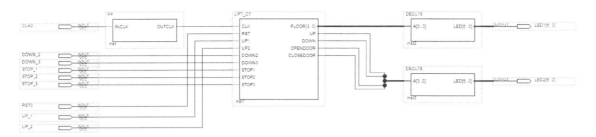

图 6.10.2 电梯控制器电路图

(5)选择 Processing→Start Compilation 菜单项，编译 LIFT.bdf 文件。编译无误后建立仿真波形文件 LIFT.vwf。

(6)选择 Simulation→Run Function Simulation 菜单项，进行功能仿真。分析仿真结果，仿真正确后选择 Assignments→Assignment Editor 菜单项，对工程进行引脚分配。

(7)选择 Processing→Start Compilation 菜单项，重新对此工程进行编译，生成可以配置到 FPGA 的 SOF 文件。

(8)连接实验设备，打开电源，然后在 Quartus Ⅱ 13.0 软件中，选择 Tools→Programmer 菜单项，对芯片进行配置。

(9)配置完成后，观察实验现象，验证设计的正确性。

6．实验结果

分析实验结果，判断电路的逻辑功能是否满足设计要求；对调试中遇到的问题及解决方法进行分析总结。

对设计源程序、仿真波形、引脚分配情况、封装后的元件符号等进行截图，完成实验报告。

6.11 抢答器实验

1．实验目的

(1)学习复杂数字系统的设计方法。
(2)掌握抢答器控制的设计方法。

2．实验设备

硬件：PC 一台，TD-EDA/SOPC 综合实验平台或 DE2 开发板。
软件：Quartus Ⅱ 13.0 设计软件。

3．实验原理

1)抢答器基本原理

抢答信号输入系统后，系统必须对最先抢到的选手进行编码，然后锁存这个编码，并将这个编码显示输出，所以需要用到编码器、锁存器和译码显示电路。而选手抢答的有效时间为 20s，而且系统在有人抢中、主持人按下开关以及 20s 计时到但无人抢答这三种情况下要发出报警，且报警时间延迟 300ms 后自动停止，故需定时电路来确定这些时限，报警电路产生时延，并用时序控制电路来协调各个部分的工作，计时时间也要显示出来，所以系统基本原理框图如图 6.11.1 所示。

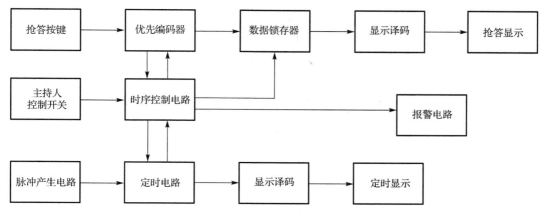

图 6.11.1 抢答器基本原理

从图 6.11.1 可知，当主持人按键为启动开始状态时，报警器发出警报，抢答编码电路进入工作状态，选手可以进行抢答。同时抢答定时电路开始从 20s 递减，显示器显示递减的时间，当时间未减少到 0s 时，有选手抢答，报警电路发出警报，显示器显示选手的编号，并锁存该选手的号码直到主持人清零，此时抢答定时器不再递减；当时间减到 0s 时，无选手抢答，报警电路发出警报，提示选手不能再抢答，显示器显示抢答时间 0s 不动，选手号码为无效号码如"0"或者"F"。当主持人按下清零信号后，系统显示为初始状态。

2）抢答器系统框图

抢答器系统框图如图 6.11.2 所示。

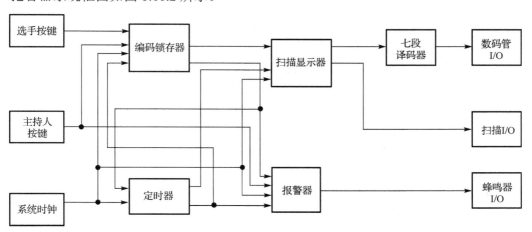

图 6.11.2 抢答器系统框图

4. 实验内容

本实验设计一个抢答器，要求能实现实际抢答器的控制功能，并将抢答器的状态结果显示在数码管上。抢答器系统由编码锁存器、定时器、七段译码器、扫描显示器、报警器 5 部分组成。

5. 实验步骤

(1) 运行 Quartus Ⅱ 13.0 软件,分别建立新工程,选择 File→New 菜单项,创建 VHDL 设计文件,分别编写 BJQ.vhd、BMSC.vhd、DQ_DSQ.vhd、SCAN.vhd 以及 YMQ.vhd 源程序。

(2) 分别编译源文件,无误后分别对上述 VHDL 文件进行仿真,验证其逻辑功能正确后,选择 File→Create→Update→Create Symbol File for Current File 菜单项,分别生成符号文件。

(3) 建立新工程,工程名称及顶层文件名称为 QDQ。将 BJQ.vhd、BMSC.vhd、DQ_DSQ.vhd、SCAN.vhd、YMQ.vhd 和 BJQ.bsf、BMSC.bsf、DQ_DSQ.bsf、SCAN.bsf、YMQ.bsf 一起复制到 QDQ 工程文件夹下。选择 File→New 菜单项,创建图形设计文件。

(4) 如图 6.11.3 所示,完成抢答器的设计。将创建的图形设计文件保存为 QDQ.bdf 作为整个设计的顶层文件。

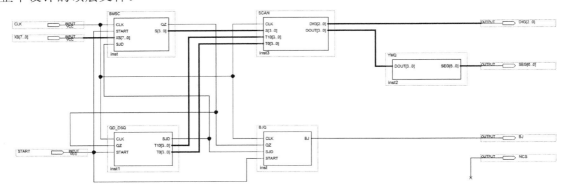

图 6.11.3 智力抢答器电路图

(5) 选择 Processing→Start Compilation 菜单项,编译 QDQ.bdf 文件。编译无误后建立仿真波形文件 QDQ.vwf。

(6) 选择 Simulation→Run Function Simulation 菜单项,进行功能仿真。分析仿真结果,仿真正确后选择 Assignments→Assignment Editor 菜单项,对工程进行引脚分配。

(7) 选择 Processing→Start Compilation 菜单项,重新对此工程进行编译,生成可以配置到 FPGA 的 SOF 文件。

(8) 连接实验设备,打开电源,然后在 Quartus Ⅱ 13.0 软件中,选择 Tools→Programmer 菜单项,对芯片进行配置。

(9) 配置完成后,观察实验现象,验证设计的正确性。

6. 实验结果

分析实验结果,判断电路的逻辑功能是否满足设计要求;对调试中遇到的问题及解决方法进行分析总结。

对设计源程序、仿真波形、引脚分配情况、封装后的元件符号等进行截图,完成实验报告。

6.12 数字频率计实验

1. 实验目的

(1) 学习复杂数字系统的设计方法。

（2）掌握数字频率计的设计方法。

2. 实验设备

硬件：PC 一台，TD-EDA/SOPC 综合实验平台或 DE2 开发板。
软件：Quartus Ⅱ 13.0 设计软件。

3. 实验原理

1）直接测频法

直接测频法是根据频率的定义来进行测量的。频率，就是周期性信号在单位时间 1s 内变化的次数。若在一定时间内计得这个周期信号变化的次数为 N，则其频率可表达为

$$f = \frac{N}{T} \tag{6.12.1}$$

按照式（6.12.1）所表达的频率定义进行测频，其原理框图如图 6.12.1 所示。

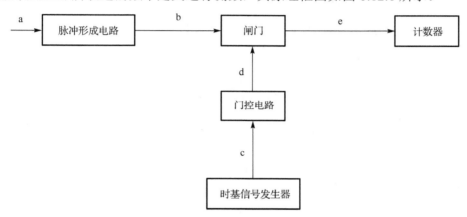

图 6.12.1 测频原理图

首先，把被测信号 a（以正弦波为例）通过脉冲形成电路转变成脉冲 b（实际上变成方波即可），其重复频率等于被测频率 f_x，然后将它加到闸门的一个输入端。闸门由门控信号 d 来控制开、闭，只有在开通时间 T 内，被计数的脉冲 e 才能通过闸门，被送到计数器进行计数。门控信号由时基信号发生器提供。时基信号发生器由一个高稳定的石英振荡器和一系列数字分频器组成，输出的标准时间脉冲（时标）去控制门控电路形成门控信号。例如，时标信号的重复周期为 1s，则加到闸门的门控信号作用时间 T 即闸门时间也准确地等于 1s，即闸门开通时间为 1s，此时若计得 1000 个数，则按式（6.12.1），被测频率 $f_x = 1000$Hz，若计数器上单位显示为"kHz"，则显示 1.000kHz，即小数点定位在第三位。若闸门时间改为 $T=0.1$s，则计数值为 100，这个数乘以 10 就等于 1s 的计数值，即 $f_x = 10 \times 100 = 1000$(Hz)。实际上，当改变闸门时间 T 时，显示器上的小数点也随之往右移一位（自动定位），仍然显示 1.000kHz。

上述测频方法的测量精确度取决于基准时间的精确度和计数误差。根据误差合成方法，从式（6.12.1）可得

$$\frac{\Delta f_x}{f_x} = \frac{\Delta N}{N} - \frac{\Delta T}{T} \tag{6.12.2}$$

式中，第一项 $\dfrac{\Delta N}{N}$ 是数字化仪器所特有的误差；第二项 $\dfrac{\Delta T}{T}$ 是闸门时间的相对误差，这项误差取决于石英振荡器所提供的标准频率的准确度。

在测频时，闸门的开启时间 T 与被测信号周期 T_x 之间的时间关系是不相关的，T 不一定是 T_x 的整数倍。这样，在相同的闸门开启时间内，计数器所计得的数却不一定相同，当闸门开启时间 T 接近甚至等于被测信号周期 T_x 的整数 N 倍时，此项错误为最多，如图 6.12.2 所示。

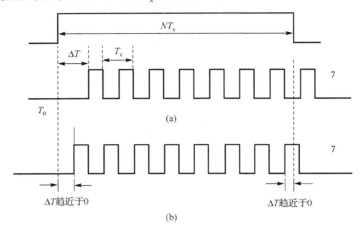

图 6.12.2 ±误差

当闸门开启时刻为 T_0，而第 1 个计数脉冲出现在 T_x 时，图 6.12.2(a) 中示出了 $T_x > T_0 > 0$ 的情况（$\Delta T = T_x - T_0$），这时计数器计得 N 个数（图中 $N=6$）；在图 6.12.2(b) 中，即 ΔT 趋近于 0，则有两种可能的计数结果：若第 1 个计数脉冲和第 7 个计数脉冲都能通过闸门，则可计得 $N+1=7$ 个数；也可能这两个脉冲都没有能进入闸门，则可能计得 $N-1=5$ 个数。由此可知，最多的计数误差为 $\Delta T = \pm 1$ 个数。所以考虑到式(6.12.1)，可写成

$$\frac{\Delta N}{N} = \frac{\pm 1}{N} = \pm \frac{1}{Tf_x} \tag{6.12.3}$$

式中，T 为闸门时间；f_x 为被测频率。

从式(6.12.3)可知，不管计数值 N 为多少，其最大误差总是 ±1 个计数单位，故称"±1 个字误差"，简称"±1 误差"。而且 f_x 一定时，增大闸门时间 T，可减小 ±1 误差对测频误差的影响。当 T 选定后，f_x 越低，则由 ±1 误差产生的测频误差越大。

闸门时间 T 的精度主要决定于由石英振荡器提供的标准频率的准确度，若石英振荡器的频率为 f_c，分频系数为 k，则

$$T = kT_c = \frac{k}{f_c} \tag{6.12.4}$$

而

$$\Delta T = -\frac{k\Delta f_c}{f_c^2} \tag{6.12.5}$$

所以

$$\frac{\Delta T}{T} = -\frac{\Delta f_c}{f_c} \tag{6.12.6}$$

可见，闸门时间的准确度在数值上等于标准频率的准确度，式中负号表示由 Δf_c 引起的闸门时间的误差为 $-\Delta T$。

通常，对标准频率准确度 $\dfrac{\Delta f_c}{f_c}$ 的要求是根据所要求的测频准确度提出来的，例如，当测量方案的最小计数单位为 1Hz，而 $f_x = 10^6$ Hz，在 $T = 1$s 时，测量准确度为 $\pm 1 \times 10^{-6}$（只考虑 ± 1 误差），为了使标准频率误差不对测量结果产生影响，石英振荡器的输出频率准确度 $\dfrac{\Delta f_c}{f_c}$ 应优于 $\pm 1 \times 10^{-7}$，即比 ± 1 误差引起的测频误差小一个量级，因而该项误差可忽略不计。

综上所述，可得如下结论。

(1) 计数器直接测频的误差主要有两项：± 1 误差和标准频率误差。一般总误差可采用分项误差绝对值合成，即

$$\frac{\Delta f_x}{f_x} = \pm \left(\frac{1}{T f_x} + \left| \frac{\Delta f_c}{f_c} \right| \right) \tag{6.12.7}$$

当 f_x 一定时，闸门时间 T 选得越长，测量准确度就越高。而当 T 选定后，f_x 越高，则由于 ± 1 误差对测量结果的影响越小，测量准确度就越高。

(2) 测量低频时，由于 ± 1 误差产生的测频误差大得惊人，如 f_x 为 10Hz，$T=1$s，则由 ± 1 误差引起的测频误差可达到 10%，所以，测量低频时不宜采用直接测频方法。

2）测量周期法

如前所述，当 f_x 较低时，利用计数器直接测频，由 ± 1 误差所引起的测频误差将会大到不可允许的程度。所以，为了提高测量低频时的准确度，即减少 ± 1 误差的影响，可改成先测量周期 T_x，然后计算 $f_x = 1/T_x$。因为 f_x 越低，则 T_x 越低，计数器计得的数 N 也越大，± 1 误差对测量结果的影响自然越小。

计数器测量周期的原理框图如图 6.12.3 所示。

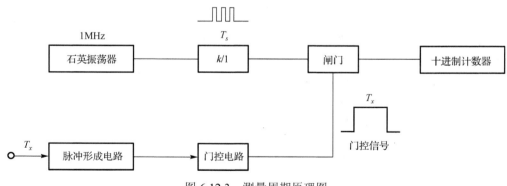

图 6.12.3 测量周期原理图

被测信号（正弦）从 B 输入端输入，经脉冲形成电路转换成同频率的方波，加到门控电路，若 $T_x = 10$ms，则闸门打开 10ms，在此期间被测脉冲通过闸门至计数器计数，若选择时基信号周期 $T_s = 1$μs，则计数器计得的脉冲数等于 $T_x / T_s = 10000$ 个，如以 ms 为单位，则从计数器显示上可读得 10.000（ms）。

与直接测频法的误差分析类似，根据误差传递公式，可得

$$\frac{\Delta T_x}{T_x} = \frac{\Delta N}{N} + \frac{\Delta T_s}{T_s} \tag{6.12.8}$$

根据图 6.12.3，可得

$$N = \frac{T_x}{T_s} = \frac{T_x}{kT_c} = \frac{T_x f_c}{k}, \quad \Delta N = \pm 1 \tag{6.12.9}$$

所以，式(6.12.8)可写成

$$\frac{\Delta T_x}{T_x} = \pm \frac{k}{T_x f_c} \pm \frac{T_c}{T_c} = \pm \frac{k}{T_x f_c} \pm \frac{\Delta f_c}{f_c} \tag{6.12.10}$$

从式(6.12.10)可见，T_x 越大(即被测频率越低)，±1 误差对测周精确度的影响就越小。

3) 等精度测频法

等精度测频法原理框图如图 6.12.4 所示，该方法有两个计数器分别对基准频率信号和被测信号进行计数。预置闸门信号作为 D 触发器的 D 端输入，被测信号作为 D 触发器的时钟端输入，而 D 触发器的输出端则作为两个计数器的使能端，最后对两个计数器的计数值进行运算得到被测频率值。

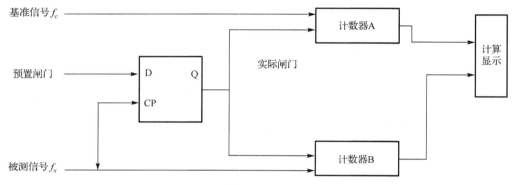

图 6.12.4 等精度测频法原理框图

等精度测频法波形变化如图 6.12.5 所示，由 D 触发器的性质可知，当预置闸门信号上升沿到来时，计数器并未立即开始计数，而是当被测信号 f_x 也到了上升沿，也就是时间闸门的上升沿时，计数器才真正开始工作。而当预置闸门下降沿到来时，计数器也不会立即停止计

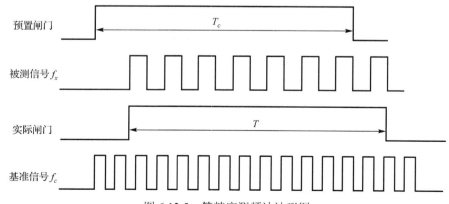

图 6.12.5 等精度测频法波形图

数,而是等被测信号下一个上升沿到来,即时间闸门下降沿,才停止计数,这样就完成了一次测量过程。

若令实际闸门时间为 T,计数器 A 计数结果为 N_x,计数器 B 计数结果为 N_c,基准信号频率为 f_c,则被测信号的频率值为

$$f_x' = \frac{N_x}{N_c} f_c$$

由于实际闸门时间 T 是由被测信号同步过的,因此在此期间计数器 A 测得的被测信号的周期数 N_x 是准确的,不存在 ±1 误差。而计数器 B 测得的基准信号的周期数 N_c 则存在 ±1 误差,该误差用 ΔN_c 来表示,则对基准信号计数的真实值表示为 $N_c + \Delta N_c$。由此可知,被测信号的频率真实值为

$$f_x = \frac{N_x}{N_c + \Delta N_c} f_c \tag{6.12.11}$$

若不计基准信号时钟的误差,则测量的相对误差为

$$\delta = \frac{|f_x - f_x'|}{f_x} \times 100\% = \frac{\Delta N_c}{N_c} \leq \frac{1}{T f_c} \tag{6.12.12}$$

可以看出,在等精度测频法中,相对误差与被测信号本身的频率特性无关,即对整个测量域而言,测量精度相等,因而称为等精度测量。标准信号的计数值 N_c 越大则测量相对误差越小,即提高门限时间 T 和标准信号频率 f_c 可以提高测量精度。在精度不变的情况下,提高标准信号频率可以缩短门限时间,提高测量速度。

本实验拟设计一款测试频率 100Hz～1MHz 扩展至 1～100MHz 的频率计,根据测量原理可知,直接测频法实现方法简单,并且能够达到误差≤1%的要求,所以设计采用直接测频法,实现原理框图如图 6.12.6 所示。

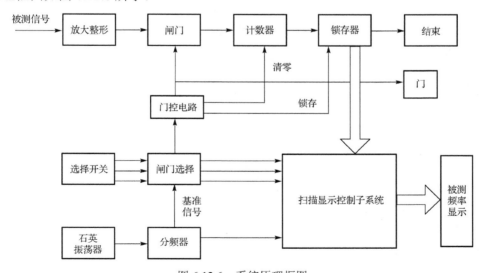

图 6.12.6 系统原理框图

4. 实验内容

本实验设计一个数字频率计,要求能实现实际由测试频率 100Hz～1MHz 扩展至 1～

100MHz 的功能，并将读出的频率结果显示在数码管上。数字频率计系统由分频模块、闸门选择模块、测频控制器、频率计数器、锁存器和显示控制模块 6 部分构成。

5. 实验步骤

(1)运行 Quartus Ⅱ 13.0 软件，分别建立新工程，选择 File→New 菜单项，创建 VHDL 设计文件，分别编写 FDIV3.vhd、SELE.vhd、CONTROL.vhd、COUNTER6.vhd、LATCH1.vhd 以及 MULTI.vhd 源程序。

(2)分别编译源文件，无误后分别对上述 VHDL 文件进行仿真，验证其逻辑功能正确后，选择 File→Create→Update→Create Symbol File for Current File 菜单项，分别生成符号文件。

(3)建立新工程，工程名称及顶层文件名称为 PLJ。将 FDIV3.vhd、SELE.vhd、CONTROL.vhd、COUNTER6.vhd、LATCH1.vhd、MULTI.vhd 和 FDIV3.bsf、SELE.bsf、CONTROL.bsf、COUNTER6.bsf、LATCH1.bsf、MULTI.bsf 一起复制到 PLJ 工程文件夹下。选择 File→New 菜单项，创建图形设计文件。

(4)如图 6.12.7 所示，完成频率计的设计。将创建的图形设计文件保存为 PLJ.bdf 作为整个设计的顶层文件。

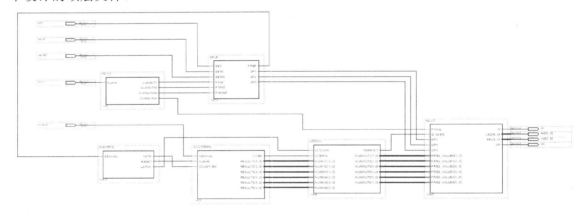

图 6.12.7 频率计电路图

(5)选择 Processing→Start Compilation 菜单项，编译 PLJ.bdf 文件。编译无误后建立仿真波形文件 PLJ.vwf。

(6)选择 Simulation→Run Function Simulation 菜单项，进行功能仿真。分析仿真结果，仿真正确后选择 Assignments→Assignment Editor 菜单项，对工程进行引脚分配。

(7)选择 Processing→Start Compilation 菜单项，重新对此工程进行编译，生成可以配置到 FPGA 的 SOF 文件。

(8)连接实验设备，打开电源，然后在 Quartus Ⅱ 13.0 软件中，选择 Tools→Programmer 菜单项，对芯片进行配置。

(9)配置完成后，观察实验现象，验证设计的正确性。

6. 实验结果

分析实验结果，判断电路的逻辑功能是否满足设计要求；对调试中遇到的问题及解决方法进行分析总结。

对设计源程序、仿真波形、引脚分配情况、封装后的元件符号等进行截图，完成实验报告。

第四篇 基于 Qsys 的 SOPC 系统实验

第 7 章 SOPC 嵌入式系统实验

7.1 流水灯实验

1. 实验目的

(1) 掌握基本的开发流程。
(2) 熟悉 Quartus Ⅱ 13.0 软件的使用。
(3) 熟悉 Nios Ⅱ 13.0 IDE 开发环境。

2. 实验设备

硬件：PC 一台，TD-EDA/SOPC 综合实验平台或 DE2 开发板。
软件：Quartus Ⅱ 13.0、Nios Ⅱ 13.0 设计软件。

3. 实验原理

可参考发光二极管的发光原理。在本实验电路中，发光二极管的两端分别接到高电平和 FPGA 的 I/O 口(4 路)或 74164 的并行输出 I/O(4 路)，这样只要控制发光二极管的另一端为低电平，二极管就会有电流经过，因此而发光。

4. 实验内容

将 8 位 LED 灯点亮，进行流水灯控制。

5. 实验步骤

由于这是第一个实验，所以从硬件平台搭建开始，系统地介绍该过程，以方便读者熟悉 Nios Ⅱ 开发的整体流程。一般分为以下几个步骤。

(1) 在 Quartus Ⅱ 13.0 中建立工程。
(2) 用 Qsys 建立 Nois Ⅱ 系统模块。
(3) 在 Quartus Ⅱ 13.0 的图形编辑界面中进行引脚连接、锁定工作。
(4) 编译工程后下载到 FPGA 中。
(5) 在 Nios Ⅱ 13.0 IDE 中根据硬件建立软件工程。
(6) 编译后，经过简单设置下载到 FPGA 中进行调试、实验。
下面就根据以上的步骤进行一次开发(建议先看第 3 章 Quartus Ⅱ 13.0 相关知识)。

1) 硬件设计

(1) 运行 Quartus Ⅱ 13.0 软件，选择 File→New Project Wizard 菜单项，选择工程目录名称、工程名称及顶层文件名称为 pipeline_light，在选择器件设置对话框中选择目标器件，建立新工程。本实验在 PC 的 C 盘下建立了名为 pipeline_light 的工程文件夹，器件设置中选择 EP2C35F672C6 芯片。

(2) 选择 Tools→Qsys 菜单项，弹出如图 7.1.1 所示的 Qsys 软件界面图。

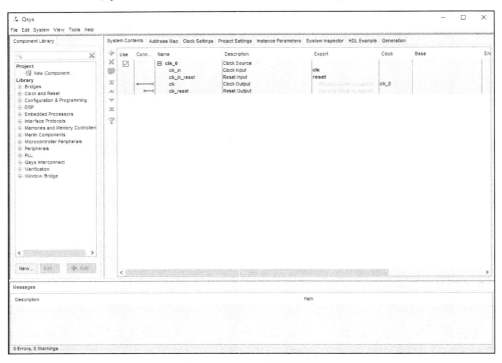

图 7.1.1　Qsys 软件界面图

(3) 在 System Contents 选项卡中双击 clk_0 时钟信号，更改系统频率为 75MHz，如图 7.1.2 所示。

图 7.1.2　设定系统时钟

(4) 在左边元件池中选择需要的元件：Nios Ⅱ 32 位 CPU、JTAG UART Interface、led_pio、ram。首先添加 Nios Ⅱ 32 位 CPU，如图 7.1.3 所示，双击 Nios Ⅱ Processor 或者选中后单击

Add 按钮，弹出如图 7.1.4 所示的 Nios Ⅱ Processor 设置对话框，分别在 Core Nios Ⅱ 和 JTAG Debug Module 选项中选择 Nios Ⅱ/f 和 level 1，其他设置保持默认选项，单击 Finish 按钮后返回 Qsys 窗口，命名为 cpu，如图 7.1.5 所示。注意：对模块命名应遵循如下规则，名字最前面应该使用英文；能使用的字符只有英文字母、数字和"_"；不能连续使用"_"符号，名字的最后也不能使用"_"。

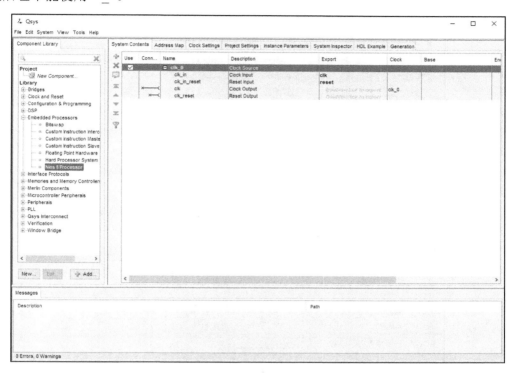

图 7.1.3　选择 Nios Ⅱ

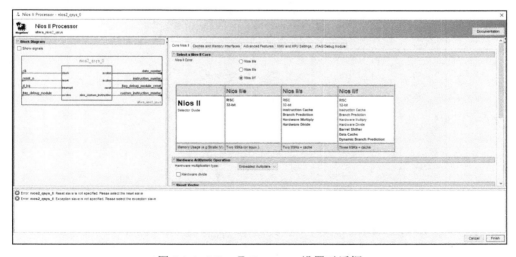

图 7.1.4　Nios Ⅱ Processor 设置对话框

（5）添加 JTAG UART Interface，此接口为 Nios Ⅱ 系统嵌入式处理器新添加的接口元件，通过它可以在 PC 主机和 Qsys 系统之间进行串行字符流通，它主要用来调试、下载数据等，也可以作为标准输入/输出来使用。在图 7.1.1 中选择 Interface Protocols→Serial，双击 JTAG UART，弹出如图 7.1.6 所示的 JTAG UART 设置对话框，保持默认选项，单击 Finish 按钮后返回 Qsys 窗口，命名为 jtag_uart。

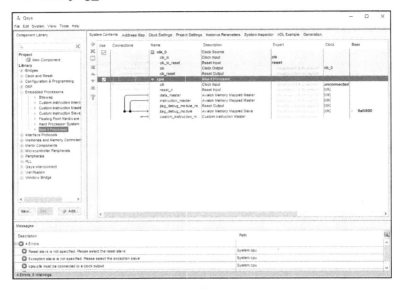

图 7.1.5　命名为 cpu

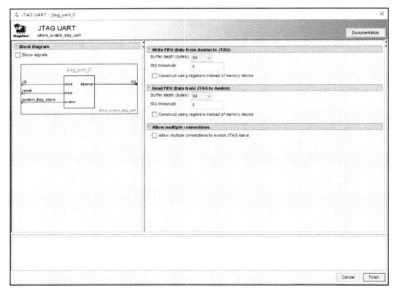

图 7.1.6　加入 JTAG UART

（6）添加内部 RAM，RAM 为程序运行空间，类似于计算机的内存。在图 7.1.1 中选择 Memories and Memory Controllers→On-Chip，双击 On-Chip Memory，弹出如图 7.1.7 所示的 On-Chip Memory 设置对话框，按图 7.1.7 所示设置，单击 Finish 按钮后返回 Qsys 窗口，重新命名为 on_chip_ram。

(7) 加入 led_pio,此元件为 I/O 口,与单片机中的 I/O 口类似,用户可以根据需要配置设置选项。在图 7.1.1 中选择 Peripherals→Microcontroller Peripherals,双击 PIO,弹出如图 7.1.8 所示的 PIO 设置对话框,选中 Output 单选按钮,单击 Finish 按钮后返回 Qsys 窗口,重新命名为 led_pio。

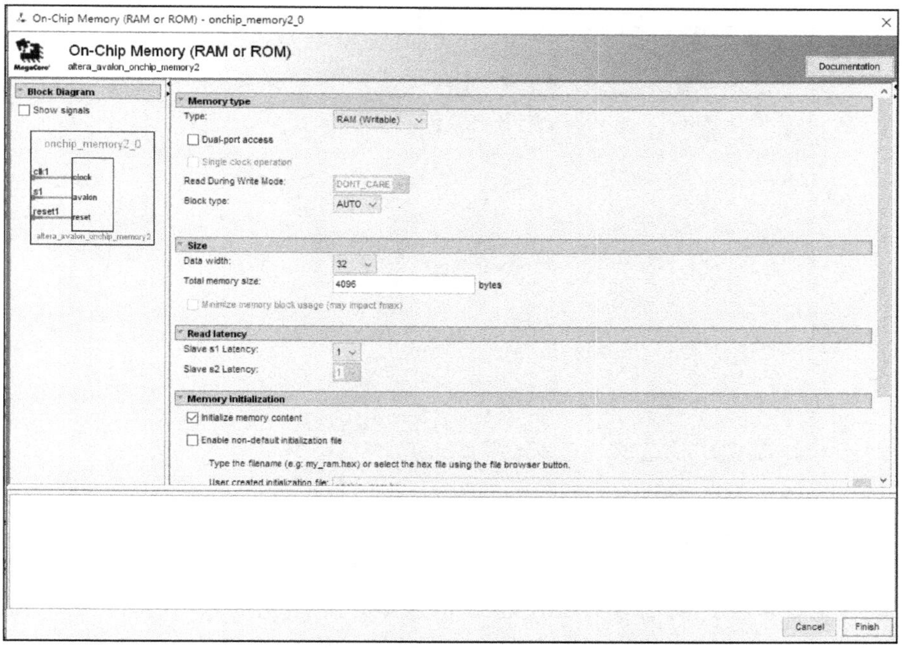

图 7.1.7 设置内部 RAM 作为系统内存

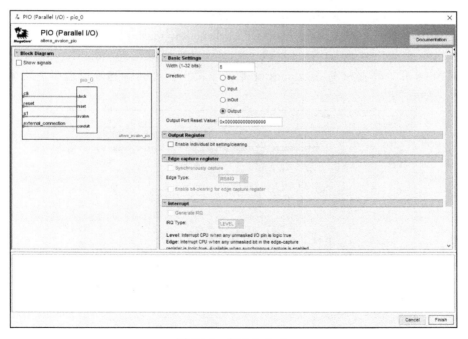

图 7.1.8 加入 led_pio

(8) 添加 System ID。之前的 SOPC Builder 中 System ID 是自动生成的,但是在 Qsys 中

已经不会再自动生成了。在图 7.1.1 中搜索 System ID,双击 System ID Peripheral,弹出图 7.1.9 所示的配置向导页面,保持默认配置,单击 Finish 按钮后返回 Qsys 窗口,重新命名为 sysid。

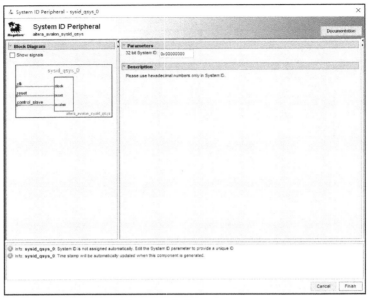

图 7.1.9　加入 System ID

(9)连接各组件。在之前的 SOPC Builder 版本中,添加完组件之后,SOPC Builder 会自动连接添加的组件,而在 Qsys 中,系统并不会自动连接添加的组件,需要用户手动连接数据和指令端口。连线规则:数据主端口连接存储器和外设元件,指令主端口只连接存储器元件。例如,存储类 IP 核,如 onchip_RAM 和 onchip_ROM 等,需要将其 Avalon Memory Mapped Slave 端口连接到 Nios Ⅱ 处理器核的 data_master 和 instruction_master 端口上;如果是非存储类 IP 核,如 PIO 外设,或者 System ID 和 JTAG UART 等,只需要将其 Avalon Memory Mapped Slave 端口连接到 Nios Ⅱ 处理器核的 data_master 端口上即可,而时钟和复位端口需要全部连接。各组件连接完毕如图 7.1.10 所示。

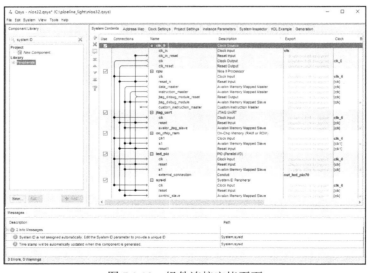

图 7.1.10　组件连接完毕页面

· 228 ·

(10)设置输入/输出端口。本实验项目以图形化的方式完成设计,需要为生成的图形文件设置输入/输出端口。选择 System Contents 选项卡,分别在 clk_0 的 clk_in、clk_in_reset 和 led_pio 的 external_connection 的 Export 端口设置输入/输出端口,如图 7.1.11 所示。

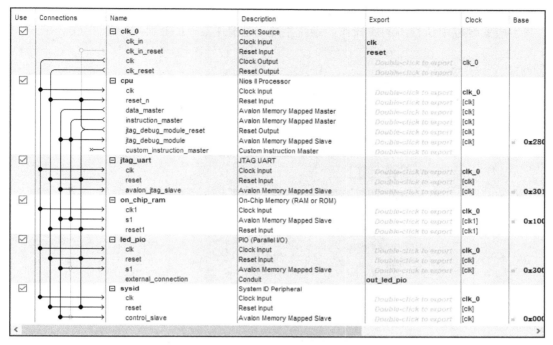

图 7.1.11 设置输入/输出端口

(11)指定基地址和分配中断号。Qsys 会给用户的 Nios Ⅱ 系统模块分配默认的基地址和中断号,用户也可以更改这些默认基地址和中断号。选择 System→Assign Base Address 菜单项,配置默认基地址和中断号。

(12)系统设置。双击 cpu,弹出如图 7.1.12 所示的对话框,分别在 Reset vector memory 下拉列表和 Exception vector memory 下拉列表中选择 on_chip_ram。

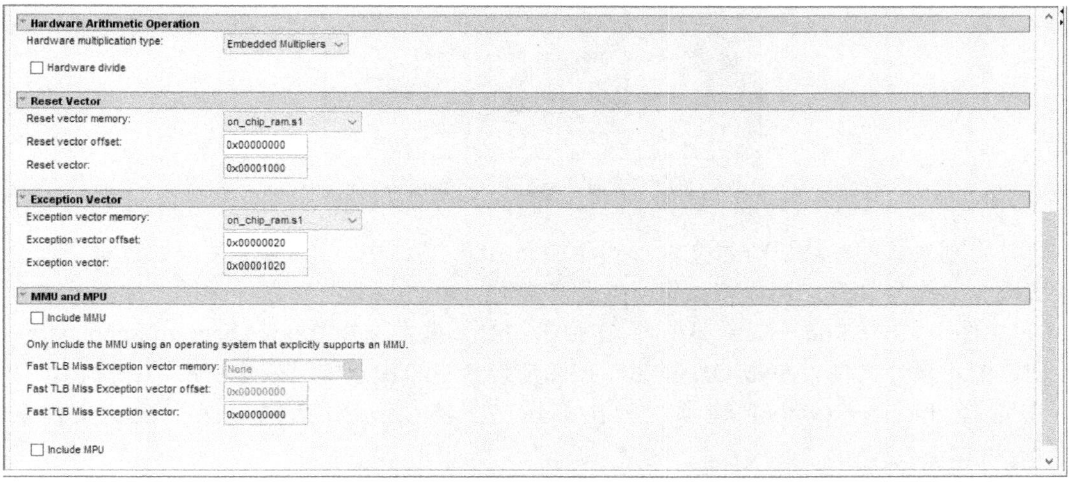

图 7.1.12 设置系统运行空间

(13)生成系统模块。选择 Generation 选项卡，如图 7.1.13 所示。由于不涉及仿真，将 Simulation 和 Testbench System 都设为 None 即可。单击 Generate 按钮，会提示如图 7.1.14 所示内容，单击 Save 按钮，出现如图 7.1.15 所示的保存路径对话框，本实验项目保存在 C 盘的 Quartus Ⅱ 工程目录下，命名为 nios32。单击"保存"按钮，则 Qsys 根据用户不同的设定，在生成的过程中执行不同的操作，系统生成后选择 File→Exit 菜单项退出 Qsys。

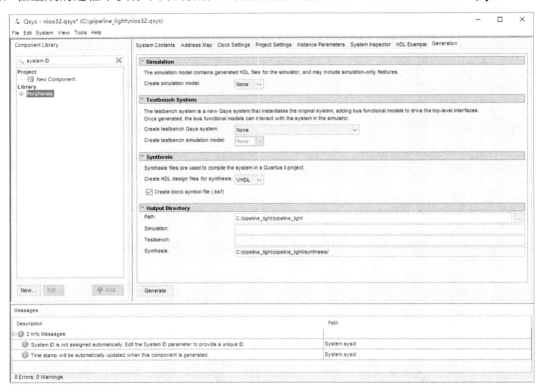

图 7.1.13　生成系统模块

图 7.1.14　保存 Qsys 系统

(14)将刚生成的模块以符号文件形式添加到 BDF 文件中。在 Qsys 生成的过程中，会生成系统模块的符号文件，可以将该符号文件像其他 Quartus Ⅱ 符号文件一样添加到当前项目的 BDF 文件中。选择 File→New 菜单项，在弹出的对话框中选择 Block Diagram/Schematic File 选项创建图形设计文件，单击 OK 按钮。在图形设计窗口中双击，或者右击，在弹出的快捷菜单中选择 Insert→Symbol 选项，弹出如图 7.1.16 所示对话框，保存设计文件名为 pipeline_light。

图 7.1.15 保存 Qsys 系统路径对话框

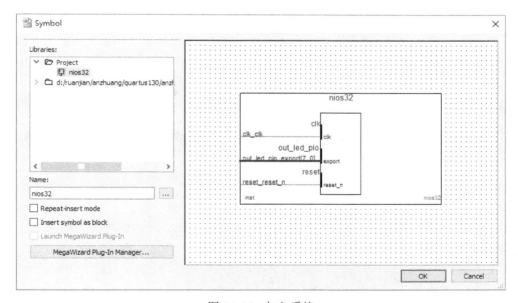

图 7.1.16 加入系统

(15) 添加 nios32。在 Libraries 区域中选择打开 Project 目录，双击或者选中 nios32 后单击 OK 按钮。

(16) 加入锁相环。锁相环能够为用户提供多个精确的系统时钟频率。在如图 7.1.17 所示的 I/O 目录下选择 altpll，双击进入锁相环的设置向导界面，在 Parameter Settings 页面的 General/Modes 子页面下，将系统输入时钟改为 50MHz，如图 7.1.18 所示。在 Parameter Settings 页面的 Inputs/Lock 子页面下，取消选择 Create an 'areset' input to asynchronously reset the PLL 和 Create 'locked' output 复选框，取消多余输入/输出端口，如图 7.1.19 所示。在 Output Clocks 页面的 clk c0 子页面下，在 Enter output clock parameters 选项中的 Clock multiplication factor 和 Clock division factor 取值分别设为 3 和 2，设置输出时钟倍数关系，如图 7.1.20 所示，其他设置保持默认选项。

• 231 •

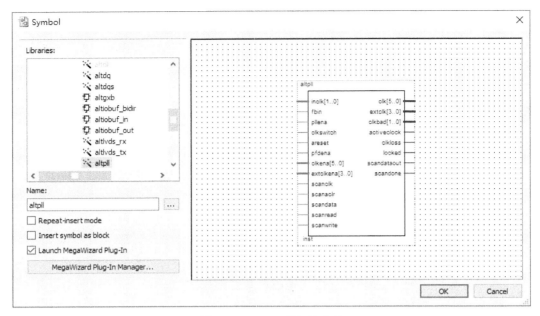

图 7.1.17　PLL 所在的路径

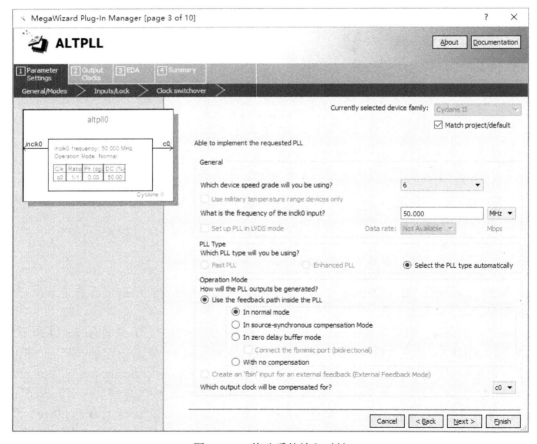

图 7.1.18　修改系统输入时钟

· 232 ·

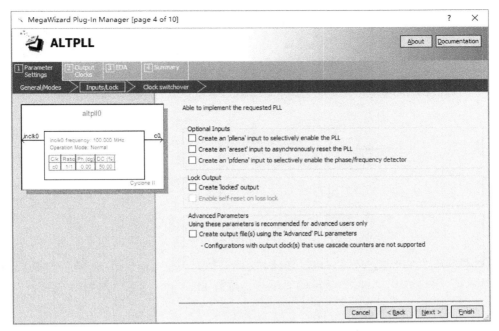

图 7.1.19 取消多余输入/输出端口

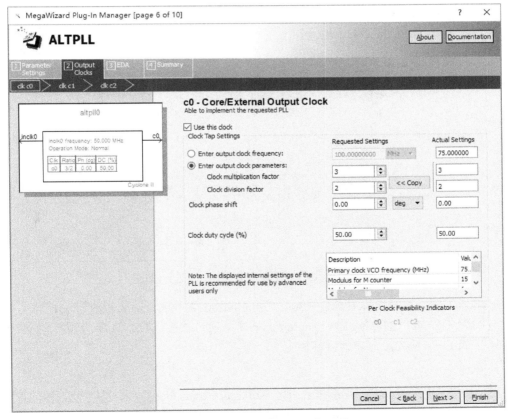

图 7.1.20 设置输出时钟倍数关系

• 233 •

(17)如图 7.1.21 所示,添加和连接各个模块。

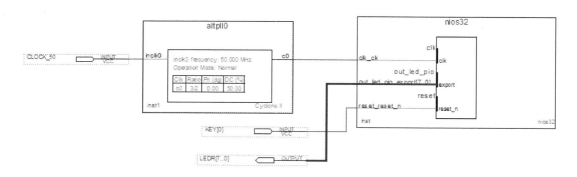

图 7.1.21　顶层文件图

(18)引脚锁定。将光盘提供的 DE2_pin.tcl 文件复制到当前工程目录下,然后选择 Tools→Tcl Scripts 菜单项,弹出如图 7.1.22 所示的对话框。选择 DE2_pin 选项,然后单击 Run 按钮,引脚约束将自动加入。

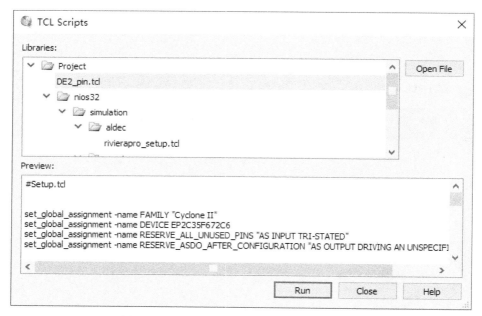

图 7.1.22　运行 Tcl 脚本文件对引脚进行锁定

(19)编译工程。选择 Processing→Start Compilation 菜单项,对工程进行编译。

(20)配置 FPGA。选择 Tools→Programmer 菜单项,按图 7.1.23 所示设置后单击 Start 按钮将编译生成的 SOF 文件下载到目标板上。

2)软件设计

(1)打开 Nios Ⅱ 13.0 IDE,首先弹出的是 Workspace Launcher 页面,为方便工程的管理,本实验将 Nios Ⅱ 工程文件放在 Quartus Ⅱ 工程项目 pipeline_light 的 software 文件夹中,如图 7.1.24 所示。

· 234 ·

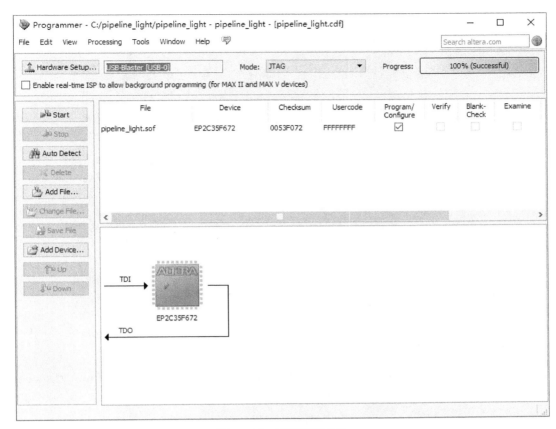

图 7.1.23　下载配置文件

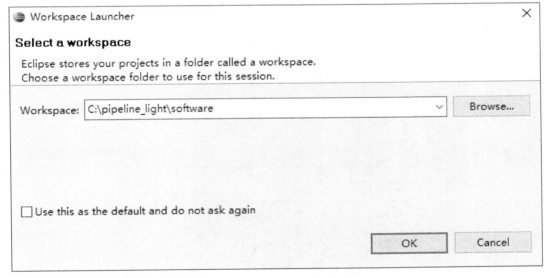

图 7.1.24　添加新工程(一)

(2) 设置好工作空间后，单击 OK 按钮进入 Nios Ⅱ 13.0 软件编辑页面，选择 File→New→Nios Ⅱ Application and BSP from Template 菜单项，如图 7.1.25 所示。

· 235 ·

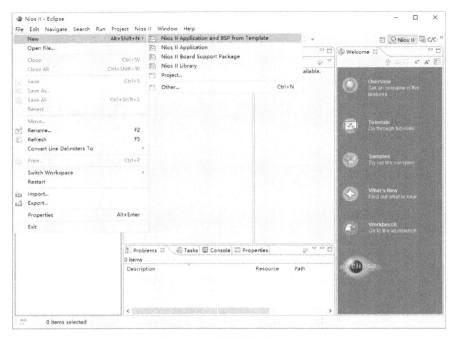

图 7.1.25 创建源文件(一)

(3)在 Target hardware information 栏中的 SOPC Information File name 选择 nios32.sopcinfo 文件,在 Templates 栏选择 Blank Project 模板,如图 7.1.26 所示。

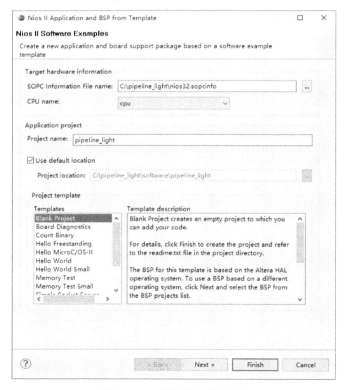

图 7.1.26 添加新工程(二)

(4)在工程窗口中选择 pipeline_light 并右击,在弹出的快捷菜单中选择 New→Source File 选项创建源文件,如图 7.1.27 所示。单击 Finish 按钮返回编写代码。

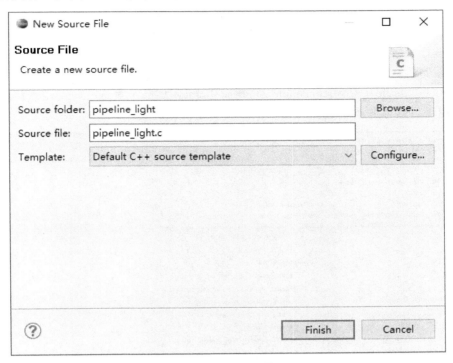

图 7.1.27　创建源文件(二)

代码如下:

```
#include "system.h"
#include "altera_avalon_pio_regs.h"
#include "alt_types.h"
int main (void) __attribute__ ((weak, alias ("alt_main")));
int alt_main (void)
{alt_u8 led = 0x2;
 alt_u8 dir = 0;
 volatile int i;
 while (1)
 {if (led & 0x81)
   {dir=(dir ^ 0x1);}
   if (dir)
   {led=led >> 1;}
   else
   {led=led << 1;}
   IOWR_ALTERA_AVALON_PIO_DATA(LED_PIO_BASE, led);
   i=0;
   while (i<200000)
     i++;
```

```
        }
        return 0;
    }
```

(5) 右击工程 pipeline_light, 在弹出的快捷菜单中选择 Nios→BSP Editor 选项, 按图 7.1.28 进行设置, 修改系统库的属性, 单击 Generate 按钮, 再单击 Exit 按钮。本实验利用片上存储器, 容量只设置了 4KB, 为了节省内存空间, 需勾选 enable_clean_exit、enable_reduced_device_drivers、enable_small_c_library 这三个复选框, 但是系统库属性应根据具体应用项目具体分析设置。

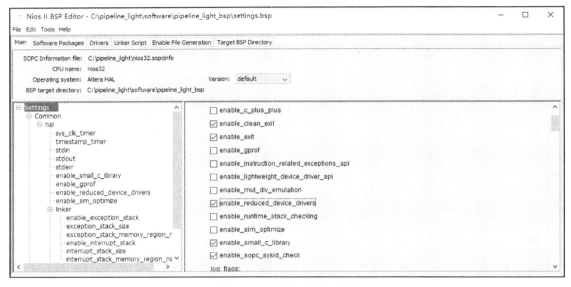

图 7.1.28 系统库属性设置

(6) 右击工程, 选择 Build Project 选项, 弹出如图 7.1.29 所示的窗口。

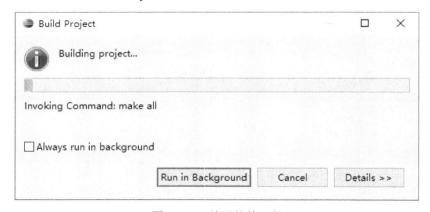

图 7.1.29 编译软件工程

(7) Build Project 结束后, 在弹出的对话框中单击 Save 按钮保存, 在 IDE 界面, 右击 pipeline_light 工程, 选择 Run As→Nios Ⅱ Hardware 选项, 系统会自动探测 JTAG 连接电缆, 并弹出如图 7.1.30 所示的对话框。在 Run Configuration 选项卡的 Project 中选择刚才建

立的工程 pipeline_light，在 Target Connection 选项卡中选择要使用的下载电缆。这里选择 USB-Blaster on localhost[USB-0]。其他设置保持默认选项，单击 Run 按钮后可在目标板上观察到 LED 灯循环点亮状态，到此一个简单的流水灯控制完成了。

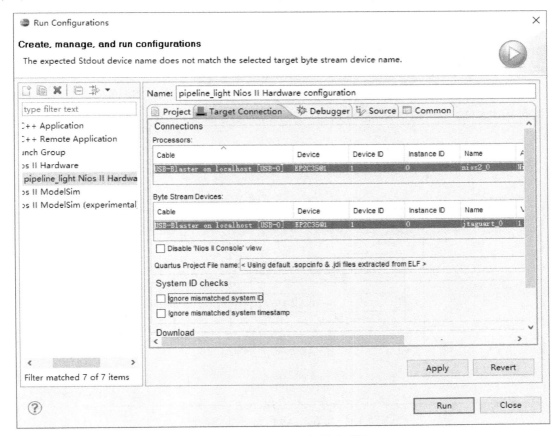

图 7.1.30　自动探测电缆对话框

6. 实验结果

分析实验结果，判断电路的逻辑功能是否满足设计要求；对调试中遇到的问题及解决方法进行分析总结。

对设计源程序、仿真波形、引脚分配情况、封装后的元件符号等进行截图，完成实验报告。

7.2　JTAG UART 通信实验

1. 实验目的

(1) 实现计算机和 Nios Ⅱ 系统的通信。
(2) 进一步熟悉 Nio Ⅱ 13.0 IDE 开发环境。
(3) 了解 Nios Ⅱ 13.0 IDE 相关设置选项。
(4) 简单了解相关头文件的作用。

2. 实验设备

硬件：PC 一台，TD-EDA/SOPC 综合实验平台或 DE2 开发板。
软件：Quartus Ⅱ 13.0、Nios Ⅱ 13.0 设计软件。

3. 实验原理

计算机和 Nios Ⅱ 系统通信有多种方式，而 JTAG UART 通信是在 Nios Ⅱ 系统中非常容易使用的一种方式，因为 JTAG UART 在 Nios Ⅱ 中是一个标准的输入/输出设备，这为调试程序提供了极大的方便，因此建议使用 JTAG UART 通信方式调试 Nios Ⅱ 系统，而系统(设备)间使用 RS232 串口通信非常类似，只是它使用的是 JTAG 接口，其通信方式如图 7.2.1 所示。

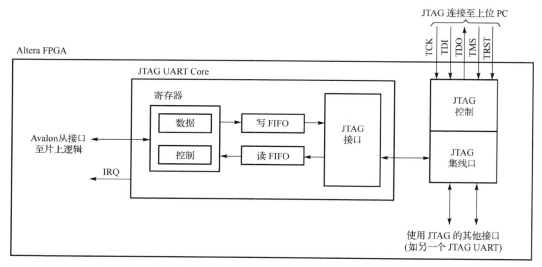

图 7.2.1　JTAG UART 通信方式原理图

4. 实验内容

在 Nios Ⅱ 13.0 IDE 的控制台窗口显示字符串。

5. 实验步骤

本实验具体的步骤不再详细介绍，只在关键的地方解释说明，这个实验在 7.1 节实验的基础上又加入了 SDRAM 作为系统程序运行空间，所以介绍一下在 Qsys 中加入 SDRAM 的详细过程。

1) 在 Qsys 中加入 SDRAM

在 Qsys 窗口中，选择 Memories and Memory Controllers→External Memory Interfaces→SDRAM Interfaces→SDRAM Controller 选项，再双击 SDRAM Controller，弹出 SDRAM 参数设置对话框。在 Data Width 区域中的 Bits 下拉列表框中选择 16；在 Chip select 下拉列表框中选择 1；Banks 下拉列表框中选择 4；Row 文本框中键入 8，设置好后如图 7.2.2 所示。

单击 Timing 选项卡，在弹出的对话框中设置时序参数，如图 7.2.3 所示。设置好后如图 7.2.4 所示，单击 Generate 按钮生成 cpu。

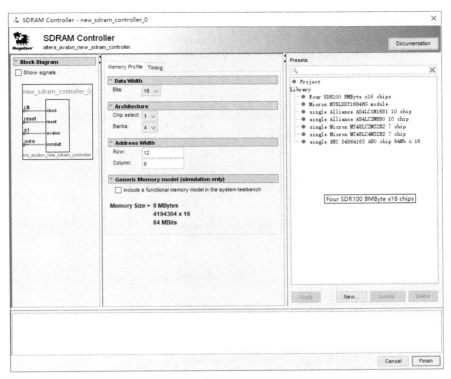

图 7.2.2　SDRAM 参数设置对话框 Memory Profile 选项卡

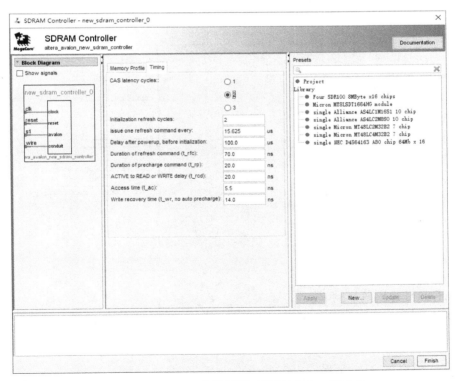

图 7.2.3　SDRAM 参数设置对话框 Timing 选项卡

· 241 ·

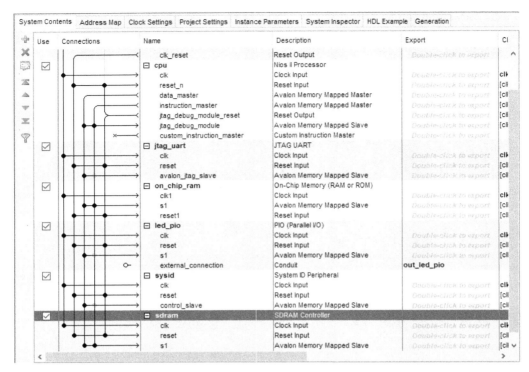

图 7.2.4　系统构架

连接引脚，添加约束如图 7.2.5 所示，编译后配置到 FPGA 中。

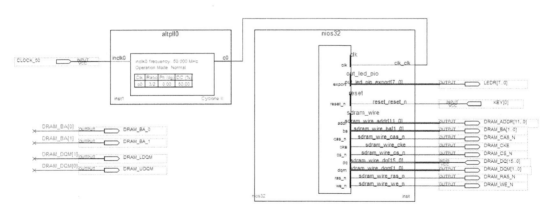

图 7.2.5　锁定引脚并添加约束

2）软件设计

从 Nios Ⅱ 系统输出信息到 PC 上。

（1）打开 Nios Ⅱ 13.0 IDE 新建工程，选择 Hello World Small 这个模板，如图 7.2.6 所示，其代码如下：

```
#include "sys/alt_stdio.h"
int main()
{
```

```
Alt_putstr ("Hello from Nios Ⅱ! \n");
While (1);
return 0;
}
```

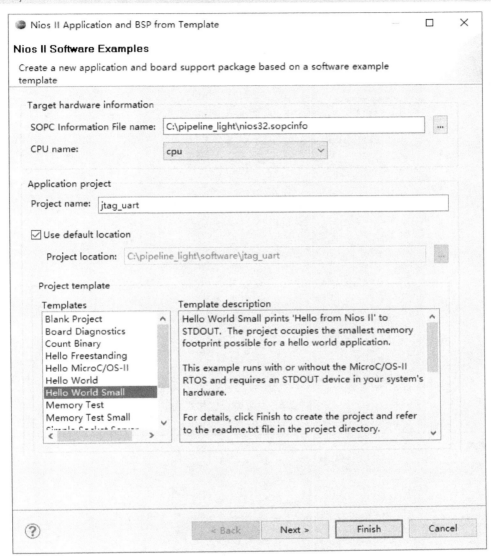

图 7.2.6 新建 Nios Ⅱ 工程

(2) 右击工程，在弹出的快捷菜单中选择 Properties 选项，再在弹出的窗口中选择 C/C++ Build，如图 7.2.7 所示。

(3) 在图 7.2.7 所示的 Builder Settings 选项卡中选择保持默认设置，单击 OK 按钮。

(4) 退出优化级别设置后，右击工程项目选择 Nios Ⅱ /BSP Editor 选项，在图 7.2.8 的 stdout、stderr、stdin 下拉列表框中都选择 jtag_uart，且选择 enable_small_c_library 复选框和 enable_reduced_device_drivers 复选框，完成设置工作，单击 Generate 按钮。

• 243 •

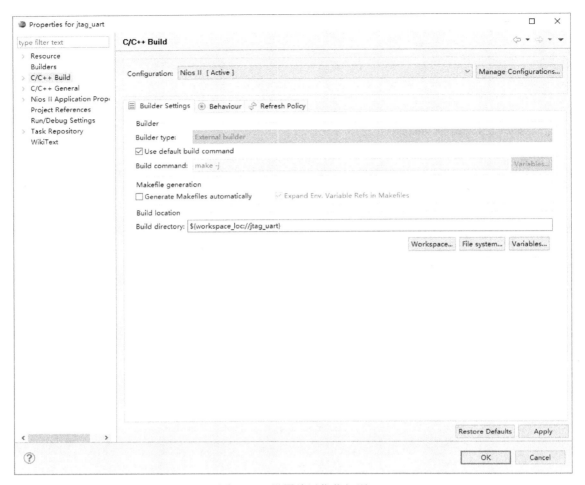

图 7.2.7 设置编译优化级别

图 7.2.8 设置标准输出接口设备

(5)右击工程,选择 Build Project 选项进行编译。

(6)将本实验的硬件工程文件下载到 FPGA 中,在 IDE 窗口中选择 Run As→Nios Ⅱ Hardware 选项,系统会自动探测下载电缆及弹出如图 7.2.9 所示的对话框。

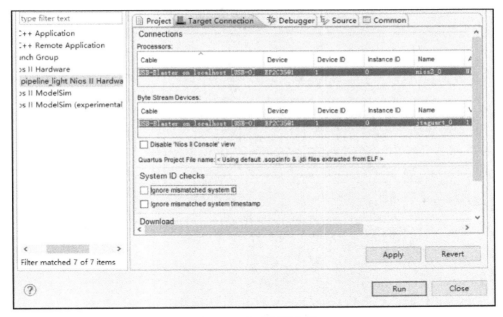

图 7.2.9　自动探测电缆

(7) 单击 Run Configurations 选项卡中 Project 文本框后面的 Browse 按钮，选择刚才建立的工程文件 hello_ITAG_UART，单击 OK 按钮后再单击 Run 按钮，将软件工程下载到目标板中运行；然后在用户的控制台(Console)上就会显示出"Hello from Nios Ⅱ！"。

从 PC 输出给 Nios Ⅱ 系统。

① 把上面工程的 C 语言运行程序更改为如下代码：

```
#include<stdio.h>
#include "system.h"
#include "altera_avalon_pio_regs.h"
#include "alt_types.h"
#definestaticvoid TestLED( void );
staticvoid TestLED( void )
{
alt_u8 led=0x2;
alt_u8 dir=0;
int j;
volatileint i;
for(j=0;j<100;j++)
{if(led & 0x81)
{dir=(dir ^ 0x1); }
if(dir)
{led = led >> 1; }
else
{led = led << 1; }
IOWR_ALTERA_AVALON_PIO_DATA(LED_PIO_BASE, led);
i=0;
while(i<200000)
i++;
}
```

```
    return;
}
int main()
{
staticint ch=97;
printf("------------------------------------------\n");
printf("Please input characters in console: \n");
printf("'g':run leds \n");
printf("Other characters except 'g':nothing to do \n");
printf("'q':exit \n");
printf("------------------------------------------\n");
while((ch=getchar())!='q')
{
// printf("what you input is '%c';\n",ch);
if(ch=='g')
{
printf("LEDs begin run...\n");
TestLED();
printf("LEDs run over.\n");
}
}
return 0;
}
```

②这里先简单介绍一下各头文件的作用：stdio.h 头文件包含了标准输入、输出及错误函数库；system.h 头文件描述了每个设备并给出了以下一些详细信息，即设备的硬件配置、基地址、中断优先级、设备的符号名称，用户不需要编辑 system.h 文件，此文件由 HAL 系统库自动生成，其内容取决于硬件配置和用户在 IDE 中设置的系统库属性；altera_avalon_pio_regs.h 头文件是 I/O 口与高层软件之间的接口文件，IOWR_ALTERA_AVALON_PIO_DATA(LED_PIO_BASE,led) 函数就是在此文件中定义的，此函数的功能为将数值(led)赋给以 LED_PIO_BASE 为基地址的用户自定义的 I/O 口上，也就是将 led 这个值赋给硬件中 LED 灯所接的 FPGA 引脚上；alt_types.h 头文件定义了数据类型，如表 7.2.1 所示。

表 7.2.1 数据类型

类型	说明
alt_8	有符号 8 位整数
alt_u8	无符号 8 位整数
alt_16	有符号 16 位整数
alt_u16	无符号 16 位整数
alt_32	有符号 32 位整数
alt_u32	无符号 32 位整数

③右击工程，在弹出的快捷菜单中选择 System Library Properties 选项，再在弹出的对话框的左边列表中选择 System Library，取消选择 enable_small_c_library 复选框，如图 7.2.10 所示。

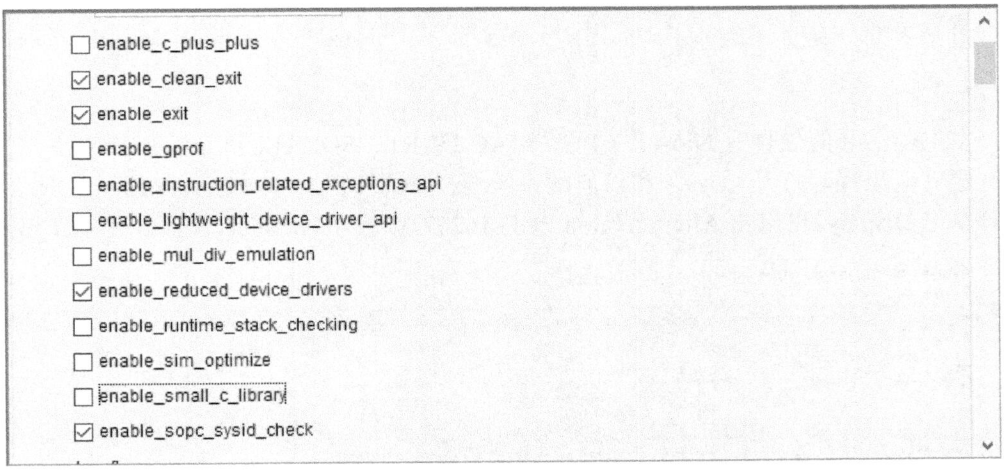

图 7.2.10 设置包含库

④其他设置不变,编译后下载到目标板上。当在控制台窗口输入 g 时,目标板上的 LED 灯就会出现循环灭的现象。

6. 实验结果

分析实验结果,判断电路的逻辑功能是否满足设计要求;对调试中遇到的问题及解决方法进行分析总结。

对设计源程序、仿真波形、引脚分配情况、封装后的元件符号等进行截图,完成实验报告。

7.3 LCM 显示实验

1. 实验目的

(1)加深理解开发流程。
(2)熟悉 Qsys 工具的使用。
(3)LCM(LCD Module)的使用。
(4)熟悉 LCM 的软件操作语句。

2. 实验设备

硬件:PC 一台,TD-EDA/SOPC 综合实验平台或 DE2 开发板。
软件:Quartus Ⅱ 13.0、Nios Ⅱ 13.0 设计软件。

3. 实验原理

液晶是常用的显示设备,其种类繁多,根据显示大小划分,有 19×2、128×64、128×128 等,这里用的是 16×2 的字符液晶,更多显示原理请用户自行参考 http://www.sziec.com/zs.htm。

4. 实验内容

在 LCM 上显示字符串。

5. 实验步骤

1)硬件设计

(1)本实验需要的硬件有 Nios Ⅱ CPU、JTAG UART、SDRAM 及 lcd_display。
(2)建立新工程,打开 Qsys,和以前的系统一样加入 CPU、JTAG UART 和 SDRAM。
(3)单击 Display,再双击 Altera Avalon LCD 16207,如图 7.3.1 所示,重命名为 1cd_display。

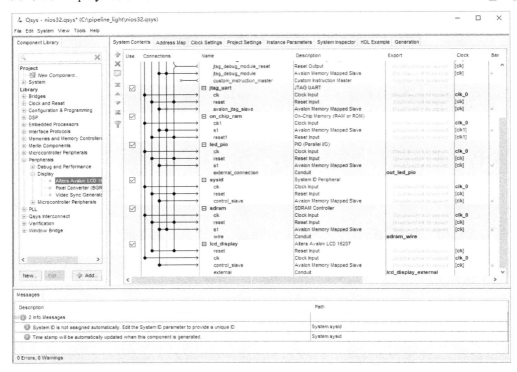

图 7.3.1　系统结构

(4)生成 CPU,建立顶层文件,加入锁相环,再加入引脚及其约束,如图 7.3.2 所示,最后编译后配置到 FPGA 中。

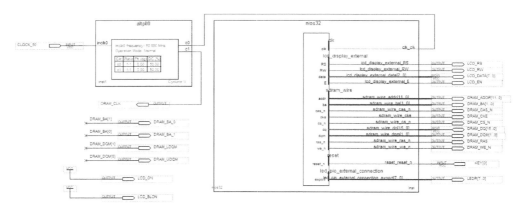

图 7.3.2　硬件顶层文件

2) 软件设计

(1) 打开 Nios Ⅱ IDE，根据刚刚生成的硬件建立新的工程文件。在 Nios Ⅱ 文件模板页面，选择空模板，然后键入如下代码：

```c
#include <stdio.h>
#include <unistd.h>
#include "system.h"
#include "sys/alt_irq.h"
#include "altera_avalon_pio_regs.h"
void main()
{
FILE *lcd;
lcd = fopen("/dev/lcd_display", "w");
fprintf(lcd, "SOPC-EP2C8\n");
fprintf(lcd, "development kit ");
printf("\nIf you can see \" SOPC-EP2C8 development kit\" on the LCD, It works ok.\n");
usleep(2000000);
fclose( lcd );
return ;
}
```

(2) 设置 JTAG UART 为 stdout，编译后下载到硬件中运行，注意观察 LCM 以及控制台上出现的字符。

6. 实验结果

分析实验结果，判断电路的逻辑功能是否满足设计要求；对调试中遇到的问题及解决方法进行分析总结。

对设计源程序、仿真波形、引脚分配情况、封装后的元件符号等进行截图，完成实验报告。

7.4 按键中断实验

1. 实验目的

(1) 了解简单按键设计及其编程。
(2) 熟悉相关 I/O 操作函数。
(3) 了解中断原理。

2. 实验设备

硬件：PC 一台，TD-EDA/SOPC 综合实验平台或 DE2 开发板。
软件：Quartus Ⅱ 13.0、Nios Ⅱ 13.0 设计软件。

3. 实验原理

PIO 按照功能可以分为输入 I/O、输出 I/O 及三态 I/O。PIO 也是通过 Avalon 总线与 Nios Ⅱ 相连的，如图 7.4.1 所示。

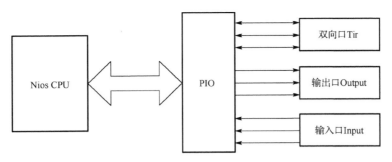

图 7.4.1 三态输入及输出 PIO

4. 实验内容

对按键进行验证,并通过控制台输出验证信息。

5. 实验步骤

(1)在 Qsys 中加入各元件并设置好各地址,本实验的 CPU 只是在 7.3 节的实验的基础上增加了一个输入 PIO。在元件池中选择 Peripherals→Microcontroller Peripherals,再双击 PIO,弹出如图 7.4.2 所示的对话框。在 Direction 区域中选择 Input 单选按钮,在 Edge capture register 选项区域选中 Synchronously capture 复选项,并选择 ANY 选项;在 Interrupt 选项区域中选中 Generate IRQ 复选框,并选择 EDGE 选项;单击 Finish 按钮,将其命名为 button_pio。

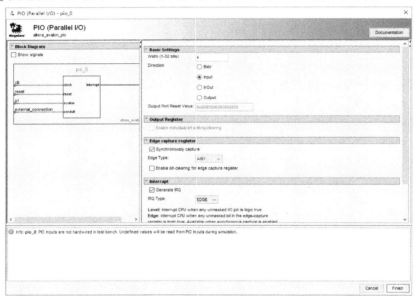

图 7.4.2 选择 I/O 和触发、中断模式

(2)其他设置与 7.3 节实验设置相同,生成 CPU 后锁定引脚并编译,生成配置文件后下载到 FPGA 中。

(3)在 Nios Ⅱ 13.0 IDE 下,根据刚生成的硬件建立一个空工程文件,编写软件代码如下:

```
#include "alt_types.h"
#include <stdio.h>
#include "system.h"
#include "sys/alt_irq.h"
```

```c
#include "altera_avalon_pio_regs.h"
volatile int edge_capture;
static void handle_button_interrupts(void* context,alt_u32 id)
{
    volatile int* edge_capture_ptr=(volatile int*) context;
    *edge_capture_ptr=IORD_ALTERA_AVALON_PIO_EDGE_CAP(BUTTON_PIO_BASE);
    IOWR_ALTERA_AVALON_PIO_EDGE_CAP(BUTTON_PIO_BASE, 0);
}
static void init_button_pio()
{
    void* edge_capture_ptr=(void*)&edge_capture;
    IOWR_ALTERA_AVALON_PIO_IRQ_MASK(BUTTON_PIO_BASE,0xf);
    IOWR_ALTERA_AVALON_PIO_EDGE_CAP(BUTTON_PIO_BASE, 0x0);
    alt_irq_register( BUTTON_PIO_IRQ, edge_capture_ptr,
    handle_button_interrupts );
}

static void TestButtons(void)
{
    alt_u8 buttons_tested;
    alt_u8 all_tested;
    int last_tested;
    init_button_pio();
    buttons_tested=0x0;
    all_tested=0xf;
    edge_capture=0;
    last_tested=0xffff;
    printf("\nThe test will be END when all buttons have been pressed.\n");
    while( buttons_tested != all_tested )
    {
        if (last_tested==edge_capture)
            {
                continue;
            }
        else
            {
                last_tested=edge_capture;
                switch (edge_capture)
                    {case 0x1:
                        printf("\nButtons 1 (SW0) Pressed.\n");
                        buttons_tested=buttons_tested | 0x1;
                        break;
                    case 0x2:
                        printf("\nButtons 2 (SW1) Pressed.\n");
                        buttons_tested=buttons_tested | 0x2;
                        break;
                    case 0x4:
                        printf("\nButtons 3 (SW2) Pressed.\n");
                        buttons_tested=buttons_tested | 0x4;
                        break;
                    case 0x8:
                        printf("\nButtons 4 (SW3) Pressed.\n");
```

```
                    buttons_tested=buttons_tested | 0x8;
                    break;
                }
            }
        }
        IOWR_ALTERA_AVALON_PIO_IRQ_MASK(BUTTON_PIO_BASE,0x0);
        printf("\nAll Buttons (SW0-SW3) pressed.\n");
        usleep(2000000);
        return;
    }



    static void MenuBegin(alt_8 *title)
    {
        printf("\n\n");
        printf("--------------------------------\n");
        printf("Nios Ⅱ Board Diagnostics\n");
        printf("--------------------------------\n");
        printf("%s",title);
    }
    int main()
    {
        MenuBegin("Main Menu:");
        TestButtons();
        return 0;
    }
```

其中,main 主函数部分使用了两个自定义函数,较容易理解,但下面这些函数不容易理解,因为它们和硬件有很大相关性:

```
        IOWR_ALTERA_AVALON_PIO_IRQ_MASK(BUTTON_PIO_BASE,0xf);
        IOWR_ALTERA_AVALON_PIO_EDGE_CAP(BUTTON_PIO_BASE,0x0);
        IOWR_ALTERA_AVALON_PIO_EDGE_CAP(BUTTON_PIO_BASE);
        alt_irq_register(BUTTON_PIO_IRQ,edge_capture_ptr,handle_button_interrupts)
```

在文件 altera_avalon_pio_regs.h 中有如下定义:

```
        #define IOWR_ALTERA_AVALON_PIO_IRQ_MASK(base,data)IOWR(base,2,data)
        #define IOWR_ALTERA_AVALON_PIO_EDGE_CAP(base,data)IOWR(base,3,data)
        #define  IOWR_ALTERA_AVALON_PIO_EDGE_CAP(base)     IOWR(base, 3)
```

第一个函数是使能中断函数,是按位来使能的,如 0xF 表示 4 位全部使能,而 0x7 表示使能低 3 位中断;第二个函数是设置边沿捕获寄存器函数,用来重新设定寄存器的值,一般在读取之后会重新设定为 0;第三个函数是读取边沿捕获寄存器函数,用来读取寄存器的值。

下面是 alt_irq_register 函数的原型,此函数用来声明 IRQ,在软件使用 IRQ 之前一定要先声明。

```
        extern int alt_irq_register (alt_u32 id,void* context,
        void(*irq_handler)(void*,alt_u32));
```

一般在开发按键中断程序时,handle_button_interrupts()和 init_button_pio()这两个函数可以直接使用,不用再编辑。

(4) 将程序编辑完之后,先进行设置,主要是选择 enable_small_c_library 和 enable_reduce_device_drives 选项,并将 stdout 设置为 JTAG_UART 然后进行编译,最后下载

到实验板进行验证。该程序的功能为：用户每按完一次按键之后，就会有信息从控制台反馈回来，同一个按键按的次数再多也只有在第一次按时有信息显示；当 4 个按键全部被按完后，系统功能结束。

6. 实验结果

分析实验结果，判断电路的逻辑功能是否满足设计要求；对调试中遇到的问题及解决方法进行分析总结。

对设计源程序、仿真波形、引脚分配情况、封装后的元件符号等进行截图，完成实验报告。

7.5　计数显示实验

1. 实验目的

(1) 综合运用显示输出设备。
(2) 深入了解中断编程。

2. 实验设备

硬件：PC 一台，TD-EDA/SOPC 综合实验平台或 DE2 开发板。
软件：Quartus Ⅱ 13.0、Nios Ⅱ 13.0 设计软件。

3. 实验原理

本节实验主要使用 LCM、七段数码管(Segment)、LED 以及按键(Button)，可以参考前面实验的相关内容，在此只介绍七段数码管的控制原理。七段数码管的硬件原理图请参考 7.4 节相关内容。

4. 实验内容

本实验是显示 count 的计数值(0～FF)，显示终端为 LED、七段数码管、16×2 液晶以及通过 RS232 串口连接的 PC 的超级终端；显示终端选择为 SW0～SW3 共 4 个按键。当 SW0 键按下时，只在 LED 上进行显示；当 SW1 键按下时，只在七段数码管上进行显示；当 SW2 键按下时，只在 LCM 上进行显示；当 SW3 键按下时，会同时在 LED、七段数码管、LCM 以及串口终端上进行显示。

5. 实验步骤

1) 硬件设计

(1) 本实验中需要使用的外围硬件有按键、LED、七段数码管及 16×2 液晶，当然还要使用 SDRAM 作为系统内存。

(2) 在 Qsys 中加入各模块，下面只简单介绍七段数码管的加入：由于本实验平台上使用的是两位的七段数码管，所以 I/O 口使用 16 个，设置好的七段数码管接口如图 7.5.1 所示。

(3) 设置好的系统架构如图 7.5.2 所示。
(4) 将 seg_pio[15..0]按照图 7.5.3 所示连接。
(5) 生成硬件配置文件后，下载到 FPGA 中。

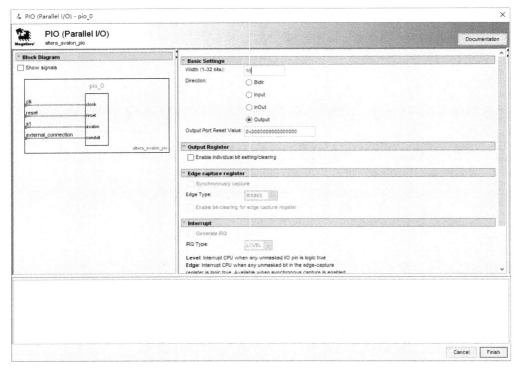

图 7.5.1　七段数码管控制设置

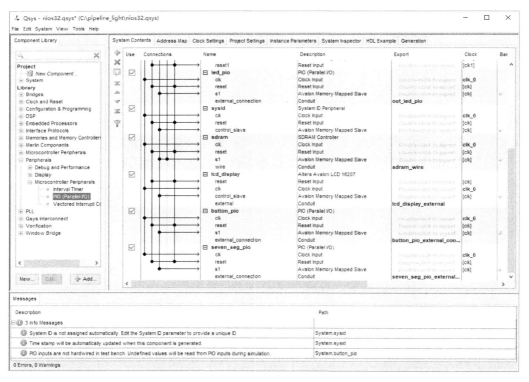

图 7.5.2　系统组建架构

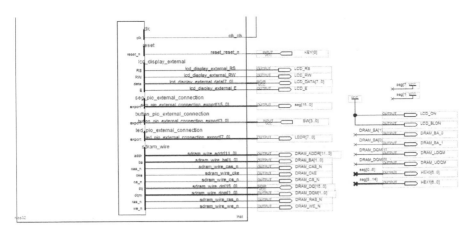

图 7.5.3 顶层结构图-segment 连接

2) 软件设计

(1) 打开 Nios Ⅱ 13.0 IDE 开发环境,根据刚刚建立的硬件 CPU 新建工程文件,在工程模板中选择 Count Binary,如图 7.5.4 所示。

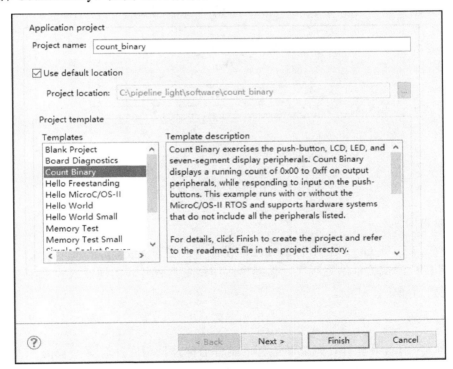

图 7.5.4 选择工程模板

(2) 对编译库进行设定,编译后下载到硬件系统中运行。

6. 实验结果

分析实验结果,判断电路的逻辑功能是否满足设计要求;对调试中遇到的问题及解决方法进行分析总结。

· 255 ·

对设计源程序、仿真波形、引脚分配情况、封装后的元件符号等进行截图，完成实验报告。

7.6 串口通信实验

1. 实验目的

(1)熟悉基于 FPGA 的嵌入式系统开发的步骤。
(2)熟悉 Nios Ⅱ 软核处理器的系统结构及串口通信模块的原理。
(3)熟悉基于 Nios Ⅱ 处理器的程序设计过程。

2. 实验设备

硬件：PC 一台，TD-EDA/SOPC 综合实验平台或 DE2 开发板。
软件：Quartus Ⅱ 13.0、Nios Ⅱ 13.0 设计软件，串口调试工具软件。

3. 实验原理

本节主要使用 LCM、七段数码管、LED、RS232 以及按键，可以参考前面实验的相关内容，在此只介绍 RS232 的控制原理。RS232 的硬件原理图如图 7.6.1 所示。

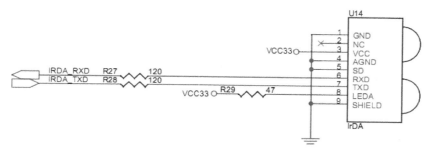

图 7.6.1　RS232 硬件原理图

4. 实验内容

本实验在 7.5 节 Qsys 中加上 RS232，设计一个基于 Nios Ⅱ 软核的嵌入式系统，使用 Nios Ⅱ 13.0 IDE 调试软件编写程序，借助串口调试工具软件，实现嵌入式系统与 PC 之间进行串口通信的功能。

5. 实验步骤

(1)运行 Quartus Ⅱ 软件，建立新工程，工程名称及顶层文件名称为 sopc。
(2)选择 File→New 菜单项，创建图形设计文件 SOPC.bdf，打开图形编辑器界面。
(3)选择 Tools→Qsys 菜单项，启动 Qsys 工具。
(4)按照前面的介绍,在 Avalon 模块下分别添加 cpu、jtag_uart、RS232、lcd_display、sdram、led_pio、seven_seg_pio 和 button_pio 模块。
(5)在 Avalon 模块中选择 Interface Protocols→Serial 下的 UART(RS-232 Serial Port)，单击 Add 按钮，添加串行通信模块。

(6)如图 7.6.2 所示的 UART 设置向导,Nios Ⅱ UART 模块是通用的串行接口,可以设置波特率、数据位数、校验方式和停止位数,并可选择控制信号。UART 在 Altera 器件内实现简单的 RS-232 异步发送与接收逻辑。通过两个外部引脚(TXD 和 RXD)发送和接收串行数据,用 6 个 16 位寄存器进行软件控制和数据通信。在图 7.6.2 中选择波特率为 115200,其他按照系统默认的选项不需要更改,将其命名为 RS232。

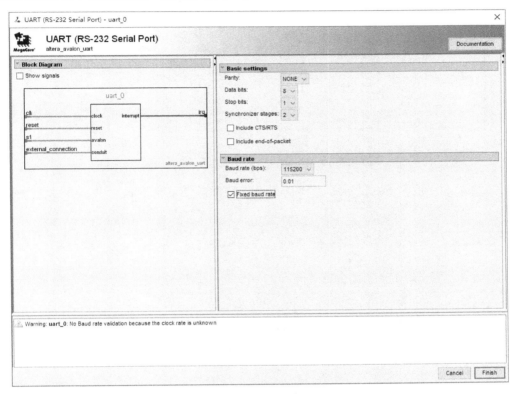

图 7.6.2　UART 设置向导

(7)选择 System 菜单中的 Assign Base Addresses 选项,对系统的基地址和中断进行重新分配。

(8)如图 7.6.3 所示,显示了最终的系统配置及其地址映射。

(9)双击 cpu 选项,对系统进行进一步的设置,指定系统的复位地址和执行地址为 sdram。选择 System Generation 选项,在 Qsys 生成页中选择 VHDL 选项。单击 Generate 按钮生成硬件系统文件,完成后单击 Exit 按钮退出 Qsys。

(10)在 BDF 文件窗口中,选择 nios32,将其放入图形设计文件窗口中。

(11)将 nios32 模块分配好引脚。

(12)选择 Processing→Start Compilation 菜单项,对系统进行分析、综合。

(13)在 Quartus Ⅱ 13.0 软件中,选择 Tools→Programmer 菜单项,对芯片进行配置,至此硬件设计工作已经完成。

(14)运行 Nios Ⅱ 13.0 IDE 软件开发环境,选择 File→New→C/C++ Application 菜单项,建立新工程。在 Nios Ⅱ 13.0 IDE 新工程向导的 Name 中填入软件工程的名称 UART;在 Qsys 中选择硬件配置文件(PTF 文件)所在的目录;在 Select Project Template 中选择使用的模板

Count Binary，根据图 7.6.4 所示设置库属性。完成后单击 Finish 按钮，然后编译、运行，通过 PC 的串口调试工具可以接收相关信息。

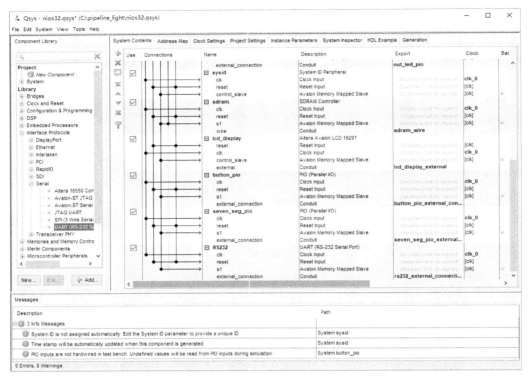

图 7.6.3　最终的 Nios Ⅱ 系统配置及其地址映射

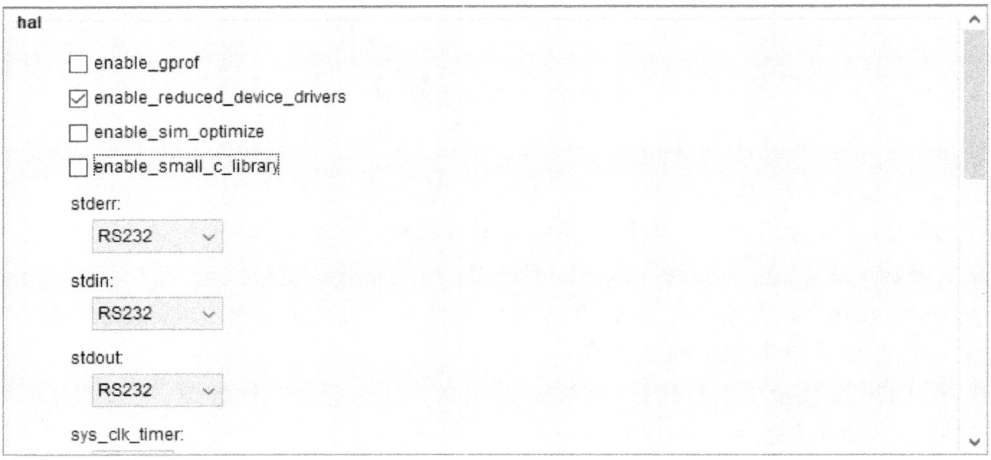

图 7.6.4　设置库属性

6. 实验结果

分析实验结果，判断电路的逻辑功能是否满足设计要求；对调试中遇到的问题及解决方法进行分析总结。

对设计源程序、仿真波形、引脚分配情况、封装后的元件符号等进行截图，完成实验报告。

7.7　外部 Flash 扩展实验

1. 实验目的

(1) 熟悉 Nios Ⅱ 软核处理器的系统结构。
(2) 了解系统自启动流程。
(3) 熟悉 Nios Ⅱ Flash Programmer。
(4) 熟悉使用 Qsys 建立带 Flash 的系统。

2. 实验设备

硬件：PC 一台，TD-EDA/SOPC 综合实验平台或 DE2 开发板。
软件：Quartus Ⅱ 13.0、Nios Ⅱ 13.0 设计软件。

3. 实验原理

不考虑硬件配置文件的存放问题，而只是将软件工程放在 Flash 中，并且在系统重启后自动执行 Flash 中的代码，那么在使用 Qsys 建立硬件系统时，就要加入 Flash 设备，同时要加入三态桥来连接 Flash 设备。

4. 实验内容

利用 Qsys 生成需要的硬件系统，并建立一个简单的计数程序，下载到 Flash 中，使系统重新上电后验证自启动。

5. 实验步骤

(1) 运行 Quartus Ⅱ 13.0 软件，建立新工程，工程名称及顶层文件名称为 sopc。
(2) 选择 File→New 菜单项，创建图形设计文件 sopc.bdf，打开图形编辑器界面。
(3) 选择 Tools→Qsys 菜单项，启动 Qsys 工具。
(4) 在 7.6 节的硬件结构中再加上 Flash Memory 和 EPCS Serial Flash Controller 模块。在 Quartus Ⅱ 13.0 中已经不能像之前版本那样在 Avalon 模块中选择 Memories and Memory Controllers 下的 Flash Memory（CFI），Quartus Ⅱ 13.0 中在 Qsys Interconnect 页面中选择 Tri-State Components 子页面，在这个子页面的 Generic Tri-State Controller 中添加 Flash 存储器。
(5) 在如图 7.7.1 所示的 Flash 存储器设置向导的 Address width 为 22bit、Data width 为 8 bit。
(6) 选择 Flash 存储器设置向导的 Signal Timing 选项卡，在如图 7.7.2 所示的 Flash 存储器时序设置向导中，Setup time 中填入 40，Read wait time 和 Write wait time 中都填入 160，Data hold time 中填入 40，单击 Finish 按钮完成 Flash 的设置，返回 Qsys 窗口，命名为 flash。
(7) 选择 System 菜单中的 Assign Base Addresses 选项，对系统的基地址和中断进行重新分配。如图 7.7.3 所示，显示了最终的系统配置及其地址映射。
(8) 对系统进行进一步的设置，系统的复位地址 Reset vector memory 指定为 flash，执行地址 Exception vector memory 指定为 sdram，如图 7.7.4 所示。选择 System Generation 选项，在 Qsys 生成页中选中 VHDL 选项。单击 Generate 按钮生成硬件系统文件。

(9) 建立顶层文件，加入 nios32 及 Pll，连接引脚，在 Assignments 下的 Device 页面，单击 Device and Pin Options 选项，在弹出的对话框中选择 Dual-Purpose Pins 子页面，将 nCEO 选项设置为 Use as regular I/O，运行引脚锁定文件，编译工程。

(10) 生成硬件文件，并下载到 FPGA 中。

(11) 运行 Nios Ⅱ IDE 软件开发环境，根据 7.6 节的例子建立一个 Counter 软件控制程序。

(12) 编译此程序，通过后下载到实验板上验证一下。

(13) 验证成功后，右击工程文件，选择 Nios Ⅱ→Flash Programmer 选项，选择刚刚建立的软件系统，同样，系统会自动检测电缆。

(14) 在 Flash Programmer 页面下找到刚刚建立的软件工程，将 FPGA 配置文件下载到 Flash 中，运行程序。

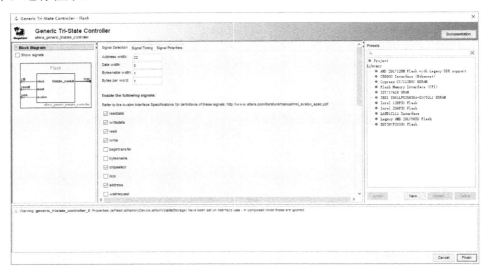

图 7.7.1　Flash 存储器设置向导

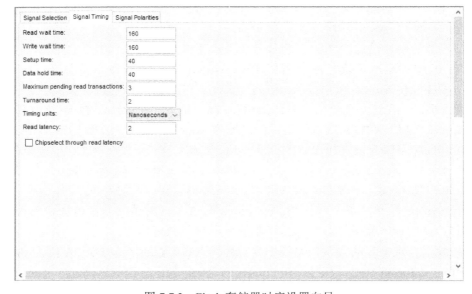

图 7.7.2　Flash 存储器时序设置向导

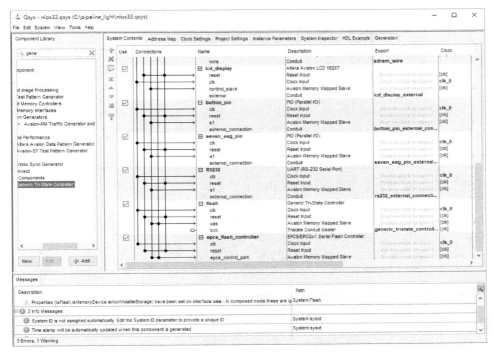

图 7.7.3　硬件架构

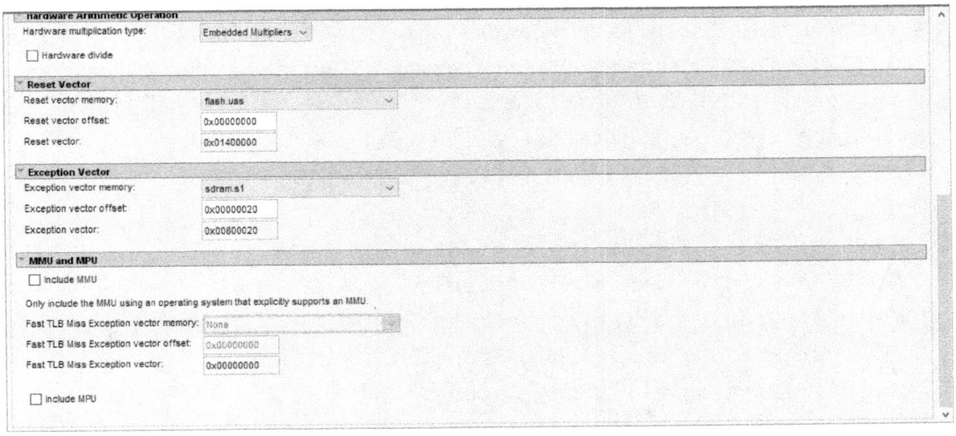

图 7.7.4　配置复位和执行地址

在目标连接栏下选择所使用的电缆，然后选择 Programmer Flash 选项进行编程。如果在控制台上有如下输出，则说明下载操作成功，其中，整个过程大概为 20s。

```
#!/bin/sh
#
# This file was automatically generated by the Nios Ⅱ IDE Flash Programmer.
#
# It will be overwritten when the flash programmer options change.
#
cd D:/Flash/software/count_flash/Debug
```

· 261 ·

```
# Creating .flash file for the FPGA configuration
"$SOPC_KIT_NIOS2/bin/sof2flash" --offset=0xC00000--input="D:/Flash/sopc.sof"--
output="sopc.flash"
Info:***********************************************************
Info: Running Quartus II Convert_programming_file
Info: Command: quartus_cpf --no_banner --convert D:/Flash/sopc.sof sopc.rbf
Info: Quartus II Convert_programming_file was successful. 0 errors, 0 warnings
    Info: Peak virtual memory: 53 megabytes
    Info: Processing ended: Wed Dec 30 17:15:50 2009
Info: Elapsed time: 00:00:00
Info: Total CPU time (on all processors): 00:00:01
# Programming flash with the FPGA configuration
"$SOPC_KIT_NIOS2/bin/nios2-flash-programmer" --base=0x00000000 "sopc.flash"
Using cable "USB-Blaster [USB-0]", device 1, instance 0x00
Resetting and pausing target processor: OK
Input file is too large to fit (device size = 0x400000)
Leaving target processor paused
# Creating .flash file for the project
"$SOPC_KIT_NIOS2/bin/elf2flash" --base=0x00000000 --end=0x3fffff --reset=0x0 --i
nput="count_flash.elf"--output="cfi_flash.flash" --boot="C:/altera/80/ip/nios2_
ip/altera_nios2/boot_loader_cfi.srec"
# Programming flash with the project
"$SOPC_KIT_NIOS2/bin/nios2-flash-programmer" --base=0x00000000 "cfi_flash.flash"
Using cable "USB-Blaster [USB-0]", device 1, instance 0x00
Resetting and pausing target processor: OK
          : Checksumming existing contents
00000000: Reading existing contents
00002000: Reading existing contents
00004000: Reading existing contents
00006000: Reading existing contents
00008000: Reading existing contents
0000A000: Reading existing contents
0000C000: Reading existing contents
Checksummed/read 7KB in 0.1s
00000000 ( 0%): Erasing
00002000 (14%): Erasing
00004000 (28%): Erasing
00006000 (42%): Erasing
00008000 (57%): Erasing
0000A000 (71%): Erasing
0000C000 (85%): Erasing
Erased 56KB in 2.8s (20.0KB/s)
00000000 ( 0%): Programming
```

```
00002000 (14%): Programming
00004000 (28%): Programming
00006000 (42%): Programming
00008000 (57%): Programming
0000A000 (71%): Programming
0000C000 (85%): Programming
Programmed 50KB +6KB in 1.1s (50.9KB/s)
Device contents checksummed OK
Leaving target processor paused
```

(15) 将软件下载到 Flash 后，接下来将 Nios Ⅱ 的硬件 led.pof 文件加载到 EPCS 芯片中。将系统断电后上电，系统就能够自动启动，板上状态灯的使用可以参考前面的实验部分，用户可以自行编写其他程序来验证从 Flash 中加载软、硬件。

6. 实验结果

分析实验结果，判断电路的逻辑功能是否满足设计要求；对调试中遇到的问题及解决方法进行分析总结。

对设计源程序、仿真波形、引脚分配情况、封装后的元件符号等进行截图，完成实验报告。

7.8 添加用户组件外设实验

1. 实验目的

(1) 了解 Nios Ⅱ 软核处理器的系统结构。
(2) 了解用户自定制 Avalon 外设的设计过程。
(3) 了解基于 Nios Ⅱ 处理器的程序设计过程。

2. 实验设备

硬件：PC 一台，TD-EDA/SOPC 综合实验平台或 DE2 开发板，示波器一台。
软件：Quartus Ⅱ 13.0、Nios Ⅱ 13.0 设计软件。

3. 实验原理

本节实验主要根据 Avalon 总线自定义一个脉冲宽度调制(PWM)组件，其他模块可以参考前面实验的相关内容，在此只介绍 PWM 原理。PWM 是一种对模拟信号电平进行数字编码的方法。通过高分辨率计数器的使用，方波的占空比被调制用来对一个具体模拟信号的电平进行编码。

4. 实验内容

Nios Ⅱ 包括一个常用外围设备及接口库，这个库在 Altera FPGA 中可以免费使用。对于只使用系统模块内部外设的系统，用户不必考虑 Avalon 外设连接 Avalon 总线的细节。然而，大多数系统需要连接片外的存储器设备。用户必须手工将系统模块外的外设(包括片外设备)

连接到Avalon总线端口。此外，许多系统通过三态总线将Avalon信号驱动到片外，从而通过同样的地址和数据物理引脚可以访问多个片外设备。

由于Nios Ⅱ是一个位于FPGA中的软核处理器，用户开发的外围设备和接口可以通过引入向导轻松地引入Nios Ⅱ处理器系统中，为设计再利用提供了简便的方法。

本实验对Avalon Slave外设的设计进行介绍，设计一个PWM外设，PWM的输出将连接到FPGA外的LED上，通过控制PWM外设寄存器可以对LED的亮度进行控制，也可通过示波器观察PWM的输出脉冲。PWM电路在控制系统的应用中比较常见。PWM的具体设计要求如下。

(1) 信号的周期可调。
(2) 脉冲的宽度可调。
(3) 可以控制PWM的输出使能。

5. 实验步骤

(1) 运行Quartus Ⅱ 13.0软件，建立新工程，工程名称及顶层文件名称为AVALON_PWM。

(2) 选择File→New菜单项，创建VHDL设计文件AVALON_PWM.vhd，在文本编辑器界面中编写VHDL程序，源程序如下：

```vhdl
--PWM脉冲调制器组件VHDL源程序
LIBRARY IEEE;
USE IEEE.STD_LOGIC_1164.ALL;
USE IEEE.STD_LOGIC_UNSIGNED.ALL;
ENTITY AVALON_PWM IS
PORT(CLK : IN STD_LOGIC;
    WR_DATA: IN STD_LOGIC_VECTOR(31 DOWNTO 0);
    BYTE_N: IN STD_LOGIC_VECTOR(3 DOWNTO 0);
    CS: IN STD_LOGIC;
    WR_N: IN STD_LOGIC;
    ADDR: IN STD_LOGIC;
    CLR_N: IN STD_LOGIC;
    RD_DATA: OUT STD_LOGIC_VECTOR(31 DOWNTO 0);
    PWM_OUT: OUT STD_LOGIC_VECTOR(3 DOWNTO 0));
END ENTITY AVALON_PWM;
ARCHITECTURE BEHV OF AVALON_PWM IS
  SIGNAL DIV, DUTY,COUNTER : STD_LOGIC_VECTOR(31 DOWNTO 0);
  SIGNAL PWM_ON: STD_LOGIC;
    BEGIN
      RD_DATA<=DIV WHEN ADDR='0' ELSE DUTY;
    WRITE: PROCESS(CLK,CLR_N)
      BEGIN
        IF (CLR_N='0') THEN
          DIV <=(OTHERS=>'0');
          DUTY <=(OTHERS=>'0');
        ELSIF CLK'EVENT AND CLK='1' THEN
```

```vhdl
IF CS='1' AND WR_N='0' THEN
    IF ADDR='0' THEN
       IF BYTE_N(3)='0' THEN
          DIV(31 DOWNTO 24)<=WR_DATA(31 DOWNTO 24);
        ELSE
          DIV(31 DOWNTO 24)<=DIV(31 DOWNTO 24);
       END IF;
        IF BYTE_N(2)='0' THEN
          DIV(23 DOWNTO 16)<=WR_DATA(23 DOWNTO 16);
        ELSE
          DIV(23 DOWNTO 16)<=DIV(23 DOWNTO 16);
       END IF;
        IF BYTE_N(1)='0' THEN
          DIV(15 DOWNTO 8)<=WR_DATA(15 DOWNTO 8);
        ELSE
          DIV(15 DOWNTO 8)<=DIV(15 DOWNTO 8);
       END IF;
        IF BYTE_N(0)='0' THEN
          DIV(7 DOWNTO 0)<=WR_DATA(7 DOWNTO 0);
        ELSE
          DIV(7 DOWNTO 0)<=DIV(7 DOWNTO 0);
       END IF;
    ELSE
        IF BYTE_N(3)='0' THEN
          DUTY(31 DOWNTO 24)<=WR_DATA(31 DOWNTO 24);
         ELSE
          DUTY(31 DOWNTO 24)<=DUTY(31 DOWNTO 24);
        END IF;
         IF BYTE_N(2)='0' THEN
          DUTY(23 DOWNTO 16)<=WR_DATA(23 DOWNTO 16);
         ELSE
          DUTY(23 DOWNTO 16)<=DUTY(23 DOWNTO 16);
        END IF;
         IF BYTE_N(1)='0' THEN
          DUTY(15 DOWNTO 8)<=WR_DATA(15 DOWNTO 8);
         ELSE
          DUTY(15 DOWNTO 8)<=DUTY(15 DOWNTO 8);
        END IF;
         IF BYTE_N(0)='0' THEN
          DUTY(7 DOWNTO 0)<=WR_DATA(7 DOWNTO 0);
         ELSE
          DUTY(7 DOWNTO 0)<=DUTY(7 DOWNTO 0);
        END IF;
    END IF;
```

```
            END IF;
          END IF;
        END PROCESS;
        DIVIDER: PROCESS(CLK,CLR_N)
          BEGIN
            IF CLR_N='0' THEN
              COUNTER<=(OTHERS=>'0');
            ELSIF CLK'EVENT AND CLK='1' THEN
              IF COUNTER>=CONV_INTEGER(DIV) THEN
                COUNTER<=(OTHERS=>'0');
              ELSE
                COUNTER<=COUNTER+'1';
              END IF;
            END IF;
        END PROCESS;
        DUTY_CYCLE: PROCESS(CLK,CLR_N)
          BEGIN
            IF CLR_N='0' THEN
              PWM_ON<='1';
            ELSIF CLK'EVENT AND CLK='1' THEN
             IF COUNTER>=CONV_INTEGER(DUTY) THEN
              PWM_ON<='0';
             ELSIF COUNTER="00000000000000000000000000000000" THEN
              PWM_ON<='1';
             ELSE
              PWM_ON<=PWM_ON;
             END IF;
            END IF;
        END PROCESS;
      PWM_OUT<=PWM_ON & PWM_ON & PWM_ON & PWM_ON ;
    END BEHV;
```

(3) 选择 Processing→Start Compilation 菜单项，对程序进行分析、综合。

(4) 运行 Quartus Ⅱ 13.0 软件，建立新工程，工程名称及顶层文件名称为 sopc。

(5) 选择 File→New 菜单项，创建图形设计文件 sopc.bdf，打开图形编辑器界面。

(6) 选择 Tools→Qsys 菜单项，启动 Qsys 工具。

(7) 选择 File→New Component 菜单项，新建一个外设。在如图 7.8.1 所示的 Files 选项卡中单击"+"按钮，在对话框中选择 AVALON_PWM.vhd 文件。

(8) 在 Signals 选项卡中，手动更改 Signals 列表的信号，如图 7.8.2 所示。

(9) 在 Interfaces 选项卡中，如图 7.8.3(a)和(b)所示进行设置。

(10) 在 Component Type 选项卡中，如图 7.8.4 所示进行设置，元件命名为 AVALON_PWM。

(11) 单击 Finish 按钮，完成 AVALON_PWM 元件的设置。设置完成后可以在 Qsys 的 Component Library 元件模拟池中看到添加了一个 Other 选项，其中的元件就是用户自己定制的 AVALON_PWM 元件。

图 7.8.1 添加 VHDL 文件

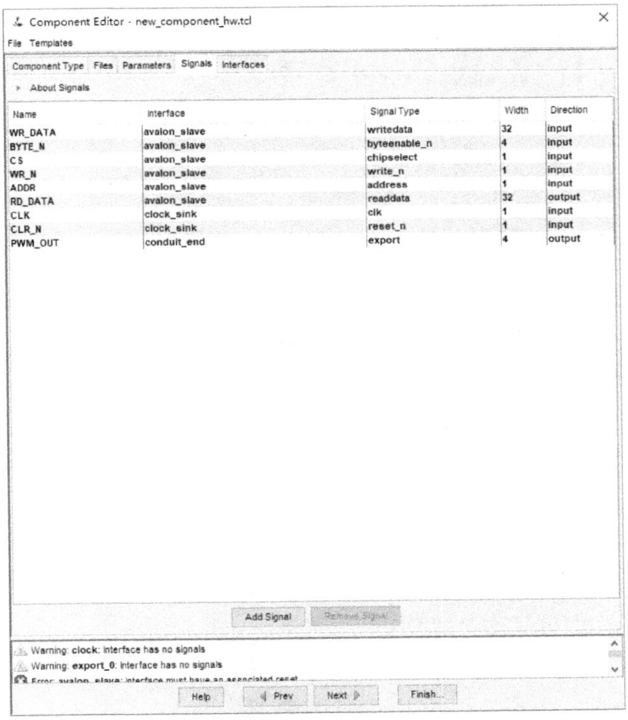

图 7.8.2 Signals 选项卡

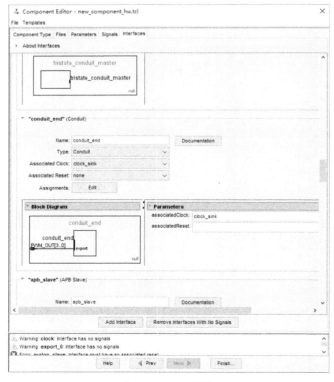

(a) avalon_slave 设置

(b) conduit_end 设置

图 7.8.3 Interfaces 选项卡

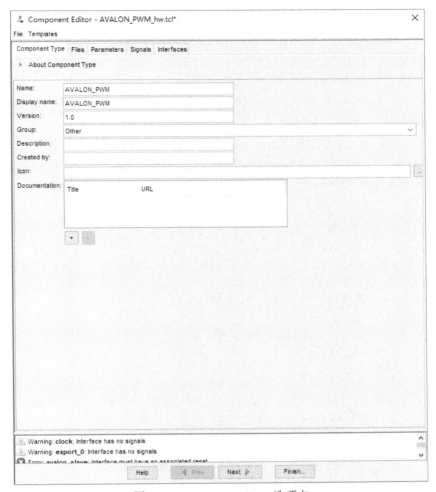

图 7.8.4 Component Type 选项卡

(12) 在 Avalon 模块下分别添加 Nios Ⅱ Processor、JTAG UART、SDRAM、AVALON_PWM，分别重命名为 cpu、jtag_uart、sdram、pwm。

(13) 选择 System 菜单中的 Assign Base Addresses 选项，对系统的基地址和中断进行重新分配。

(14) 对 cpu 进行进一步设置，指定系统的复位地址和执行地址为 sdram。选择 System Generation 选项，在 Qsys 生成页中选中 VHDL 选项。单击 Generate 按钮生成硬件系统文件，完成后执行 File→Exit 命令退出 Qsys。

(15) 在 BDF 文件窗口，选择 nios32，将其放入图形设计文件窗口中，注意 sdram 需要外接额外的时钟，这样就加个锁相环来分别产生两个时钟，可参看前面的设计。

(16) 将 PWM_NIOS Ⅱ 模块与输入(input)、输出(output)、双向(bidir)接口连接，将所有无用的引脚置为输入状态，三态，对工程进行引脚分配。

(17) 选择 Processing→Start Compilation 菜单项，对此工程进行编译，生成可以配置到 FPGA 的 SOF 文件。

(18) 在 Quartus Ⅱ 13.0 软件中，选择 Tools→Programmer 菜单项，对芯片进行配置，至此硬件设计工作已经完成。

(19) 运行 Nios Ⅱ 13.0 IDE 软件开发环境，选择 File→New→C/C++ Application 菜单项，建立新工程。在 Nios Ⅱ 13.0 IDE 新工程向导的 Name 中填入软件工程的名称 PWM；在 Qsys 中选择硬件配置文件（PTF 文件）所在的目录；在 Select Project Template 中选择使用的模板 Blank Project，完成后单击 Finish 按钮进行编译、运行。

(20) 右击工程项目，执行 New→Source File 命令，新建文件 PWM.C，在 Nios Ⅱ IDE 文本编辑器中编写程序，源程序如下：

```c
#include<stdio.h>
#include "altera_avalon_pwm.h"
#include "system.h"
int main()
{int rx_char;
char line[100];
 printf("Hello from Nios Ⅱ!\n");
 printf("\nPlease enter an LED intensity between 1 to 4 (0 to exit)\n");
 IOWR_ALTERA_AVALON_PWM_DIVIDER(PWM_BASE,0xFF);
 IOWR_ALTERA_AVALON_PWM_DUTY(PWM_BASE,0xFF);
while (1)
 {fgets(line, sizeof(line),stdin);
  sscanf(line,"%d",&rx_char);
switch (rx_char)
    {case 4:
       IOWR_ALTERA_AVALON_PWM_DUTY(PWM_BASE,0xFF);
        printf("Level 4 intensity\n");
break;
case 3:
       IOWR_ALTERA_AVALON_PWM_DUTY(PWM_BASE,0x70);
        printf("Level 3 intensity\n");
break;
case 2:
       IOWR_ALTERA_AVALON_PWM_DUTY(PWM_BASE,0x40);
        printf("Level 2 intensity\n");
break;
case 1:
       IOWR_ALTERA_AVALON_PWM_DUTY(PWM_BASE,0x20);
        printf("Level 1 intensity\n");
break;
case 0:
return 0;
break;
default:
        printf("Please enter an INTEGER value from 0 to 4\n");
break;
    }
 }
return 0;
```

}

(21) 程序编写完成后，右击工程文件，选择 Build Project 选项对工程进行编辑。

(22) 对程序进行编译运行后，在 Console 窗口中可以看到程序运行结果。输入 1～4 在开发板上可以观察到 LED 的亮度变化，也可用示波器观察输出的波形。

6. 实验结果

分析实验结果，判断电路的逻辑功能是否满足设计要求；对调试中遇到的问题及解决方法进行分析总结。

对设计源程序、仿真波形、引脚分配情况、封装后的元件符号等进行截图，完成实验报告。

7.9 DS18B20 数字温度传感器应用实验

1. 实验目的

(1) 掌握基本的开发流程。
(2) 熟悉 Quartus Ⅱ 13.0 软件的使用。
(3) 熟悉 Nios Ⅱ 13.0 IDE 开发环境。

2. 实验设备

硬件：PC 一台，DS18B20 温度传感器，TD-EDA/SOPC 综合实验平台或 DE2 开发板。
软件：Quartus Ⅱ 13.0、Nios Ⅱ 13.0 设计软件。

3. 实验原理

1) DS18B20 简介

DALLAS 最新单线数字温度传感器 DS18B20 是一种最新型的"一线器件"，其体积更小、更适用于多种场合，且适用电压更宽、更经济。DALLAS 半导体的数字化温度传感器 DS18B20 是世界上第一片支持"一线总线"接口的温度传感器，温度测量范围为–55～+125℃，可编程 9～12 位转换精度，测温分辨率可达 0.0625℃，分辨率设定参数以及用户设定的报警温度存储在 EEPROM 中，掉电后依然保存。被测温度用符号扩展的 16 位数字量方式串行输出；其工作电源既可以在远端引入，也可以采用寄生电源方式产生；多个 DS18B20 可以并联到 3 根或 2 根线上，CPU 只需一根端口线就能与诸多 DS18B20 通信，占用微处理器的端口较少，可节省大量的引线和逻辑电路。因此，用它来组成一个测温系统时线路简单，一根通信线可以挂很多这样的数字温度计，十分方便。

DS18B20 的性能特点如下。

(1) 独特的双向接口方式，DS18B20 在与微处理器连接时仅需要一条数据通路即可实现微处理器与 DS18B20 的双向通信。

(2) DS18B20 支持多点组网功能，多个 DS18B20 可以并联在唯一的三线上，实现组网多点测温。

(3) DS18B20 在使用中不需要任何外围元件，全部传感元件及转换电路集成在形如一只三极管的集成电路内，适应电压范围更宽，电压范围为 3.0～5.5V，在寄生电源方式下可由数据线供电。

(4)测温范围为–55~+125℃,在–10~+85℃时精度为±0.5℃。

(5)待机功耗低。

(6)可编程的分辨率为 9~12 位,对应的可分辨温度分别为 0.5℃、0.25℃、0.125℃和 0.0625℃,可实现高精度测温。

(7)9 位分辨率时最多在 93.75ms 内把温度值转换为数字,12 位分辨率时最多在 750ms 内把温度值转换为数字,速度更快。

(8)用户可定义报警设置。

(9)报警搜索命令识别并标志超过程序限定温度(温度报警条件)的器件。

(10)测量结果直接输出数字温度信号,以"一线总线"串行传送给 CPU,同时可传送 CRC 校验码,具有极强的抗干扰纠错能力。

(11)负电压特性,电源极性接反时,温度计不会因发热而烧毁,但不能正常工作。

以上特点使 DS18B20 非常适用于多点、远距离温度检测系统。DS18B20 内部结构主要由 4 部分组成:64 位光刻 ROM、温度传感器、非挥发的温度报警触发器 TH 和 TL、配置寄存器。DS18B20 的引脚排列、TO-92 封装形式如图 7.9.1 所示,DQ 为数据输入/输出引脚、开漏单总线接口引脚,当用在寄生电源下时,也可以向器件提供电源;GND 为地信号;V_{DD} 为可选择的 V_{DD} 引脚。当工作于寄生电源时,此引脚必须接地。

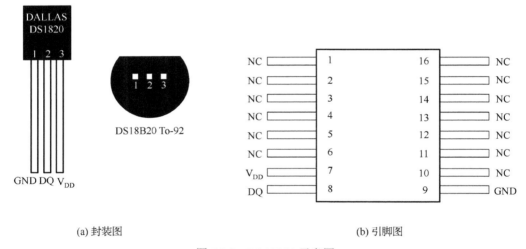

(a) 封装图　　　　　　　　　　　　(b) 引脚图

图 7.9.1　DS18B20 示意图

DS18B20 的引脚功能描述如表 7.9.1 所示。

表 7.9.1　DS18B20 引脚功能描述

序号	名称	功能描述
1	GND	地信号
2	DATA	数据输入/输出引脚,开漏单总线接口引脚,当用于寄生电源下时,可提供电源
3	V_{DD}	可选择的 V_{DD} 引脚。当工作于寄生电源时,此引脚必须接地

2) DS18B20 内部结构

图 7.9.2 为 DS18B20 的内部框图,主要包括温度传感器、64 位 ROM 和单线接口、存放

中间数据的高速缓存(内含 RAM)、用于存储用户设定的温度上下限值的 TH 和 TL 触发器、存储器与控制逻辑、8 位循环冗余校验码(CRC)发生器等 6 部分。

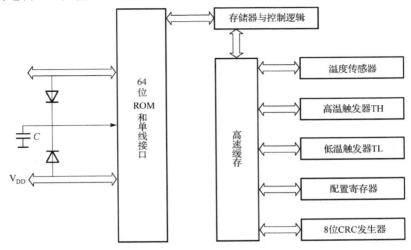

图 7.9.2 DS18B20 温度传感器的内部存储结构

64 位闪速 ROM 的结构如图 7.9.3 所示。

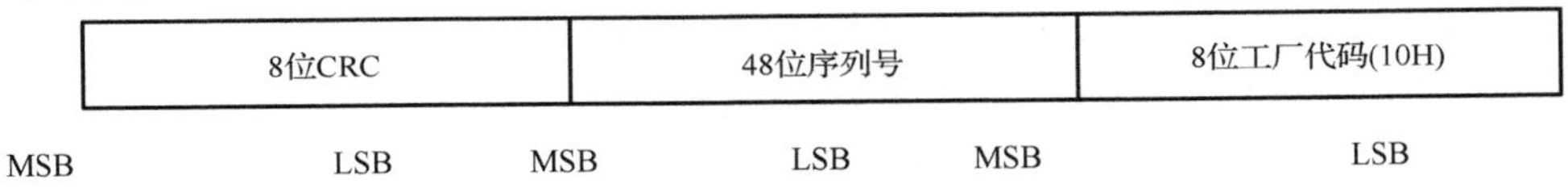

8位CRC	48位序列号	8位工厂代码(10H)
MSB LSB	MSB LSB	MSB LSB

图 7.9.3 64 位闪速 ROM 的结构

开始 8 位是产品类型的编号,接着是每个器件的唯一序号,共有 48 位,最后 8 位是前面 56 位的 CRC 码,这也是多个 DS18B20 可以采用一线进行通信的原因。温度报警触发器 TH 和 TL,可通过软件写入用户报警上下限,其还包括一个高速暂存 RAM 和一个非易失性的电可擦除的 EERAM。高速暂存 RAM 的结构为 8 字节的存储器,结构如图 7.9.4 所示。

Byte 0	温度测量值LSB(50H)
Byte 1	温度测量值MSB(50H)
Byte 2	TH高温寄存器
Byte 3	TL低温寄存器
Byte 4	配置寄存器
Byte 5	预留(FFH)
Byte 6	预留(OCH)
Byte 7	预留(IOH)
Byte 8	CRC码

图 7.9.4 高速暂存 RAM 结构图

前 2 字节存储测得的温度信息;第 3 和第 4 字节存储 TH 和 TL 的报警温度;第 5 字节为配置寄存器,用于确定温度值的数字转换分辨率。DS18B20 工作时寄存器中的分辨率转换为相应精度的温度数值。

当DS18B20接收到温度转换命令后开始启动温度转换,转换完成后的温度值就以16位带符号扩展的二进制补码形式存储在高速暂存器的第1、2字节。FPGA可通过双向接口读到该数据,读取时低位在前,高位在后,数据格式以0.0625℃/LSB形式表示。温度值格式如图7.9.5所示。

图7.9.5 温度值格式

图7.9.5中的两字节是温度转化后得到的12位数据,存储在DS18B20两字节的RAM中,MSB字节中的前面5位是符号位,如果测得的温度大于0,则这5位为0,只要将测到的数值乘以0.0625即可得到实际温度;如果温度小于0,则这5位为1,测到的数值需要取反加1再乘以0.0625即可得到实际温度。S表示符号位,对应的温度计算规则为:当符号位S=0时,表示测得的温度为正值,直接将二进制位转换为十进制;当S=1时,表示测得的温度为负值,需要将补码变换为原码,再计算十进制值。例如,+120℃的数字输出为0780H,+20.0625℃的数字输出为0141H,-20.0625℃的数字输出为FFBFH,-50℃的数字输出为FDE0H。

DS18B20温度传感器主要用于对温度进行测量,数据可用16位符号扩展的二进制补码读数形式提供,并以0.0625℃/LSB形式表示。

DS18B20完成温度转换后,就把测得的温度值与RAM中的TH、TL字节内容做比较,若温度值$T > TH$或$T < TL$,则将该器件内的报警标志置位,并对主机发出的报警搜索命令做出响应。因此,可用多只DS18B20同时测量温度并进行报警搜索。

3) DS18B20读/写时序

由于DS18B20根据单总线进行通信,因此它和主机(FPGA)通信需要串行通信,所以Nios Ⅱ的双向接口访问DS18B20必须遵守如下协议:初始化、ROM操作命令、存储器操作命令和控制操作。要使传感器工作,一切处理均严格按照时序。

主机发送(Tx)复位脉冲(最短为480μs的低电平信号),接着主机便释放此线并进入接收方式(Rx)。总线经过4.7kΩ的上拉电阻被拉至高电平状态。在检测到I/O引脚上的上升沿之后,DS18B20等待15~60μs,并且接着发送脉冲(60~240μs的低电平信号)。然后以存在复位脉冲表示DS18B20已经准备好发送或接收,再给出正确的ROM命令和存储操作命令的数据。DS18B20通过使用时间片来读出和写入数据。时间片用于处理数据位和进行何种指定操作的命令,有写时间片和读时间片两种。

(1) 写时间片:当主机把数据线从逻辑高电平拉至逻辑低电平时,产生写时间片。有两种类型的写时间片,分别为写1时间片和写0时间片。所有时间片必须有60μs的持续期,在各写周期之间必须有最短为1μs的恢复时间。

(2) 读时间片:从DS18B20读数据时,使用读时间片。当主机把数据线从逻辑高电平拉至逻辑低电平时产生读时间片。数据线在逻辑低电平必须保持至少 1μs，来自 DS18B20 的输出数据在时间下降沿之后的 15μs 内有效。为了读出从读时间片开始算起 15μs 的状态，主机必须停止把引脚驱动拉至低电平。在时间片结束时，I/O 引脚经过外部的上拉电阻拉回高电平，所有读时间片的最短持续期为 60μs，包括两个读周期间至少 1μs 的恢复时间。

一旦主机检测到 DS18B20 的存在，它便可以发送一个 ROM 器件操作命令。所有 ROM 操作命令均为 8 位长。

对于所有的串行通信，读/写每一位数据都必须严格遵守器件的时序逻辑来编程，同时还必须遵守总线命令序列。对单总线的 DS18B20 芯片来说，访问每个器件都要遵守下列命令序列：首先是初始化，其次执行 ROM 命令，最后执行功能命令。如果出现序列混乱，则单总线器件不会响应主机。当然，对于搜索 ROM 命令和报警搜索命令，在执行两者中任何一条命令之后，都要返回初始化。

基于单总线的所有传输过程都是以初始化开始的，初始化过程由主机发出的复位脉冲和从机响应的应答脉冲组成。应答脉冲使主机知道，总线上有从机且准备就绪。

主机检测到应答脉冲后，就可以发出 ROM 命令，这些命令与各个从机设备的唯一 64 位 ROM 代码相关。主机发出 ROM 命令后就可以访问某个指定的 DS18B20，接着就可以发出 DS18B20 支持的某个功能命令，这些命令允许主机写入或读出 DS18B20 便笺式 RAM，启动温度转换。软件实现 DS18B20 的工作严格遵守单总线协议。

(1) 主机首先发出一个复位脉冲，信号线上的 DS18B20 器件被复位。

(2) 主机发送 ROM 命令，程序开始读取单个在线的芯片 ROM 编码并保存在 FPGA 数据存储器中，把用到的 DS18B20 的 ROM 编码离线读出，最后用一个二维数组保存 ROM 编码，数据保存在 X25043 中。

(3) 系统工作时，把读取了编码的 DS18B20 挂在总线上。发出温度转换命令，再将总线复位。

(4) 从二维数组匹配在线的温度传感器，随后发出温度读取命令就可以获得相对应的温度值了。

下面介绍 DS18B20 的读时序和写时序。

(1) DS18B20 的读时序。DS18B20 的读时序分为读 0 时序和读 1 时序两个过程。对于 DS18B20 的读时序是从主机把单总线拉低之后，在 15s 之内就得释放单总线，以使 DS18B20 把数据传输到单总线上。DS18B20 完成一个读时序过程至少需要 60μs，如图 7.9.6 所示。

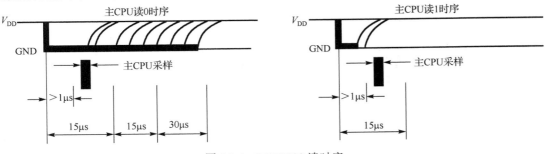

图 7.9.6　DS18B20 读时序

(2) DS18B20 的写时序。DS18B20 的写时序仍然分为写 0 时序和写 1 时序两个过程。对于 DS18B20 写 0 时序和写 1 时序的要求不同。当要写 0 时序时，单总线要被拉低至少 60μs，保证 DS18B20 能够在 15~45μs 正确地采样 I/O 总线上的 0 电平；当要写 1 时序时，单总线被拉低之后 15μs 之内就得释放单总线，如图 7.9.7 所示。

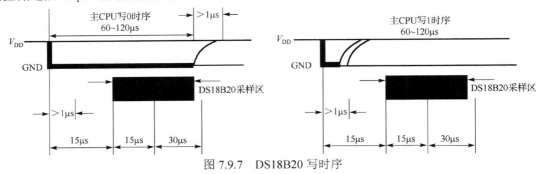

图 7.9.7　DS18B20 写时序

4．实验内容

根据 DS18B20 数字温度传感器的主要特征和数据传输时序，设计 Nios Ⅱ 系统与 FPGA 进行数据通信，最后把温度值通过 LCD 显示出来。

5．实验步骤

本实验属于工程类综合实验，所以将详细介绍实验操作的每一个步骤，以方便读者熟悉基于 Nios Ⅱ 的工程开发流程。一般步骤如下。

(1) 在 Quartus Ⅱ 13.0 中建立工程。
(2) 用 Qsys 建立 Nois Ⅱ 系统模块。
(3) 在 Quartus Ⅱ 13.0 中的图形编辑界面中进行引脚连接、锁定工作。
(4) 编译工程后下载到 FPGA 中。
(5) 在 Nios Ⅱ 13.0 IDE 中根据硬件建立软件工程。
(6) 编译后，经过简单设置下载到 FPGA 中进行调试、实验。

1) 硬件设计

(1) 运行 Quartus Ⅱ 13.0 软件，选择 File→New Project Wizard 菜单项，选择工程目录名称、工程名称及顶层文件名称为 DS18B20，在选择器件设置对话框中选择目标器件，建立新工程。本实验在 PC 的 C 盘下建立了名为 DS18B20 的工程文件夹，器件设置中选择 EP2C35F672C6 芯片，如图 7.9.8 和图 7.9.9 所示。

图 7.9.8　建立工程文件夹

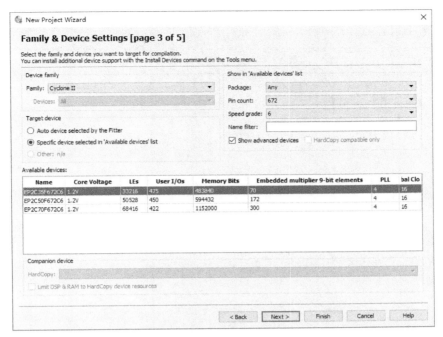

图 7.9.9　选择 FPGA 芯片

(2) 选择 Tools→Qsys 菜单项，弹出如图 7.9.10 所示的 Qsys 软件界面。

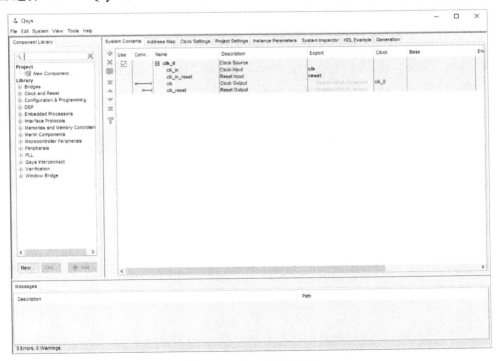

图 7.9.10　Qsys 软件界面

(3) 在 System Contents 选项卡中双击 clk_0 时钟信号，更改系统频率为 100MHz，如图 7.9.11 所示。

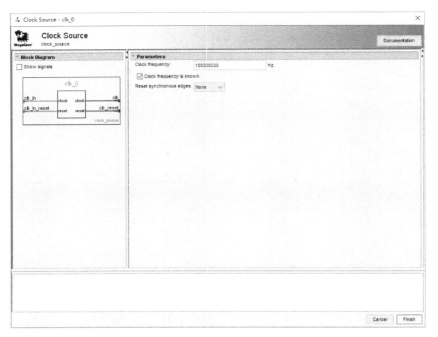

图 7.9.11　设定系统时钟频率

(4)在左边元件池中选择需要的元件：Nios Ⅱ 32 位 CPU、JTAG UART Interface、一个片上 RAM、一个 SDRAM 控制器、控制 LCD 用的 4 个 PIO 及一个控制 DS18B20 的三态双向 PIO。首先添加 Nios Ⅱ 32 位 CPU，如图 7.9.12 所示，双击 Nios Ⅱ Processor 或者选中后单击 Add 按钮，弹出如图 7.9.13 和图 7.9.14 所示的 Nios Ⅱ Processor 设置对话框，分别在 Core Nios Ⅱ 和 JTAG Debug Module 选项中选择 Nios Ⅱ/f 和 Level 1，其他设置保持默认选项，单击 Finish 按钮后返回 Qsys 窗口，命名为 cpu，如图 7.9.15 所示。

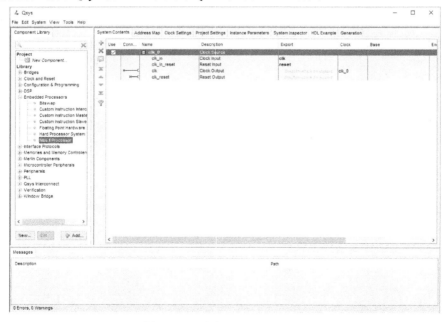

图 7.9.12　选择 Nios Ⅱ 处理器

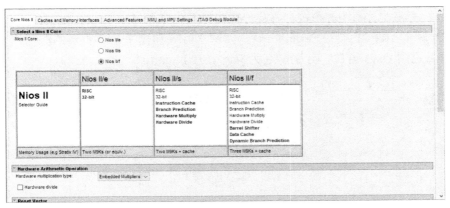

图 7.9.13　设置 Nios Ⅱ 处理器类型

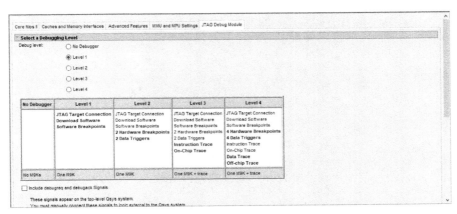

图 7.9.14　设置 Nios Ⅱ 处理器等级

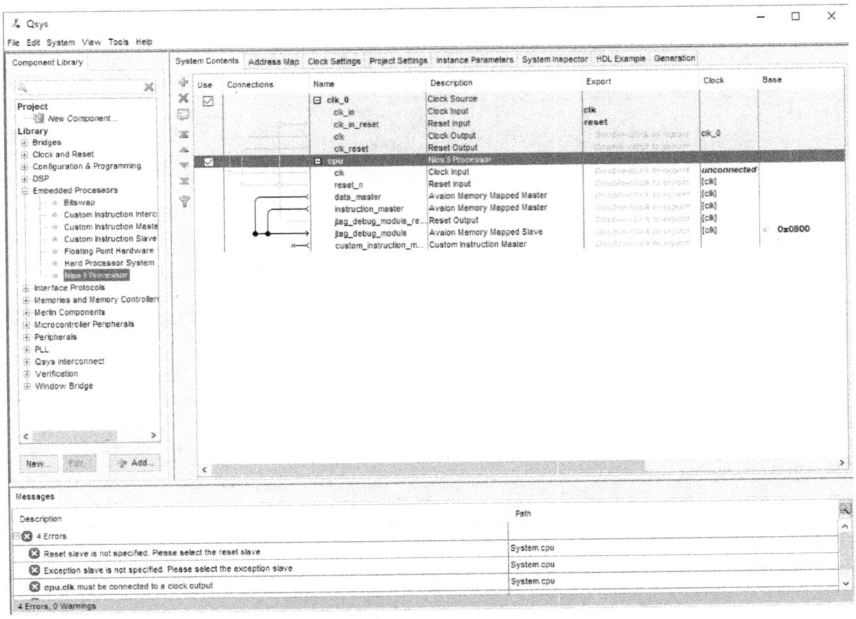

图 7.9.15　命名为 cpu

(5) 添加 JTAG UART Interface。在图 7.9.10 中选择 Interface Protocols→Serial，分别双击 JTAG UART 和 UART（RS-232 Serial Port），按图 7.9.16 和图 7.9.17 所示的对话框设置，单击 Finish 按钮后返回 Qsys 窗口，分别命名为 jtag_uart 和 uart。

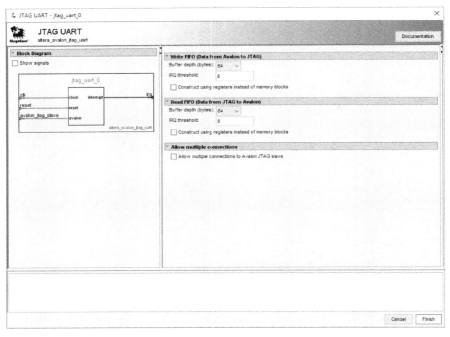

图 7.9.16 设置 JTAG UART

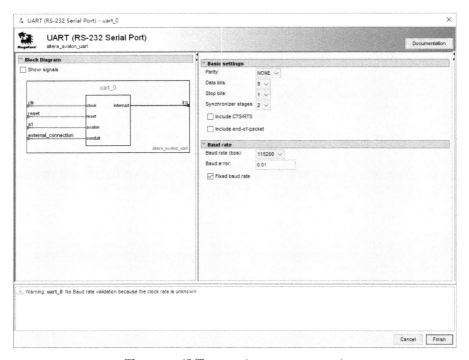

图 7.9.17 设置 UART（RS-232 Serial Port）

(6) 添加内部 RAM。在图 7.9.10 中选择 Memories and Memory Controllers→On-Chip，双击 On-Chip Memory，弹出如图 7.9.18 所示的 On-Chip Memory 设置对话框，按图 7.9.18 所示设置，单击 Finish 按钮后返回 Qsys 窗口，重新命名为 onchip_ram。

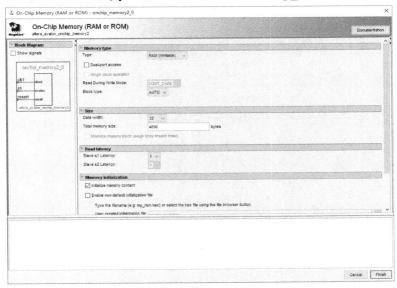

图 7.9.18　设置 onchip_ram

(7) 添加 SDRAM 控制模块。在图 7.9.10 中选择 Memories and Memory Controllers→External Memory Interfaces→SDRAM Interfaces→SDRAM Controller 项，再双击 SDRAM Controller，弹出 SDRAM Controller 参数设置对话框。在 Memory Profile 选项卡下的 Data Width 中 Bits 下拉列表框中选择 16；Chip select 下拉列表框中选择 1；Banks 下拉列表框中选择 4；Row 文本框中键入 12，设置好后如图 7.9.19 所示。在 Timing 选项卡下的 CAS latency cycles 中选择 2 单选按钮，如图 7.9.20 所示。将 SDRAM 模块重命名为 sdram。

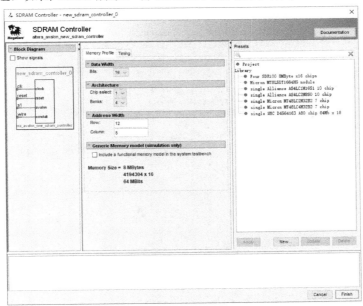

图 7.9.19　设置 SDRAM Memory Profile

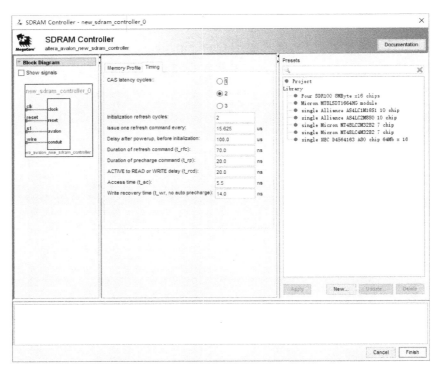

图 7.9.20　设置 SDRAM Timing

(8) 加入 LCD_PIO。本实验用 4 个 PIO 控制 LCD。在图 7.9.10 中选择 Peripherals→Microcontroller Peripherals，双击 PIO，弹出如图 7.9.21 所示的 PIO 设置对话框，选择 Output 单选按钮，单击 Finish 按钮后返回 Qsys 窗口，重新命名为 lcd_d。lcd_e、lcd_rs 和 lcd_wr 均为 Output 类型 PIO，其中 lcd_e 和 lcd_rs 数据位宽为 1 位，lcd_wr 数据位宽为 8 位，具体添加方式与 lcd_d 类同，此处不再赘述。

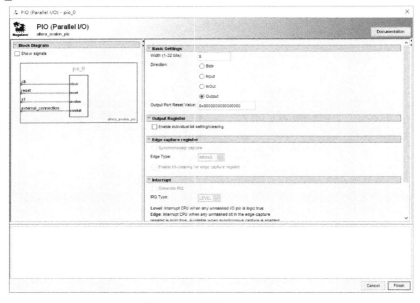

图 7.9.21　设置 LCD_PIO

(9) 加入 DS18B20_PIO。DS18B20 的 PIO 为三态双向 PIO，在图 7.9.10 中选择 Peripherals→Microcontroller Peripherals，双击 PIO，弹出如图 7.9.22 所示的 PIO 设置对话框，Width 文本框键入 1，同时选中 Bidir 单选按钮，单击 Finish 按钮后返回 Qsys 窗口，重新命名为 ds18b20。

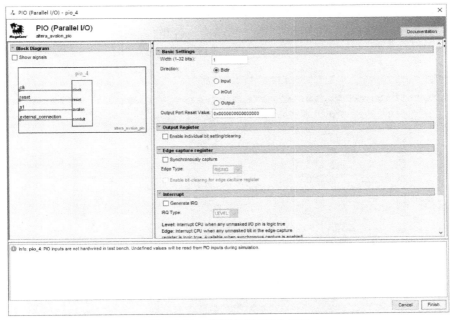

图 7.9.22　设置 DS18B20_PIO

(10) 添加 System ID。在图 7.9.10 中搜索 System ID，双击 System ID Peripheral，弹出图 7.9.23 所示的配置向导页面，保持默认配置，单击 Finish 按钮后返回 Qsys 窗口，重新命名为 sysid。

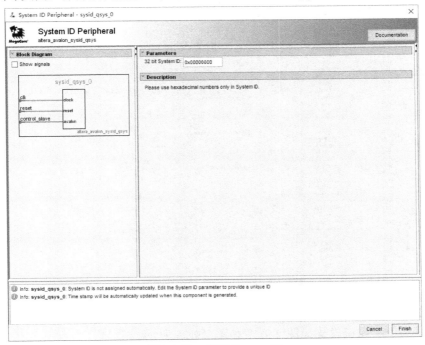

图 7.9.23　设置 System ID

(11)连接各组件。连线规则为：数据主端口连接存储器和外设元件，指令主端口只连接存储器元件。本书中，onchip_ram 和 sdram 模块需要将其 Avalon Memory Mapped Slave 端口连接到 Nios Ⅱ 处理器核的 data_master 和 instruction_master 端口上；所有 PIO 外设、System ID 和 JTAG UART 等，将其 Avalon Memory Mapped Slave 端口连接到 Nios Ⅱ 处理器核的 data_master 端口上，时钟和复位端口需要全部连接。各组件连接完毕如图 7.9.24 和图 7.9.25 所示。

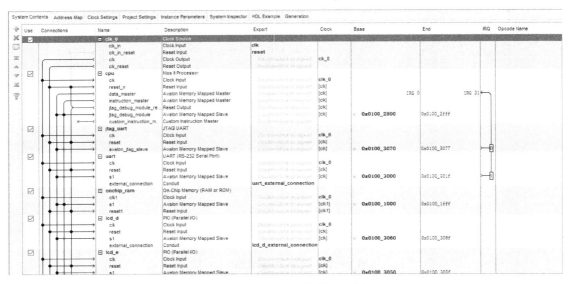

图 7.9.24　组件连接和端口设置 1

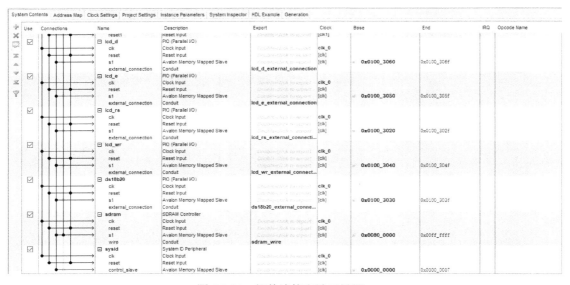

图 7.9.25　组件连接和端口设置 2

(12)设置输入/输出端口。本实验项目以图形化的方式完成设计，需要为生成的图形文件设置输入/输出端口。端口设置如图 7.9.24 和图 7.9.25 所示。

(13)指定基地址和分配中断号。Qsys 会给用户的 Nios Ⅱ 系统模块分配默认的基地址和中断号，用户也可以更改这些默认基地址和中断号。选择 System→Assign Base Address 菜单项配置默认基地址和中断号。

（14）系统设置。双击 cpu，弹出如图 7.9.26 所示的对话框，分别在 Reset vector memory 和 Exception vector memory 下拉列表框中选择 onchip_ram。

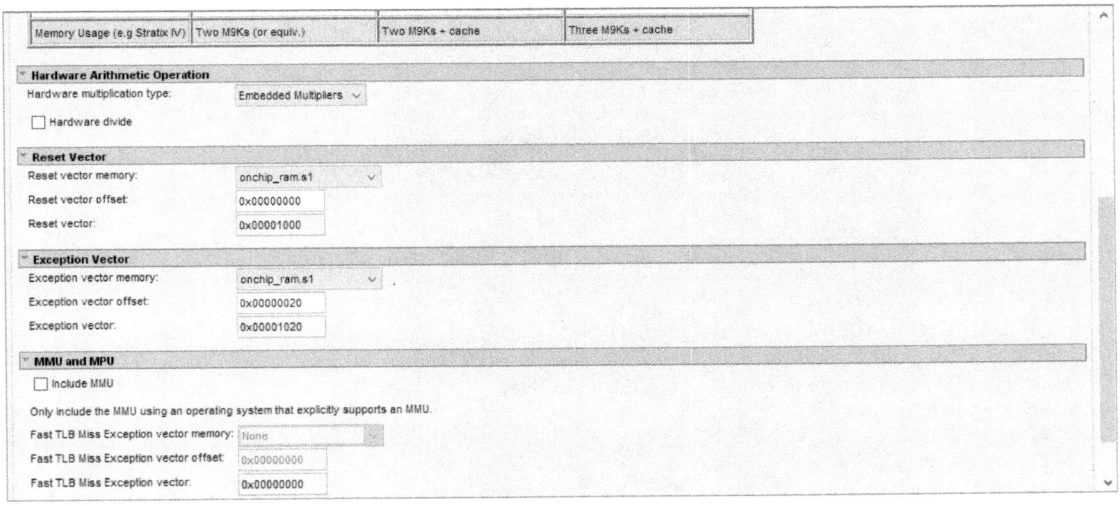

图 7.9.26 设置系统运行空间

（15）生成系统模块。选择 Generation 选项卡，如图 7.9.27 所示。由于不涉及仿真，我们将 Simulation 和 Testbench System 都设为 None。单击 Generate 按钮，会提示如图 7.9.28 所示内容，单击 Save 按钮，出现如图 7.9.29 所示保存路径对话框，本实验项目保存在 C 盘的 Quartus Ⅱ 工程目录下，命名为 DS18B20CPU。单击"保存"按钮，则 Qsys 根据用户不同的设定，在生成的过程中执行不同的操作，系统生成后执行 File→Exit 命令退出 Qsys。

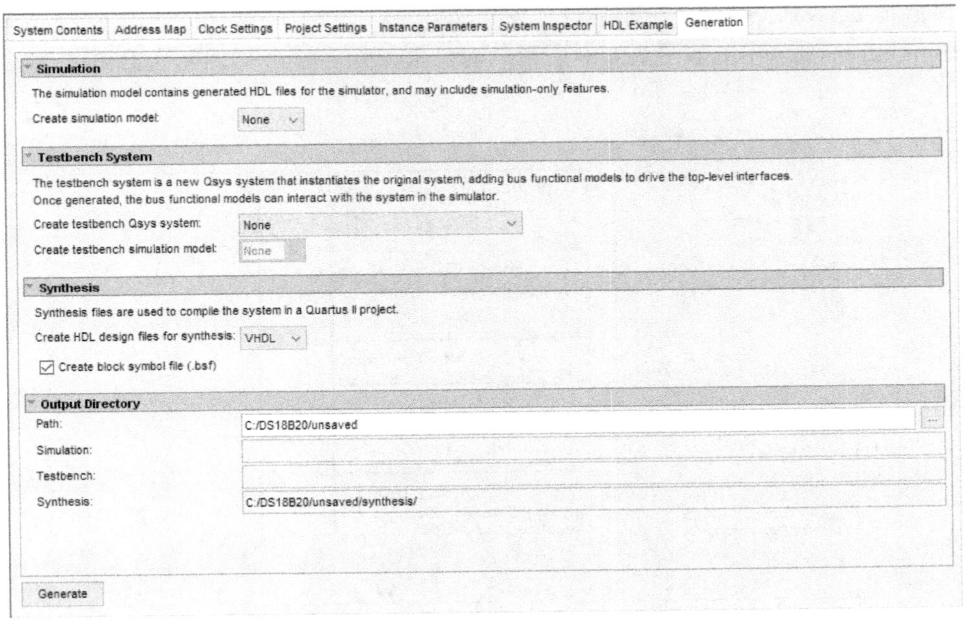

图 7.9.27 生成系统模块

图 7.9.28 保存系统

图 7.9.29 保存 Qsys 系统路径对话框

(16) 打开 Quartus Ⅱ 13.0 软件,新建 BDF 文件。选择 File→New 菜单项,在弹出的对话框中选择 Block Diagram/Schematic File 选项创建图形设计文件,单击 OK 按钮。

(17) 添加 DS18B20CPU。在图形设计窗口中双击,或者右击,在弹出的快捷菜单中选择 Insert→Symbol 选项,弹出如图 7.9.30 所示的对话框,保存设计文件名为 DS18B20 CPU。

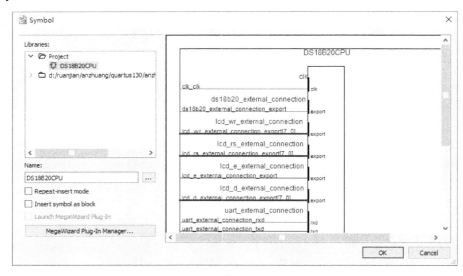

图 7.9.30 添加 DS18B20CPU

(18)加入锁相环。在如图7.9.31所示的I/O目录下选择altpll，双击进入锁相环的设置向导界面，在Parameter Settings页面的General/Modes子页面下，将系统输入时钟改为50MHz，如图7.9.32所示。在Parameter Settings页面的Inputs/Lock子页面下，取消选择Create an'areset' input to asynchronously reset the PLL复选框，取消多余输入/输出端口，如图7.9.33所示。选择Output Clocks页面的clk c0子页面，在Enter output clock parameters选项中的Clock multiplication factor和Clock division factor取值分别设为2和1，设置输出时钟倍数关系，在clk c1中同样设置，如图7.9.34所示，其他设置保持默认选项。单击Finish按钮完成设置。

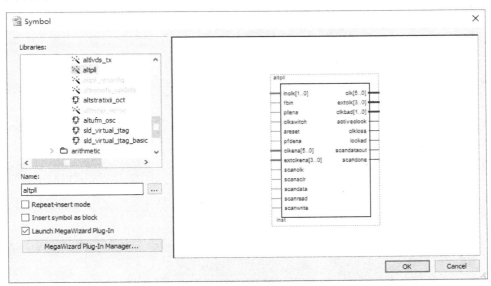

图 7.9.31　添加锁相环

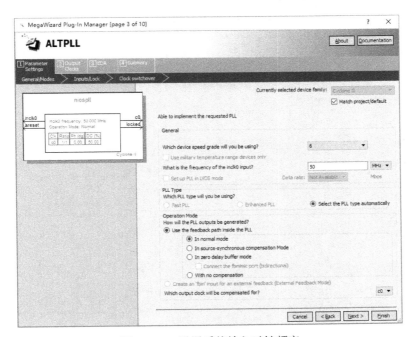

图 7.9.32　设置系统输入时钟频率

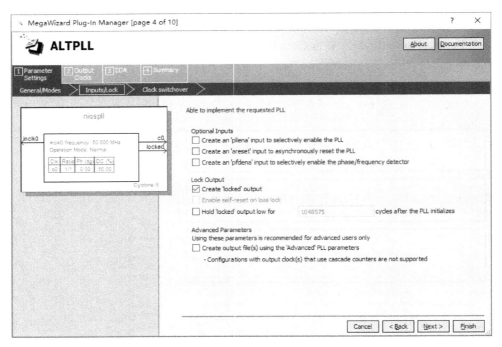

图 7.9.33　取消多余输入/输出端口

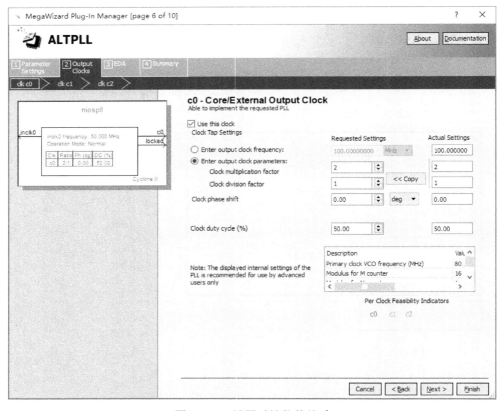

图 7.9.34　设置时钟倍数关系

(19) 按图 7.9.35 所示添加和连接各个模块。

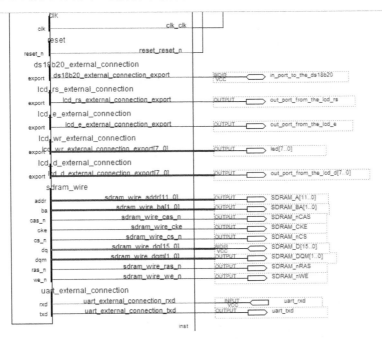

图 7.9.35　添加和连接各模块

(20) 引脚锁定。将光盘提供的 DE2_pin.tcl 文件复制到当前工程目录下，然后选择 Tools→Tcl Scripts 菜单项，弹出如图 7.9.36 所示的对话框。选择 DE2_pin.td 选项，然后单击 Run 按钮，引脚约束将自动加入。

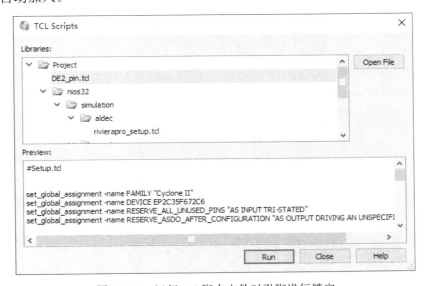

图 7.9.36　运行 Tcl 脚本文件对引脚进行锁定

(21) 编译工程。选择 Processing→Start Compilation 菜单项对工程进行编译。

(22) 配置 FPGA。选择 Tools→Programmer 菜单项，按图 7.9.37 所示设置后单击 Start 按钮将编译生成的 SOF 文件下载到目标板上。

图 7.9.37　下载配置文件到目标板

2) 软件设计

为了便于管理，本实验把 Nios Ⅱ 的软件部分也存放在 FPGA 的工程目录。软件部分设计步骤如下。

(1) 打开 Nios Ⅱ 13.0 IDE，在弹出的 Workspace Launcher 页面将 Nios Ⅱ 工程文件放在 Quartus Ⅱ 工程项目 DS18B20 文件夹里，如图 7.9.38 所示。

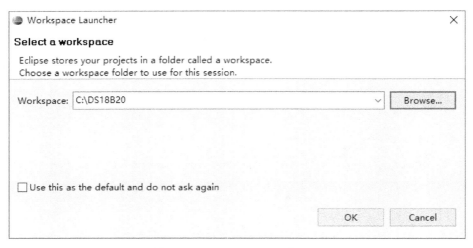

图 7.9.38　设置 Nios Ⅱ 工作空间

(2) 设置好工作空间后，单击 OK 按钮进入 Nios Ⅱ 13.0 软件编辑页面，选择 File→New→Nios Ⅱ Application and BSP from Template 菜单项。

• 290 •

(3) 在 Target hardware information 栏里的 SOPC Information File name 浏览框选择 DS18B20CPU.sopcinfo 文件，Project name 为 ds18b20soft，在 Templates 栏选择 Hello World 模板，如图 7.9.39 所示。

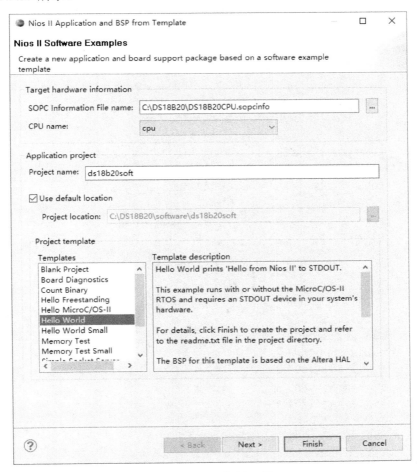

图 7.9.39　添加新工程

(4) 在工程窗口中选择 ds18b20soft，选择 Hello World.c 文件，通过编辑 Hello World.c 进行 LCD 显示与 DS18B20 数据传输的软件设计。首先进行 LCD 显示控制的设计，LCD 显示控制的时序参考 7.3 节 LCM 显示实验，控制代码如 LCD 显示控制程序一所示。

LCD 显示控制程序一：

```
//写指令
void lcd_wrcom(alt_u8 data)
{
    usleep(1000);
    IOWR_ALTERA_AVALON_PIO_DATA(LCD_RS_BASE, 0);
    IOWR_ALTERA_AVALON_PIO_DATA(LCD_WR_BASE, 0);
    IOWR_ALTERA_AVALON_PIO_DATA(LCD_E_BASE, 0);
    IOWR_ALTERA_AVALON_PIO_DATA(LCD_D_BASE,data);
    usleep(1000);
```

```c
        IOWR_ALTERA_AVALON_PIO_DATA(LCD_E_BASE, 1);
        usleep(1000);
        IOWR_ALTERA_AVALON_PIO_DATA(LCD_E_BASE, 0);
}

//写数据
void lcd_wrdata(alt_u8 data)
{
        usleep(1000);
        IOWR_ALTERA_AVALON_PIO_DATA(LCD_RS_BASE, 1);
        IOWR_ALTERA_AVALON_PIO_DATA(LCD_WR_BASE, 0);
        IOWR_ALTERA_AVALON_PIO_DATA(LCD_E_BASE, 0);
        IOWR_ALTERA_AVALON_PIO_DATA(LCD_D_BASE,data);
        usleep(1000);
        IOWR_ALTERA_AVALON_PIO_DATA(LCD_E_BASE, 1);
        usleep(1000);
        IOWR_ALTERA_AVALON_PIO_DATA(LCD_E_BASE, 0);
}

//LCD 初始化
void lcd_init()
{
        usleep(15000);
        lcd_wrcom(0x38);
        usleep(5000);
        lcd_wrcom(0x08);
        usleep(5000);
        lcd_wrcom(0x01);
        usleep(5000);
        lcd_wrcom(0x06);
        usleep(5000);
        lcd_wrcom(0x0c);
        usleep(5000);
}

void lcd_display(alt_u8 line, alt_u8 *data)
{
        if(line==1)
            lcd_wrcom(0x80);
        else
            lcd_wrcom(0xc0);

        while(*data != '\0')
        {
            lcd_wrdata(*data);
            data++;
            usleep(1000);
```

```
        }
}
```

根据 DS18B20 的读/写时序及内部 RAM，设计 DS18B20 的读/写时序如 LCD 显示控制程序二所示。

LCD 显示控制程序二：

```c
//ds18b20 复位
void ds18b20rst()
{
        IOWR_ALTERA_AVALON_PIO_DIRECTION(DS18B20_BASE,1);
        IOWR_ALTERA_AVALON_PIO_DATA(DS18B20_BASE, 1);
        usleep(4);
        IOWR_ALTERA_AVALON_PIO_DATA(DS18B20_BASE, 0);
        usleep(100);
        IOWR_ALTERA_AVALON_PIO_DATA(DS18B20_BASE, 1);
        usleep(40);
}

//ds18b20 读数据
alt_u8 ds18b20rd()
{
        alt_u8 i=0;
        alt_u8 data=0;
        for(i=0; i<8; i++)
        {
            IOWR_ALTERA_AVALON_PIO_DIRECTION(DS18B20_BASE,1);
            IOWR_ALTERA_AVALON_PIO_DATA(DS18B20_BASE, 0);
            usleep(2);
            IOWR_ALTERA_AVALON_PIO_DATA(DS18B20_BASE, 1);
            usleep(4);
            IOWR_ALTERA_AVALON_PIO_DIRECTION(DS18B20_BASE,0);
            if(IORD_ALTERA_AVALON_PIO_DATA(DS18B20_BASE))
                data=data | 0x80;
            data=data >> 1;
            IOWR_ALTERA_AVALON_PIO_DIRECTION(DS18B20_BASE,1);
            IOWR_ALTERA_AVALON_PIO_DATA(DS18B20_BASE, 1);
            usleep(4);
        }
        return data;
}

//写数据
void ds18b20wr(alt_u8 data)
{
        alt_u8 i=0;
        for(i=0; i<8; i++)
        {
```

```c
            IOWR_ALTERA_AVALON_PIO_DIRECTION(DS18B20_BASE,1);
            IOWR_ALTERA_AVALON_PIO_DATA(DS18B20_BASE, 0);
            usleep(2);
            IOWR_ALTERA_AVALON_PIO_DATA(DS18B20_BASE, data & 0x01);
            usleep(60);
            IOWR_ALTERA_AVALON_PIO_DATA(DS18B20_BASE, 1);
            data=data >> 1;
        }
}

//读取温度
alt_u8 pn=0;

alt_u16 read_temp()
{
        alt_u8 i=0;
        alt_u8 j=0;
        alt_u16 temp=0;
        ds18b20rst();
        ds18b20wr(0xcc);
        ds18b20wr(0x44);
        ds18b20rst();
        ds18b20wr(0xcc);
        ds18b20wr(0xbe);
        i=ds18b20rd();
        j=ds18b20rd();
        temp=j;
        temp=temp << 8;
        temp=temp | i;

        if(temp<0x0fff)
            pn=0;
        else
        {
            temp=~temp + 1;
            pn=1;
        }

        temp=temp*0.652;

        return temp;

}

//显示
alt_u8 displaydata[4];
void tempdisplay()
```

```
{
            alt_u16 temp=0;
            temp=read_temp();
            displaydata[0]=temp/1000 + 0x30;
            displaydata[1]=(temp%1000)/100 + 0x30;
            displaydata[2]=(temp%100)/10 + 0x30;
            displaydata[3]=temp%10 + 0x30;

            lcd_wrcom(0xc0);
            if(pn)
                lcd_wrdata(0x2d);
            else
                lcd_wrdata(0x20);

            lcd_wrcom(0xc1);
            if(displaydata[0]==0x30)
                lcd_wrdata(0x20);
            else
                lcd_wrdata(displaydata[0]);

            lcd_wrcom(0xc2);
            if(displaydata[1]==0x30)
                lcd_wrdata(0x20);
            else
                lcd_wrdata(displaydata[1]);

            lcd_wrcom(0xc3) ;
            lcd_wrdata(displaydata[2]);

            lcd_wrcom(0xc4);
            lcd_wrdata(0x2e);

            lcd_wrcom(0xc5);
            lcd_wrdata(displaydata[3]);
}
```

主程序的控制功能是调用 LCD 显示控制及 DS18B20 的数据传输,如 LCD 显示控制程序三所示。

LCD 显示控制程序三:

```
#include <stdio.h>
#include "system.h";
#include "alt_types.h"
#include "altera_avalon_pio_regs.h"

int main()
{
```

```c
        alt_u8 chr[10]={'t','e','m','p','e','r','a','t','u','r','e'};
        printf("Hello from Nios Ⅱ!\n");
        lcd_init();
        lcd_display(1, chr);
        while(1)
        {
          read_temp();
          tempdisplay();
          usleep(1000000);
        }
        return 0;
    }
```

(5)右击 ds18b20soft 工程,在弹出的快捷菜单中选择 Nios→BSP Editor 选项,修改系统库的属性,把程序运行空间设置为 sdram,本实验 sdram 容量只设置了 4KB,为了节省内存空间,需选择 enable_clean_exit、enable_reduced_device_drivers、enable_small_c_library 这三个选项,单击 Generate 按钮,再单击 Exit 按钮。

(6)右击 ds18b20soft 工程,选择 Build Project 选项,编译完成后,在弹出的对话框中,单击 Save 按钮保存。在 Nios Ⅱ IDE 界面,右击 ds18b20soft 工程,选择 Run As→Nios Ⅱ Hardware 选项,系统会自动探测 JTAG 连接电缆,在 Main 选项卡的 Project 中选择刚才建立的工程 ds18b20soft,在 Target Connection 选项卡中选择要使用的下载电缆,选择 USB-Blaster [USB-0]。其他设置保持默认选项,单击 Run 按钮后可在目标板的 LCD 显示器上观察到温度显示。DS18B20 每隔 1s 进行一次温度转换,并实时更新在 LCD 上显示,显示效果与程序设计一致。

6. 实验结果

分析实验结果,判断电路的逻辑功能是否满足设计要求;对调试中遇到的问题及解决方法进行分析总结。

对设计源程序、仿真波形、引脚分配情况、封装后的元件符号等进行截图,完成实验报告。

7.10 基于 PCF8563 的时钟应用

1. 实验目的

(1)掌握基本的开发流程。
(2)熟悉 Quartus Ⅱ 13.0 软件的使用。
(3)熟悉 Nios Ⅱ 13.0 IDE 开发环境。

2. 实验设备

硬件:PC 一台,PCF8563 芯片,TD-EDA/SOPC 综合实验平台或 DE2 开发板。
软件:Quartus Ⅱ 13.0、Nios Ⅱ 13.0 设计软件。

3. 实验原理

1）PCF8563 简介

PCF8563 是基于 CMOS 的具有 IIC 总线接口的低功耗多功能实时时钟/日历芯片，且具有可编程的时钟、中断输出及电压检测功能。所有的地址与数据传输都是基于两根 IIC 总线，IIC 的速率可达到 400Kbit/s。PCF8563 的内建字地址寄存器在每次读或写操作后就会自动加1。PCF8563 广泛应用于仪器仪表和各种手持式设备中。具有如下特性。

(1) 提供基于 32.768kHz 的年、月、日、星期、小时、分钟和秒的时间参数。
(2) 提供世纪标志。
(3) 支持 1.8～5.5V 的时钟电压。
(4) 较低的回电流，典型值为 0.25μA；电压是 3.0V，温度是 25℃。
(5) 400kHz 速率的两线 IIC 总线传输。
(6) 可编程的时钟输出。
(7) 闹钟与定时功能。
(8) 内部集成晶体电容。
(9) 内部上电复位。
(10) 开漏级的中断引脚。

PCF8563 的封装与引脚定义如图 7.10.1 和表 7.10.1 所示。

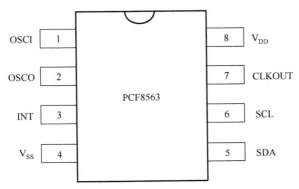

图 7.10.1　PCF8563 封装

表 7.10.1　PCF8563 引脚定义

符号	引脚号	描述
OSCI	1	振荡器输入
OSCO	2	振荡器输出
INT	3	中断输出，开漏低电平有效
V_{SS}	4	地
SDA	5	串行数据 I/O（开漏）
SCL	6	串行时钟输入（开漏）
CLKOUT	7	时钟输出（开漏）
V_{DD}	8	电源

图 7.10.2 为 PCF8563 内部结构。PCF8563 内部包括 16 个 8 位寄存器、可自动增量的地址寄存器、内置 32.768kHz 的振荡器(带有一个内部集成的电容)、分频器(用于给实时时钟(RTC)提供源时钟)、可编程时钟输出、定时器、报警器、掉电检测器和 400kHz 的 IIC 总线接口。

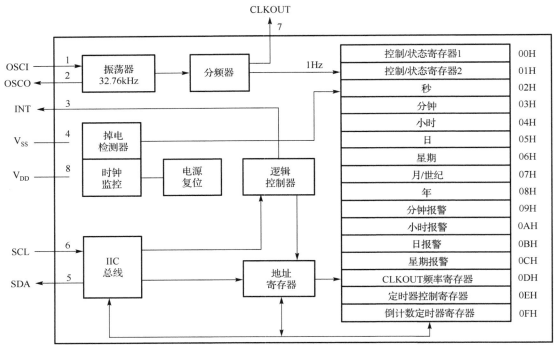

图 7.10.2　PCF8563 内部结构

所有 16 个寄存器设计成可寻址的 8 位并行寄存器,但不是所有位都有用。前两个寄存器(内存地址 00H、01H)用于控制寄存器和状态寄存器的管理,其中,内存地址 02H~08H 用于时钟计数器(秒~年计数器),地址 09H~0CH 用于报警存储器(定义报警条件),地址 0DH 控制 CLKOUT 引脚的输出频率,地址 0EH 和 0FH 分别用于定时器控制存储器和定时器寄存器的管理。秒、分钟、小时、日、月、年、分钟报警、小时报警、日期报警寄存器,编码格式为 BCD 码,星期和星期报警寄存器不以 BCD 码格式编码。

2) PCF8563 时序介绍

PCF8563 与 FPGA 的通信是通过两线的 IIC 总线来实现的,IIC 总线时序的主要特征有 3 个：总线开始与停止、数据传输、总线应答。总线开始与停止时序如图 7.10.3 所示。在时钟信号 SCL 为高的情况下,数据信号 SDA 由高变为低即为 IIC 总线开始信号;在时钟信号 SCL 为高的情况下,数据信号 SDA 由低变为高即为 IIC 总线停止信号。

IIC 总线的数据传输时钟,数据采样发生在时钟信号 SCL 为高电平的时刻、SCL 为低电平的时刻或数据信号 SDA 为不稳定时刻,如图 7.10.4 所示。

IIC 总线的应答信号发生在最后一位数据之后,如图 7.10.5 所示。

PCF8563 在 IIC 总线上作为从设备使用,地址信息如图 7.10.6 所示,其他前 7 位是地址信息,最后一位是读写标志,0 为写,1 为读。

FPGA 读取 PCF8563 的时序是首先发送地址信号选中 PCF8563 芯片，再发送需要读取的字节地址，最后接收数据，如图 7.10.7 所示。

FPGA 写入 PCF8563 的时序是首先发送地址信号选中 PCF8563，再发送需要写入的字节地址，再次发送 PCF8563 地址信号，最后写入数据，如图 7.10.8 所示。

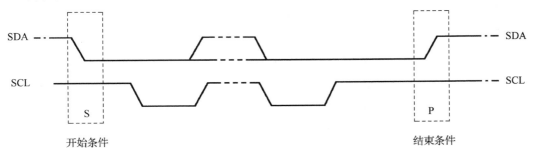

图 7.10.3　总线开始与停止时序

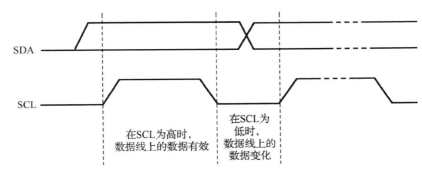

图 7.10.4　数据采样时序

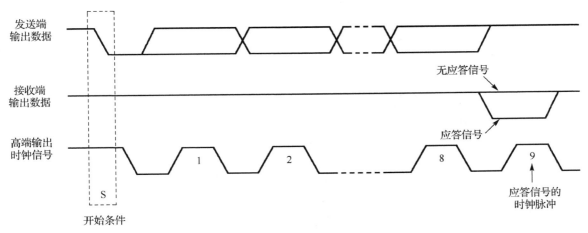

图 7.10.5　IIC 总线的应答信号时序

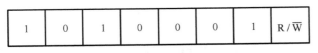

图 7.10.6　PCF8563 的地址信息

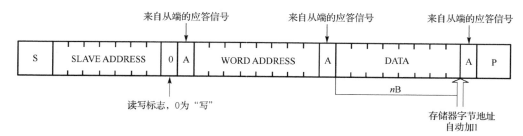

图 7.10.7 PCF8563 读一字节数据

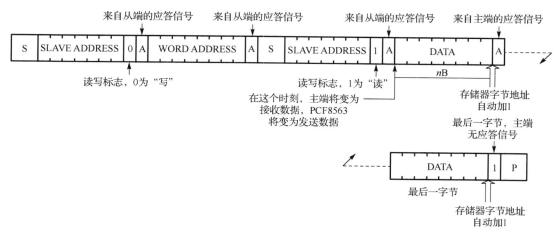

图 7.10.8 PCF8563 写一字节数据

4. 实验内容

根据 PCF8563 时钟芯片的主要特征和数据传输时序,通过 Nios Ⅱ 系统读取 PCF8563 的时钟信号,最终在 LCD 上显示出来。通过 4 个按键进行时钟调节,其中,4 个按键的功能分别是开始调节、数值增加、数值减少和调节完毕,如图 7.10.9 所示。

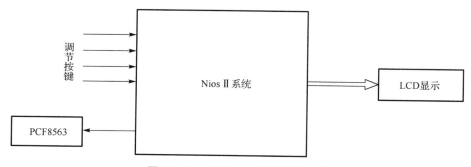

图 7.10.9 PCF8563 应用硬件环境

5. 实验步骤

1)硬件设计

(1)运行 Quartus Ⅱ 13.0 软件,选择 File→New Project Wizard 菜单项,选择工程目录名称、工程名称及顶层文件名称为 PCF8563,在选择器件设置对话框中选择目标器件,建立新工程。本实验在 PC 的 C 盘下建立了名为 PCF8563 的工程文件夹，器件设置中选择 EP2C35F672C6 芯片，如图 7.10.10 和图 7.10.11 所示。

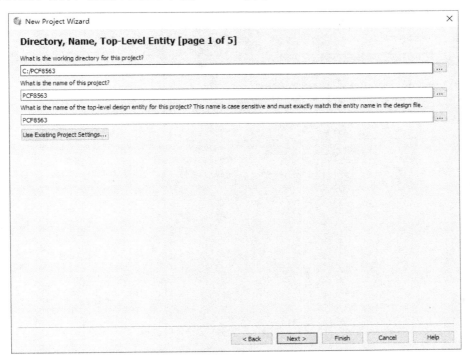

图 7.10.10　建立工程文件夹

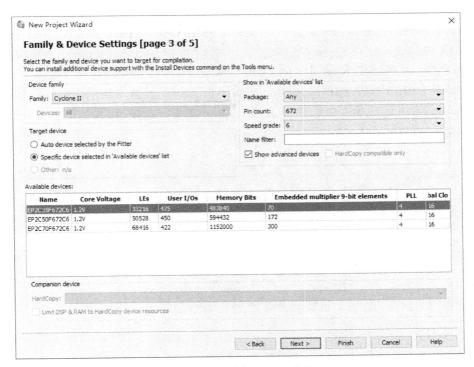

图 7.10.11　选择 FPGA 芯片

(2)选择 Tools→Qsys 菜单项,在 System Contents 选项卡中双击 clk_0 时钟信号,更改系统频率为 50MHz,如图 7.10.12 所示。

图 7.10.12　设置系统时钟频率

(3)在左边元件池中选择需要的元件:Nios Ⅱ 32 位 CPU、JTAG UART、一个片上 RAM、一个 SDRAM 控制器、一个 Flash 控制单元、控制 LCD 用的 4 个 PIO 及两个控制 PCF8563 的三态双向 PIO。首先添加 Nios Ⅱ 32 位 CPU,双击 Nios Ⅱ Processor 或者选中后单击 Add 按钮,弹出如图 7.10.13 和图 7.10.14 所示的 Nios Ⅱ Processor 设置对话框,分别在 Core Nios Ⅱ 和 JTAG Debug Module 选项卡中选择 Nios Ⅱ/f 和 Level 1 单选按钮,其他设置保持默认选项,单击 Finish 按钮后返回 Qsys 窗口,命名为 cpu。

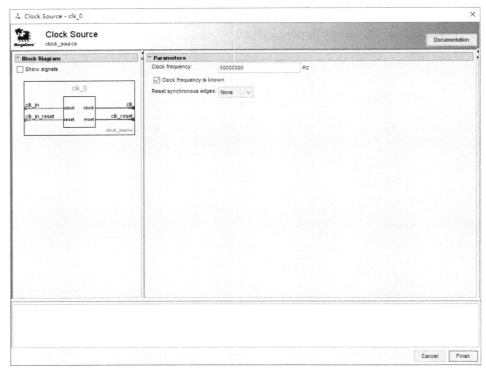

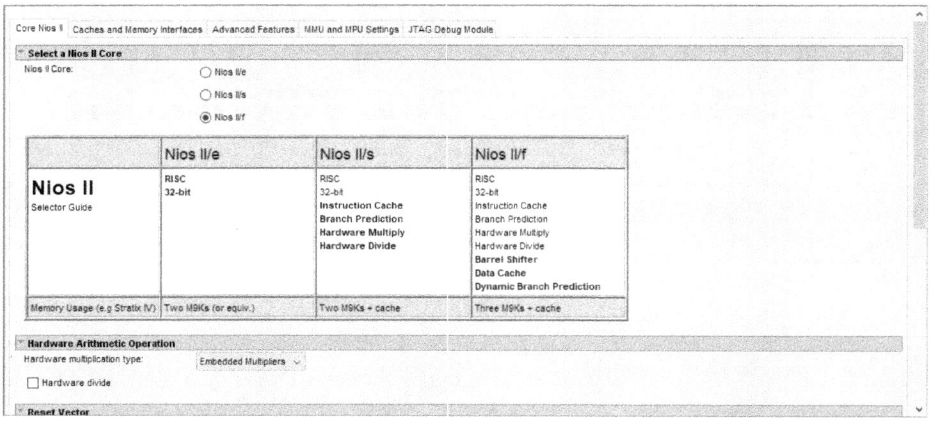

图 7.10.13　设置 Nios Ⅱ 处理器类型

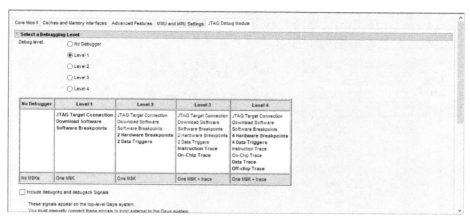

图 7.10.14 设置 Nios Ⅱ 处理器等级

(4)添加 JTAG UART Interface。在器件栏中选择 Interface Protocols→Serial，双击 JTAG UART，保持默认设置，单击 Finish 按钮后返回 Qsys 窗口，重命名为 jtag_uart。

(5)添加内部 RAM。在器件栏中选择 Memories and Memory Controllers→On-Chip，双击 On-Chip-Memory，弹出如图 7.10.15 所示的 On-Chip Memory 设置对话框，按图 7.10.15 所示设置，单击 Finish 按钮后返回 Qsys 窗口，重新命名为 onchip_ram。

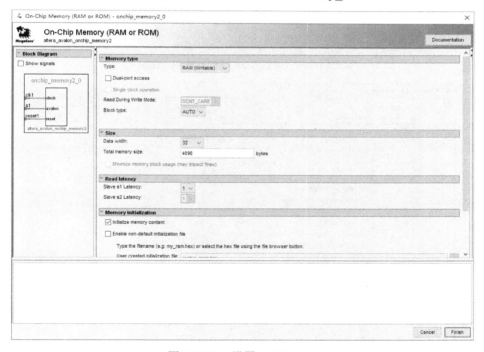

图 7.10.15 设置 onchip_ram

(6)添加 SDRAM 控制模块。在器件栏中选择 Memories and Memory Controllers→External Memory Interfaces→SDRAM Interfaces→SDRAM Controller，再双击 SDRAM Controller，弹出 SDRAM 参数设置对话框。在 Memory Profile 选项卡下的 Data Width 中 Bits 下拉列表框选择 16；Chip select 下拉列表框中选择 1；Banks 下拉列表框中选择 4；Row 文本框中键入 12，设置

好后如图 7.10.16 所示。在 Timing 选项卡下的 CAS latency cycles 中选择 3 单选按钮，如图 7.10.17 所示。将 SDRAM 模块重命名为 sdram。

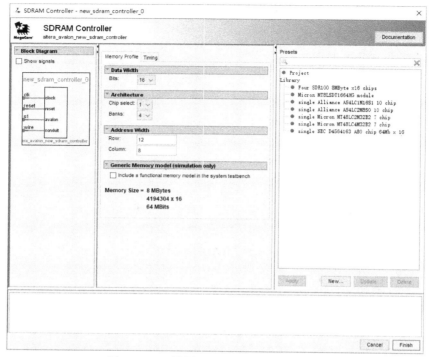

图 7.10.16　设置 SDRAM Memory Profile

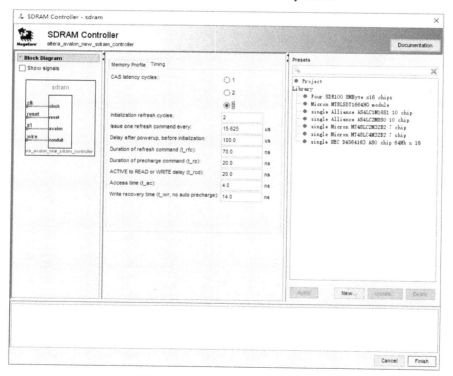

图 7.10.17　设置 SDRAM Timing

(7)添加 Flash 控制模块。在器件栏中选择 Memories and Memory Controllers→External Memory Interfaces→Flash Interfaces→EPCS→EPCQx1 Serial Flash Controller,如图 7.10.18 所示,保持默认设置,重命名为 epcs_flash_controller。

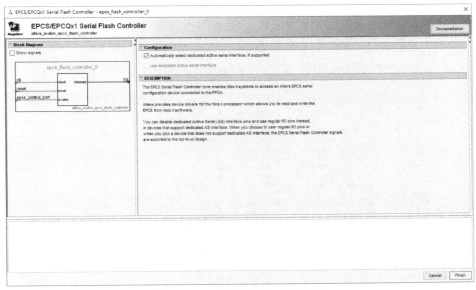

图 7.10.18　设计 Flash 控制模块

(8)加入 LCD_PIO。本实验用 4 个 PIO 控制 LCD。设置方法与 7.9 节相同,此处不再赘述。

(9)添加 PCF8563_PIO。PCF8563 的两个 PIO 均为三态双向 PIO,在器件栏中选择 Peripherals→Microcontroller Peripherals,双击 PIO,弹出如图 7.10.19 所示的 PIO 设置对话框,Width 文本框键入 1,同时选中 Bidir 单选按钮,单击 Finish 按钮后返回 Qsys 窗口,重新命名为 scl 和 sda。

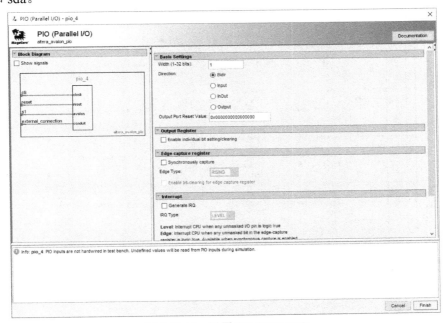

图 7.10.19　设置 PCF8563_PIO

(10)添加 settime_PIO。设置方法同第(9)步，Width 为 4，重命名为 settime。

(11)添加 System ID。在器件栏中搜索 System ID，双击 System ID Peripheral，弹出 System ID 配置向导页面，保持默认配置，单击 Finish 按钮后返回 Qsys 窗口，重新命名为 sysid。

(12)连接各组件。各组件连接完毕如图 7.10.20、图 7.10.21 和图 7.10.22 所示。

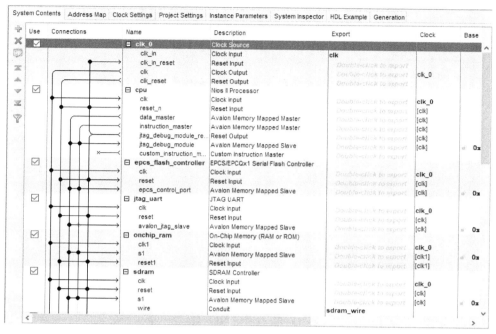

图 7.10.20　组件连接和端口设置 1

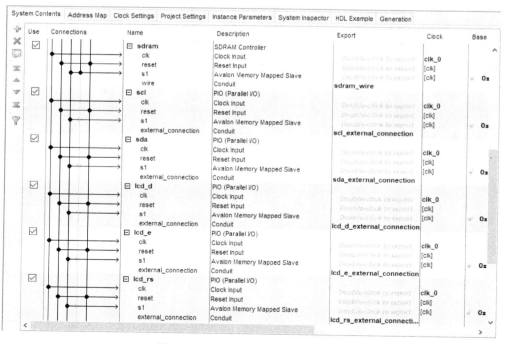

图 7.10.21　组件连接和端口设置 2

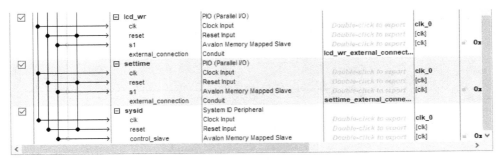

图 7.10.22　组件连接和端口设置 3

（13）设置输入/输出端口。本实验项目以图形化的方式完成设计，需要为生成的图形文件设置输入/输出端口。端口设置如图 7.10.20、图 7.10.21 和图 7.10.22 所示。

（14）指定基地址和分配中断号。选择 System→Assign Base Address 菜单项，配置默认基地址和中断号。

（15）系统设置。双击 cpu，弹出如图 7.10.23 所示的对话框，分别在 Reset vector memory 和 Exception vector memory 下拉列表框中选择 epcs_flash_controller。

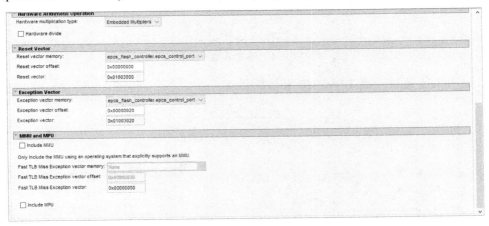

图 7.10.23　设置系统运行空间

（16）生成系统模块。选择 Generation 选项卡，将 Simulation 和 Testbench System 都设为 None，单击 Generate 按钮。本实验项目保存在 C 盘的 Quartus Ⅱ 工程目录下，命名为 pcf8563cpu。重命名后，在对话框中单击 Save 按钮保存系统模块，Qsys 根据用户不同的设定，在生成的过程中执行不同的操作，系统生成后执行 File→Exit 命令退出 Qsys。

（17）打开 Quartus Ⅱ 软件，新建 BDF 文件。选择 File→New 菜单项，在弹出的对话框中选择 Block Diagram/Schematic File 选项创建图形设计文件，单击 OK 按钮。

（18）添加 pcf8563cpu。在图形设计窗口中双击，或者右击，在弹出的快捷菜单中选择 Insert→Symbol 选项，弹出如图 7.10.24 所示的对话框，保存设计文件名为 pcf8563cpu。

（19）加入锁相环。在 Symbol 的 I/O 目录下选择 altpll，双击进入锁相环的设置向导界面，在 Parameter Setting 页面的 General/Modes 子页面中，将系统输入时钟改为 50MHz。在 Parameter Settings 页面的 Inputs/Lock 子页面中，取消选择 Create an 'areset' input to asynchronously reset the PLL 复选框，取消多余输入/输出端口。选择 Output Clocks 页面的 clk c0 子页面，在 Enter output clock parameters 选项中的 Clock multiplication factor 和 Clock division factor 取值都设为 1，设置输出时钟倍数关系，在 clk c1 中同样设置，其他设置保持默认选项。单击 Finish 按钮完成设置。

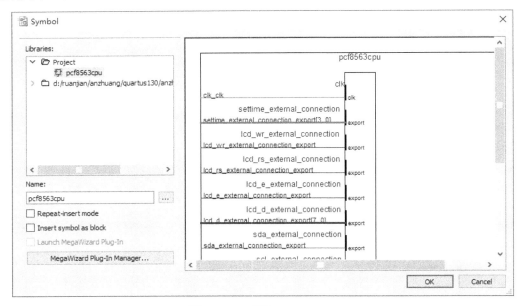

图 7.10.24　添加 pcf8563cpu

（20）按图 7.10.25 所示添加和连接各个模块。

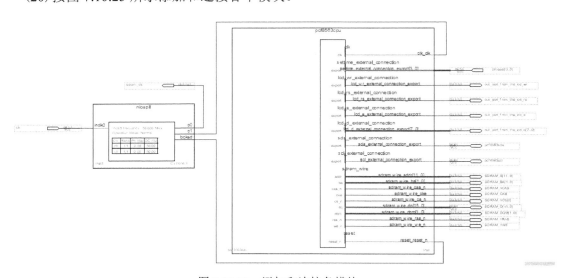

图 7.10.25　添加和连接各模块

（21）引脚锁定。将光盘提供的 DE2_pin.tcl 文件复制到当前工程目录下，然后选择 Tools→Tcl Scripts 菜单项，选择 DE2_pin 选项，然后单击 Run 按钮，引脚约束将自动加入。

（22）编译工程。选择 Processing→Start Compilation 菜单项对工程进行编译。

（23）配置 FPGA。选择 Tools→Programmer 菜单项，按图 7.10.26 所示设置后单击 Start 按钮将编译生成的 SOF 文件下载到目标板上。

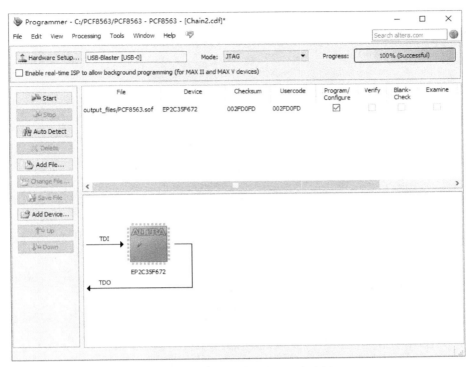

图 7.10.26　下载配置文件到目标板上

2) 软件设计

本实验同样将 Nios Ⅱ 的软件部分存放在 FPGA 的工程目录。软件部分设计步骤如下。

(1) 打开 Nios Ⅱ 13.0 IDE，在弹出的 Workspace Launcher 页面将 Nios Ⅱ 工程文件放在 Quartus Ⅱ 工程项目 PCF8563 文件夹中，如图 7.10.27 所示。

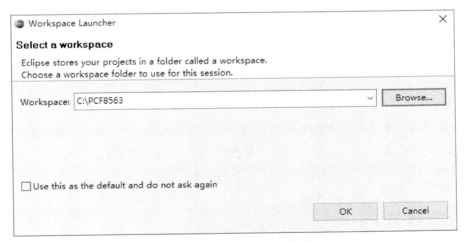

图 7.10.27　设置 Nios Ⅱ 工作空间

(2) 设置好工作空间后，单击 OK 按钮进入 Nios Ⅱ 软件编辑页面，选择 File→New→Nios Ⅱ Application and BSP from Template 菜单项。

(3) 在 Target hardware information 栏里的 SOPC Information File name 浏览框中选择

· 309 ·

pcf8563cpu.sopcinfo 文件，Project name 为 pcf8563app，在 Templates 栏选择 Hello World 模板，如图 7.10.28 所示。

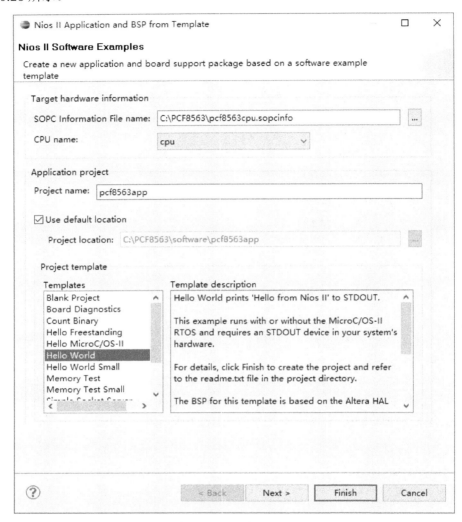

图 7.10.28　添加新工程

(4) 在工程窗口中选择 pcf8563app，选择 Hello World.c 文件，通过编辑 Hello World.c 进行代码设计，LCD 显示控制部分的代码请参考 7.9 节，IIC 总线传输的代码见 IIC 头文件 A 程序，PCF8563 的操作代码见 PCF8563 头文件程序。

IIC 头文件 A 程序：

```
#ifndef IIC_H_
#define IIC_H_
#include "system.h"                        //SCL_BASE & SDA_BASE
#include "altera_avalon_pio_regs.h"        //1位双向 x2
/* 根据 Qsys 设置，进行修改*/
#define SCL_addr SCL_BASE
#define SDA_addr SDA_BASE
```

```c
//设置时钟信号 SCL 为高
#define WR_SCL_H IOWR_ALTERA_AVALON_PIO_DATA(SCL_addr,1)
//设置时钟信号 SCL 为低
#define WR_SCL_L IOWR_ALTERA_AVALON_PIO_DATA(SCL_addr,0)
//设置数据信号 SDA 为高
#define WR_SDA_H IOWR_ALTERA_AVALON_PIO_DATA(SDA_addr,1)
//设置数据信号 SDA 为低
#define WR_SDA_L IOWR_ALTERA_AVALON_PIO_DATA(SDA_addr,0)
//读数据信号 SDA 的值
#define RD_SDA IORD_ALTERA_AVALON_PIO_DATA(SDA_addr)
//设置数据信号 SDA 的方向为输入
#define SDA_RD_EN IOWR_ALTERA_AVALON_PIO_DIRECTION(SDA_addr,0)
//设置数据信号 SDA 的方向为输出
#define SDA_WR_EN IOWR_ALTERA_AVALON_PIO_DIRECTION(SDA_addr,1)
//设置时钟信号 SCL 的方向为输入
#define SCL_WR_EN IOWR_ALTERA_AVALON_PIO_DIRECTION(SCL_addr,1)
//IIC 的函数声明
//IIC 总线开始函数
void IIC_Start(void);
//IIC 总线停止函数
void IIC_Stop(void);
//IIC 总线应答确认函数
alt_u8 IIC_CheckAck(void);
//IIC 总线写应答
void IIC_WriteAck(void);
//IIC 总线写非应答
void IIC_WriteNAck(void);
//IIC 总线写一字节
void IIC_WriteByte(alt_u8 byte);
//IIC 总线读一字节
alt_u8 IIC_ReadByte(void);
#endif /*IIC_H_ */
```

PCF8563 头文件程序：

```c
#ifndef PCF8563_H_
#define PCF8563_H_
#include "iic.h"
#include "pcf8563_regs.h"
#include "alt_types.h"
//定义一个时间结构体
typedef struct
{
    alt_u8 year;
    alt_u8 month;
    alt_u8 day;
    alt_u8 week;
    alt_u8 hour;
```

```c
    alt_u8 minute;
    alt_u8 second;
    }timestru;
//PCF8563写字节
void PCF8563_WriteByte(alt_u8 regAddr,alt_u8 byte);
//PCF8563读字节
alt_u8 PCF8563_ReadByte(alt_u8 regAddr);
//PCF8563写N字节
void PCF8563_WriteNBytes(alt_u8 regAddr,alt_u8 * nBytes,alt_u8 n);
//PCF8563读N字节
void PCF8563_ReadNBytes(alt_u8 regAddr,alt_u8 * nBytes,alt_u8 n);
//PCF8563初始化
void PCF8563_Init(void);
//PCF8563时间设置
void PCF8563_SetTime(timestru time);
//PCF8563时间获得
timestru PCF8563_GetTime();
#endif /* PCF8563_H_ */
```

PCF8563测试的主程序主要实现PCF8563的初始化，获取PCF8563的时间以及PCF8563的时间设置。由于程序代码比较长，这里只列出重要的程序片段。

PCF8563测试主程序片段：

```c
#include <stdio.h>
#include "unistd.h"
#include "pcf8563.h"
#include "string.h"
timestru time,timeset,timeget;
alt_u8 is_set=0;
alt_u8 irqflag=0;
alt_u8 setone=0;
alt_u8 edge_capture;
alt_u8 lineone[16]={''};
alt_u8 linetwo[16]={''};
alt_u8 weekstr[3]={'M','o','n'};
//计数当月的天数
alt_u8 max_day(timestru time)
{
    alt_u8 month,year;
    month=time.month;
    year=time.year;
    alt_u8 daynum;
    if(month==4||month==5||month==9||month==11)
        daynum=30;
    else if(month==2)
        {
    if((year%4==0&&year%100!=0)||year%400==0)
        daynum=29;
```

```c
        else
            daynum=28;
        }
    else
        daynum=31;
    return daynum;
};
//按键中断响应函数
static void handle_settime_interrupts(void* context,alt_u32 id){
alt_u8 maxday;
IOWR_ALTERA_AVALON_PIO_IRQ_MASK(SETTIME_BASE,0x0);
volatile int * edge_capture_ptr = (volatile int *)context;
*edge_capture_ptr = IORD_ALTERA_ AVALON_PIO_EDGE_CAP(SETTIME_BASE);
irqflag = IORD_ ALTERA_AVALON_PIO_EDGE_CAP(SETTIME_BASE);
if(irqflag | 0x01)
{
    is_set = 1;//开始时间设置
    if(setone>6)//轮流设置年、月、星期、日、时、分、秒
            Setone=0;
else
{
    setone ++;
}
}
else if(irqflag | 0x08)
{
    is_set=0;
    PCF8563_SetTime(timeset);//完成时间设置
}
maxday=max_day(timeset);//获取当月天数
if(irqflag | 0x02)
{
    Switch(setone)
    {
        case 0://加1调节年
            if(timeset.year>99)
                {
                    timeset.year = 0;
}
            else
                {
                    timeset.year ++;
}
            break;
        case 1://加1调节月
if(timeset.month>12)
                {
```

```c
                    timeset.month=1;
}
        else
            {
                    timeset.month++;
}
        break;
    case 2://加1调节星期
if(timeset.week>6)
            {
                    timeset.week=0;
}
        else
            {
                    timeset.week++;
}
        break;
    case 3://加1调节天
        if(timeset.day>23)
            {
                    timeset.day=0;
}
        else
            {
                    timeset.day++;
}
        break;
    case 4://加1调节小时
        if(timeset.hour>23)
            {
                    timeset. hour=0;
}
        else
            {
                    timeset.hour++;
}
        break;
    case 5://加1调节分
        if(timeset.minute>59)
            {
                    timeset. minute=0;
}
        else
            {
                    timeset.minute++;
}
        break;
```

```
            case 6://加1调节秒
                if(timeset.second>59)
                    {
                        timeset.second=0;
                    }
                else
                    {
                        timeset.second++;
                    }
                break;
            default:
                if(timeset.day>maxday)
                    {
                        timeset.day=1;
                    }
                else
                    {
                        timeset.day++;
                    }
                break;
        }
    }
    if(irqflag | 0x04)
    {
        Switch(setone)
        {
            case 0://减1调节年
                if(timeset.year==0)
                    {
                        timeset.year=99;
                    }
                else
                    {
                        timeset.year--;
                    }
                break;
            case 1://减1调节月
                if(timeset.month==1)
                    {
                        timeset.month=12;
                    }
                else
                    {
                        timeset.month--;
                    }
                break;
            case 2://减1调节星期
```

```c
            if(timeset.week==0)
                {
                    timeset.week=6;
                }
            else
                {
                    timeset.week--;
                }
            break;
        case 3://减1调节日
            if(timeset.day==1)
                {
                    timeset.day=maxday;
                }
            else
                {
                    timeset.day--;
                }
            break;
        case 4://减1调节小时
            if(timeset.hour==0)
                {
                    timeset.hour=23;
                }
            else
                {
                    timeset.hour--;
                }
            break;
        case 5://减1调节分
            if(timeset.minute==0)
                {
                    timeset.minute=59;
                }
            else
                {
                    timeset.minute --;
                }
            break;
        case 6://减1调节秒
            if(timeset.second==0)
                {
                    timeset.second=59;
                }
            else
                {
                    timeset.second--;
```

```c
            }
            break;
        default:
            if(timeset.day==0)
                {
                    timeset.day=maxday;
                }
            else
                {
                    timeset.day--;
                }
            break;
    }
}
//清除中断标志
IOWR_ALTERA_AVALON_PIO_EDGE_CAP(SETTIME_BASE,0);
IOWR_ALTERA_AVALON_PIO_IRQ_MASK(SETTIME_BASE,0xf);
}
//按键初始化函数
satic void init_settime_pio()
{
    void * edge_capture_ptr = (void*)&edge_capture;
    IOWR_ALTERA_AVALON_PIO_IRQ_MASK(SETTIME_BASE,0xf);
    IOWR_ALTERA_AVALON_PIO_EDGE_CAP(SETTIME_BASE,0x0);
    Alt_irq_register(SETTIME_IEQ,edge_capture_ptr,handle_settime_interrupts);
}
//时间显示字符转化
void timestr(timestru timestr)
{
//星期数值转化为星期简称的字符
    switch(timestr.week)
    {
        case 0:
            weekstr[0]='S';
            weekstr[1]='u';
            weekstr[2]='n';
        break;
        case 1:
            weekstr[0]='M';
            weekstr[1]='o';
            weekstr[2]='n';
        break;
        case 2:
            weekstr[0]='T';
            weekstr[1]='u';
            weekstr[2]='e';
```

```
            break;
        case 3:
            weekstr[0]='W';
            weekstr[1]='e';
            weekstr[2]='d';
            break;
        case 4:
            weekstr[0]='T';
            weekstr[1]='h';
            weekstr[2]='u';
            break;
        case 5:
            weekstr[0]='F';
            weekstr[1]='t';
            weekstr[2]='i';
            break;
        case 6:
            weekstr[0]='S';
            weekstr[1]='a';
            weekstr[2]='t';
            break;
        default:
            weekstr[0]='S';
            weekstr[1]='u';
            weekstr[2]='n';
            break;
//把时间数值转化为字符
lineone[0]=2 + 0x30;
lineone[1]=0 + 0x30;
lineone[2]=(timestr.year % 100)/10 + 0x30;
lineone[3]=timestr.yeat % 10+ 0x30;
lineone[4]='-';
lineone[5]=timestr.month/10 + 0x30;
lineone[6]=timestr.month%10 + 0x30;
lineone[7]='-';
lineone[8]=timestr.day/10 + 0x30;
lineone[9]=timestr.day%10 + 0x30;
lineone[10]='';
lineone[11]='';
lineone[12]=weekstr[0];
lineone[13]=weekstr[1];
lineone[14]=weekstr[2];
lineone[15]='';
linetwo[0]='';
linetwo[1]='';
linetwo[2]='';
linetwo[3]='';
```

```c
        linetwo[4]=timestr.hour/10 + 0x30;
        linetwo[5]=timestr.hour%10 + 0x30;
        linetwo[6]=':';
        linetwo[7]=timestr.minute/10 + 0x30;
        linetwo[8]=timestr.minute%10 + 0x30;
        linetwo[9]=':';
        linetwo[10]=timestr.second/10 + 0x30;
        linetwo[11]=timestr.second%10 + 0x30;
        linetwo[12]=' ';
        linetwo[13]=' ';
        linetwo[14]=' ';
        linetwo[15]=' ';
}
//时间调节时，让正在调节的数值呈现闪烁的状态
static void settime_process()
{
    alt_u8 tempstr[16];
    alt_u8 i;
    if(is_set==1){
        switch(setone){
        case 0:
            for(i=0;i<16;i++)
                tempstr[i]=lineone[i];
            tempstr[2]=' ';
            tempstr[3]=' ';
            lcd_display(1,tempstr);
            usleep(500000);
            lcd_display(1,lineone);
            break;
        case 1:
            for(i=0;i<16;i++)
                tempstr[i]=lineone[i];
            tempstr[5]=' ';
            tempstr[6]=' ';
            lcd_display(1,tempstr);
            usleep(500000);
            lcd_display(1,lineone);
            break;
        case 2:
            for(i=0;i<16;i++)
                tempstr[i]=lineone[i];
            tempstr[8]=' ';
            tempstr[9]=' ';
            lcd_display(1,tempstr);
            usleep(500000);
            lcd_display(1,lineone);
            break;
```

```c
            case 3:
                for(i=0;i<16;i++)
                    tempstr[i]=lineone[i];
                tempstr[12]=' ';
                tempstr[13]=' ';
                tempstr[14]=' ';
                lcd_display(1,tempstr);
                usleep(500000);
                lcd_display(1,lineone);
                break;
            case 4:
                for(i=0;i<16;i++)
                    tempstr[i]=linetwo[i];
                tempstr[4]=' ';
                tempstr[5]=' ';
                lcd_display(2,tempstr);
                usleep(500000);
                lcd_display(2,linetwo);
                break;
            case 5:
                for(i=0;i<16;i++)
                    tempstr[i]=linetwo[i];
                tempstr[7]=' ';
                tempstr[8]=' ';
                lcd_display(2,tempstr);
                usleep(500000);
                lcd_display(2,linetwo);
                break;
            case 6:
                for(i=0;i<16;i++)
                    tempstr[i]=linetwo[i];
                tempstr[12]=' ';
                tempstr[13]=' ';
                lcd_display(2,tempstr);
                usleep(500000);
                lcd_display(2,linetwo);
                break;
        }}
    }
int main(void)
{
    time.second=0x09F;      //屏蔽无效位，下同
    time.minute=0x12;
    time.hour=0x12;
    time.day=0x06;
    time.week=0x09;
    time.month=0x10;
```

```
        time.year=0x01;
        PCF8563_Init();           //初始化 PCF8563
        PCF8563_SetTime(time);//设置 PCF8563 的时间
        while(1)
        {
            if(is_set!=0)
                settime_process();
            else
                {
                    timeset=PCF8563_GetTime();
                timestr(timeset);
                //通过 LCD 进行时间显示
                lcd_display(1,lineone);
                lcd_display(2,linetwo);
                usleep(200000);
                }
            }
            return 0;
        }
```

(5) 右击 pcf8563app 工程，在弹出的快捷菜单中选择 Nios→BSP Editor 选项，修改系统库的属性，把程序运行空间设置为 sdram，本实验 sdram 容量同样只设置了 4KB，为了节省内存空间，需选择 enable_clean_exit、enable_reduced_device_drivers、enable_small_c_library 这三个选项，单击 Generate 按钮，再单击 Exit 按钮。

(6) 右击 pcf8563app 工程，选择 Build Project 选项，编译完成后，在弹出的对话框中单击 Save 按钮保存。在 Nios Ⅱ IDE 界面，右击 pcf8563app 工程，选择 Run As→Nios Ⅱ Hardware 选项，系统会自动探测 JTAG 连接电缆，在 Main 选项卡的 Project 中选择刚才建立的工程 pcf8563app，在 Target Connection 选项卡中选择要使用的下载电缆，选择 USB-Blaster [USB-0]。其他设置保持默认选项，单击 Run 按钮后可在目标板的 LCD 显示器上观察显示出来的实时时间。

6. 实验结果

分析实验结果，判断电路的逻辑功能是否满足设计要求；对调试中遇到的问题及解决方法进行分析总结。

对设计源程序、仿真波形、引脚分配情况、封装后的元件符号等进行截图，完成实验报告。

第五篇　常见问题与常用实验平台简介

第 8 章　常　见　问　题

为了使设计者更好、更快地完成学习与设计，本章给出一些 Quartus Ⅱ 13.0、ModelSim、Nios Ⅱ 13.0 常见错误提示以及相关解决方法。虽然软件自身已经提供了一些错误提示，但某些提示对错误所在的位置和错误类型的描述并不能做到准确到位，在此列举了一些在系统设计过程中最常见的问题及其解决方法供读者参考。

8.1　Quartus Ⅱ 13.0 常见问题

1. 顶层文件设置不正确

错误提示：Top-level design entity "led" is undefined.

解决方法：检查所编写的 Verilog HDL 文件名*.v 与 module 后的模块名是否一致，应使文件名与模块名保持一致，并注意大小写。

注意：module 后的模块名不能以数字开头，故用 Verilog HDL 编写的*.v 文件也不能以数字开头。

在一个工程下调试多个设计文件时，尽管 Verilog HDL 文件名*.v 与 module 后的模块名一致，有时也会出现上述问题。此时应该在 Project 菜单下，利用 set as Top-level entity 选项将当前要调试的文件设为顶层文件。

2. 语法格式不规范

错误提示：Verilog HDL syntax error at let.v(2) near text：input"；".
解决方法：在 input 语句的上一行添加分号。
注意：整个语句结束后，要以分号作为结束标志。

3. 语法不正确

错误提示：Verilog HDL syntax error at bcdadd.v（20）near text "else";expecting"@",or "end",or an identifier("else" is a reserved keyword),or a system task,or "{",ro a sequential statement.

在对下列程序进行编译时，将会出现以上错误。

```
module bcd (a,b,clk,d,e);
input [3:0]a,b;
…
always @ (q1)
```

```
begin
if (q1>5'b01001)  q2 <= q1+5'b00110;e = 7'b1001111;
else q2 <= q1; e = 7'b0000001;
end
…
end
endmodule
```

语法说明：在使用 if…else…进行编程时，if 和 else 中可以有多条操作语句，此时一定要用 begin…end 将多条语句包含起来组成一个复合块。

例如：

```
if （条件）
begin
表达式 1;
表达式 2;
…
end
else
begin
表达式 3;
表达式 4;
…
end
```

解决方法：在合适的位置添加 begin…end 标识。

```
…
if (q1>5'b01001)    begin  q2 <= q1+5'b00110; e=7'b1001111;    end
else            begin  q2 <= q1; e=7'b0000001;        end
…
```

4. 数据类型不正确

错误提示：Verilog HDL Procedural Assignment error at count10.v（5）：illegal Procedural Assignment to nonregister data type "data"。

在对下列程序进行编译时，会出现以上错误。

```
module count10 (clk,en,data);
input clk,en;
output [3:0] data;
   always @ (posedge clk)
     begin
     if (en)
     begin
         if (data==9) data = 4'b0000;
         else data = data+1;
     end
      else data = data;
     end
     end module
```

语法说明：always 语句中的输出变量应设为寄存器类型。

```
…
reg [3:0] data;
always @ (posedge clk)
begin
含有输出变量 data 的表达式;
end
…
```

解决方法：在 always 前添加"reg[3:0]data;"定义 data[3:0]为寄存器类型。

5. 重复赋值

错误提示：Can't resolve multiple constant drivers for net"yd[6]"at BCDADD1.v(10).
在对下列程序进行编译时，会出现以上错误。

```
module BCDADD1(a,b,x,y,cin,yd,yh);
input [3:0] a,b;
…
always @ (x)
begin
case (x[3:0])
4'd0:yd=7'b0000001;
4'd1:yd=7'b1001111;
…
endcase
end
always @ (y)
begin
case(y)
4'd0:yd=7'b0000001;
…
endcase
end
endmodule
```

解决方法：当程序中包含多个 always 段时，输出变量不能同时赋值，此时需要认真读程序并进行修改。

6. 输入端重复

错误提示：Pin "en" overlaps another pin,block,or symbol.
解决方法：双击错误，光标会自动跳到输入端 en 处，这里叠加了两个 input 端口，删除一个即可。

7. 图元文件的添加

错误提示：Node instance "inst" instantiates undefined entity "C10".
解决方法：
方法 1，将 C10 文件复制到现有工程所在的文件夹下；
方法 2，在 Setting 窗口中添加 C10 文件。

8. 端口连线类型

错误提示：Bus name allowed only on bus line – signal "q[15.1.0]".
解决方法：将输出端口 q[15.1.0]的连线删除，选中工具栏中的总线（粗实线）重新连接。

9. 功能仿真时网表文件的建立

错误提示：Run Generate Functional Simulation Netlist（quartus_map teacher – generate_functional_sim_netlist) to generate functional simulation netlist for top level entity "teacher" before running the Simulator（quartus_sim）.

解决方法：功能仿真要在仿真工具（Simulator Tool）对话框中先执行 Generate Functional Simulation Netlist 建立网表文件，看到网表文件建立成功，再单击 Start Compilation 进行仿真。

10. 指定仿真文件

错误提示：No simulation input file assignment specified on Simulator page of the Settings dialog box.
解决方法：
(1)检查一下所编译的*.v 文件和要仿真的*.vwf 文件名字是否一致，如果不一致，应在 File 菜单下将文件另存为一致的。
(2)检查*.v 文件和*.vwf 文件是否保存在同一路径下。
注意：*.v 文件和要仿真的*.vwf 文件尽量保存在同一路径下。
(3)检查 Simulator Tool 窗口中的 Simulation input 处是否有要仿真的文件。如果没有，利用 ... 按钮浏览到需要仿真的文件进行添加后再做仿真。

11. 语法错误造成的仿真结果

例如，对下列六进制计数器的程序进行编译，显示编译成功。

```
module count6(clk,en,q);
input cle,en;
output[2:0]q;
reg[2:0]q;
always@(posedge clk)
begin
if(en)
begin
if(q= =5)  q=3'b000;
      q=q+1;
   end
else q=q;
end
endmodule
```

这是一个六进制计数器，其计数值应为 000、001、010、011、100、101 六个状态，其中 101 的下一个状态应为 000。对六进制计数器建立波形文件，给定正确的输入信号和时间设置后并进行时序仿真，发现在时钟上升沿作用下，q 由 101 变为 001，出现了错误。

如果时间设置正确,时序仿真出现错误,必须修改原程序以满足设计要求。修改后的程序结果如下:

```verilog
module count6(clk,en,q);
input clk,en;
output[2:0]q;
reg[2:0]q;
always@(posedge clk)
begin
if(en)
begin
if(q= =5)   q=3'b000;
      else    q=q+1;   //这里添加了else
    end
    else q=q;
end
endmodule
```

重新对修改后的原程序进行编译。

12. 网格尺寸设置对仿真结果的影响

在完成了两个 BCD 码运算电路的设计和编译后,需要建立仿真文件以验证逻辑功能是否正确。测试三组数据(0011+0100)=?(0000+0111)=?(0000+0000)=?,将网格尺寸 grid 设置为 10ns,由于时间延时,输出产生险象。如果系统所设计的延时更大,将会在输出时产生错误。

13. 无法按设计需要锁定引脚

错误提示:Can't recognize value PIN_196 as legal location_specify a legal location.

解决方法:在对设计任务进行正确的编译、仿真正确后,需要进行引脚的锁定。例如,将 dara[0]锁定在 196 号引脚,如果在 location 处无法输入引脚号 196,且出现上述错误提示,此时应检查器件类型和型号是否与实验室平台一致。如果不一致,选择 Assignments 菜单中的 Device 选项,在器件设置窗口中将器件重新设置,重新进行编译后再下载。

14. 无法进行下载

错误提示:无法进行器件编程。

解决方法:在器件编程窗口中选择 Program→Configure 选项,单击 Start Compilation 进行仿真,直至 Progress 为 100%。

15. 下载失败

错误提示:Can't access JTAG chain.

解决方法:
(1)检查计算机并口引出的平行线是否与 FPGA 实验平台的 JTAG 口相连。
(2)检查 FPGA 实验平台电源是否打开。
(3)检查下载端口与下载文件是否一致。
(4)检查器件类型和型号是否设置正确。

如果上述设置均正确,此时应关闭电源,待老师解决。

16. 下载后的结果不正确

错误提示：下载完成后，FPGA 平台上显示的结果与设计不符，不随输入改变。
解决方法：
（1）如果 FPGA 平台上显示的结果不随输入改变，应注意在进行引脚锁定后，一定要重新编译。
（2）如果 FPGA 平台上显示的结果不是按照程序设定的结果输出，注意观察变化规律，检查七段 abcdefg 顺序是否接反。

8.2 ModelSim 常见问题

1. ModelSim 不同版本主要区别

ModelSim 是 Model 公司开发的目前业内最通用的仿真器之一，它支持 Verilog 和 VHDL 混合仿真，仿真精度高，速度快。PC 版的仿真速度与工作站版不相上下。其版本非常多，主要有 AE、SE、PE 等几种版本，ModelSim-Altera 版本属于 AE 版本（OEM 版本），功能有限，速度慢，不支持 Verilog、VHDL 混合仿真，定制或改变 GUI 和集成仿真性能仿真器、加速模块等。但也有其方便的方面，例如，在进行时序仿真时，AE 版本的 ModelSim 安装目录下有一个 Altera 的文件夹，里面有各种系列芯片已经编译好的 ATOM（底层硬件原语仿真库）文件夹，直接复制到正在仿真的目录下即可。但 SE 版本和 PE 版本的需要在 Quertus Ⅱ 安装目录下找到一个 EDA 的文件夹，下面 sim-lib 文件夹下有各种型号芯片的 Verilog 和 VHDL 仿真库，即文件名后面是_atom.v（硬件原语仿真库文件）和_mf.v（宏仿真库文件），仿真时需要将它们与 TestBench 一起编译。SE 版本中也有一些更加方便仿真的工具，如可以自行增加光标等，AE 版本中则没有这些工具。

2. 波形窗口信号一直是红色的高阻态

在 ModelSim 中未初始化的引脚或变量是 x，对其取反读取等操作是没有意义的。这一点与 Quartus Ⅱ 自带的仿真器不同，Quartus Ⅱ 初始化状态是 0。如果要用 ModelSim 来仿真，一定要把每个变量都初始化，具体设计中需要加一个复位端口。另外，如果在 Quartus Ⅱ 中直接调用 ModelSim 仿真，则可以不初始化，Quartus Ⅱ 会自动处理。

3. vo 和 sdo 文件

这两个文件是在设置好的 output directory 目录下生成的文件。这两个文件是时序仿真所必需的。其中 vo 文件是此设计的逻辑网表文件，这个大家应该都很熟悉了。sdo 文件（或 sdf 文件）是标准时延文件（Standard Delay Format Timing Annotation），是由 FPGA 厂商提供的其物理硬件原语时序特征的表述，包含了元件时延信息的最小值、最大值、典型值等供第三方工具使用（里面不仅有门时延，更有布线时延等，所以与实际芯片工作的时序十分相似）。ModelSim 仿真时只需编译 vo 文件即可。因为在 vo 文件中有一句 "initial $sdf_annotate("test_sim_v.sdo");" 任务反标语句，故不需要手动指定。

4. ModelSim 预先安装库 IEEE

IEEE 库中包含预编译的 Synopsys 的 IEEE 算法包，用于仿真加速等。其他库都有专门用途，初学者不宜更改。

5. ModelSim 对 Verilog 实例的搜寻规则

(1)按照 vsim 命令行中的-Lf(或-L)参数指定的各库逻辑名在命令行中的先后顺序，进行库搜寻。
(2)搜寻 work 库。
(3)搜寻在实例名中专门指定的库。

6. TestBench 和 TestVector

自己用 Verilog 写的仿真激励，是属于 TestBench 还是 TestVector 呢？

其实，TestVector 只有在 Altera 中才有这种说法，因为 Altera 的开发工具 Quartus Ⅱ 提供了一种用波形文件来产生激励的方式，而这个波形文件就是进行仿真时的测试向量(TestVector)。而我们自己写的激励是 TestBench，其实 TestVector 可以转换为 TestBench，TestBench 用于第三方工具，如 ModelSim 仿真。

8.3 Nios Ⅱ 13.0 常见问题

1. X:\TEST\nios_sst60 下载时，提示错误

错误提示：Error: Can't configure device. Expected JTAG ID code 0x020010DD for device 1, but found JTAG ID code 0x020B40DD.

解决方法：SOPC 所选器件和开发板上的不一致。

2. 在 SOPC 中 Generate 出现错误

错误提示： Error: Generator program for module 'epcs_controller' did NOT run successfully.
只要在 Qsys 中加入 epcs_controller 就会出现此错误，无法生成一个元件。

解决方法：可能和软件有关系，建议重新安装软件(这个问题是作者刚学 Nios 时遇到的最令人头痛的一个问题，问题的原因是 Quartus 和 Nios 安装的版本不一致)。

3. 在 SOPC 添加 Avalon Trisatate Bridge 时出现错误

错误提示：Tri state bridge/tristate master requires a slave of type Avalon tristate.Please add a slave of type Avalon tristate.
Generate 按钮为灰色，无法使用。

解决方法：需要一个专门接三态桥的设备，把 Flash 添加到 SOPC 中就可以了。

4. 在做 count_binary 这个例子时，提示错误

错误提示：error: `BUTTON_PIO_IRQ' undeclared (first use in this function) BUTTON_PIO_IRQ 的值如何给它定义？

解决方法：这个错误可能是在 Qsys 中定制的 PIO 端口名称与程序中不一致，这里需要和程序里的端口保持一致，把 PIO 组件的名称改为 button_pio。

5. 在 Nios Ⅱ 13.0 IDE 中编译时，提示错误

错误提示：

region ram is full （count_binary.elf section .text）. Region needs to be 24672 bytes larger.address 0x80c1f8 of count_binary.elf section .rwdata is not within region ram

unable to reach edge_capture （at 0x00800024） from the global pointer （at 0x0081419c） because the offset （-82296） is out of the allowed range, -32678 to 32767.

解决方法：可能是 RAM 的大小不够，也有可能是中断地址（Exception Address）的偏移量不够，设置大些就可以了。如果还出现这个问题，尝试增加 SDRAM。

6. 在 Nios Ⅱ 13.0 IDE 编译时出现错误

错误提示：

system_description/alt_sys_init.c:75: error: `ONCHIP_MEMORY_BASE' undeclared here （not in a function）

system_description/alt_sys_init.c:75: error: initializer element is not constant

system_description/alt_sys_init.c:75: error: （near initialization for `ext_flash.dev.write'）

system_description/alt_sys_init.c:75: error: initializer element is not constant

system_description/alt_sys_init.c:75: error: （near initialization for `ext_flash.dev.read'）

解决方法：ONCHIP_MEMORY_BASE 没有赋值，在 alt_sys_init.c 程序的开头加上 "#define ONCHIP_MEMORY_BASE 0x00000000"，后面的这个地址要与 Qsys 中的对应。

7. 在 Nios Ⅱ 13.0 IDE 编译时出现错误

错误提示：

Pausing target processor: not responding.

Resetting and trying again: failed

Leaving target processor paused

解决方法：

（1）USB-Blaster 在 Nios Ⅱ IDE 下载时会发生偶发性错误，这种现象主要是 IDE software 与 Nios Ⅱ CPU 透过 USB-Blaster 在通信时发生错误，若是确认 FPGA 上配置没有错误，连续发生错误的概率应该很低，只需要重新下载即可。

（2）若使用 Nios Ⅱ IDE 13.0，请尽量配合 Qsys 重新创建和编译设计的系统，并且使用 Quartus Ⅱ 13.0 重新编译项目，以减少 CPU 与 IDE software 不兼容的情形。

8. 在 Nios Ⅱ 13.0 IDE 中调试，编译通过的软件时，出现错误

错误提示：

Using cable "ByteBlaster Ⅱ [LPT1]", device 1, instance 0x00

Processor is already paused

Downloading 00000000 （0%）

Downloaded 57KB in 1.2s （47.5KB/s）

Verifying 00000000 （0%）

Verify failed

Leaving target processor paused

解决方法：Verify failed 这个问题说明板子的复位电路可能有问题，或装载程序的外部 SRAM 或 SDRAM 和 CPU 的连接或时序有问题，也有可能是软件偶尔的错误。若是软件偶尔的错误，可以先复位一下 CPU，然后再下载程序；或者断电后重新下载.sof 和 Nios Ⅱ 程序。

9. 在 Nios Ⅱ 13.0 IDE 的 System Library 选项中的.text、.rodata、.rwdata、.heap 和.stack 的含义

解决方法：
.text：代码区。
.rodata：只读数据区，一般存放静态全局变量。
.rwdata：可读写变量数据区。
.heap：动态内存分配区。
.stack：函数调用参数和其他临时数据存储区。

10. 怎样在 Nios Ⅱ 13.0 IDE 中操作 PIO

解决方法：hello_led.c 是这样写 I/O 口的。

```
IOWR_ALTERA_AVALON_PIO_DATA(LED_PIO_BASE, led);
```

首先在 ALTERA_AVALON_PIO_REGS.H 找到定义：

```
#include <io.h>
#define IORD_ALTERA_AVALON_PIO_DATA(base) IORD(base, 0)
#define IOWR_ALTERA_AVALON_PIO_DATA(base, data) IOWR(base, 0, data)
```

因此在 Nios Ⅱ 中可以调用 #include <io.h> 库函数 IORD/IOWR 来操作 PIO。

在 small\software\hello_led_0_syslib\Debug\system_description 下的 system.h 中，有以下内容：

```
#define LED_PIO_TYPE "altera_avalon_pio"
#define LED_PIO_BASE 0x00004000
```

其中 LED_PIO_BASE（IO 寄存器地址）为 0x00004000，与 SOPC Builder 中设置一致。（其实在 SOPC Builder 中有关 Nios Ⅱ 的配置，就是通过 system.h 来传送给 IDE 的。）

最后用"IOWR(0x00004000, 0, led);"替代"IOWR_ALTERA_AVALON_PIO_DATA(LED_PIO_BASE, led);"编译、下载到开发板上，运行。

11. 怎样让 SDRAM 和 Flash、SRAM 的地址公用

解决方法：SDRAM 可以和 SRAM、Flash 共用数据总线和地址总线。在 SOPC Builder 中添加 SDRAM 控制器时，在 share pins via tristate 页面的 Controller shares dq 子页面的 dqm 一栏中选择 addr IO pins 选项，这样 SDRAM 可以和 SRAM、Flash 共用数据总线和地址总线。但是 Altera 不推荐这样做，因为这样会降低 SDRAM 控制器的性能，在 FPGA 芯片引脚资源比较紧张的时候迫不得已才这样做。

12. 在 count_binary.c 中以下程序的含义

```
unsigned int data = segments[hex & 15] | (segments[(hex >> 4) & 15] << 8)
```

解决方法：segments[hex & 15]显示个位 0～F；（segments[(hex >> 4) & 15] << 8）显示十位的 0～F，个位数计数到 F 后变成 0，然后十位加 1。

13. 关于 Qsys 中 reset address 的设置

解决方法：Qsys 中的 reset address 指定的是最终全部软件程序代码下载到的地方，并且程序从 reset address 启动。

Qsys 中的 exception address 指定的是系统异常处理代码存放的地方。如果 exception address 和 reset address 不一样，那么程序从 reset address 启动后将把放在 reset address 处的系统异常处理代码复制到 exception address。

Nios Ⅱ 13.0 软件中的 text address 指定的是程序运行的地方。如果 text address 和 reset address 不一样，那么程序从 reset address 启动后将把放在 reset address 处的普通只读程序代码复制到 text address。Nios Ⅱ 13.0 软件中的 rodata address 指定的是只读数据的存放地方。如果 rodata address 和 reset address 不一样，那么程序从 reset address 启动后将把放在 reset address 处的只读数据复制到 rodata address。

Nios Ⅱ 13.0 软件中的 rwdata address 指定的是可读写数据的存放地方。如果 rwdata address 和 reset address 不一样，那么程序从 reset address 启动后将初始化 rwdata address 处的可读写数据。

14. 关于 verify failed 的总结

（1）SDRAM 的时序不对，不正确的 pll clock phase shift for sdram_clk_out 可能导致 SDRAM 不能正常工作。

（2）SDRAM 的连线不对，物理板的连线问题也可能导致该错误。

（3）在调试的时候，程序下载的空间不是非易丢失存储器（Non-Volatile Memory）或者存储器的空间不够也会导致这个错误。

（4）Quartus Ⅱ 13.0 的默认设置导致的错误：Quartus Ⅱ 13.0 默认将所有没有使用的 I/O 口接地，这种时候可能导致某些元器件工作不正常，故最好将不用的 I/O 口设置为三态。

（5）USB-Blaster 损坏或 JTAG 通信的信号噪声过大，JTAG 的端口需要一个弱上拉电阻来抗干扰。

（6）确保 SDRAM 既连接到 CPU 的指令总线，也连接到 CPU 的数据总线。

15. 建立 CPU 时，HardWare Multiply 的选项选用

建立 CPU 时，下面三个 HardWare Multiply 哪个可以选用？①Embedded Multipliers，②Logic Elements，③None。这三个选项有什么区别？

解决方法：①Embedded Multipliers，使用专门的内嵌硬件乘法单元（不可编程，仅能做乘法，且乘法速度最快），不是 RAM。②Logic Elements，使用逻辑单元也就是 FPGA 中的查找表（速度较慢）。③None，就是不要硬件乘法器了，这时只能通过软件模拟乘法，速度最慢。

第 9 章　FPGA 常用综合实验平台

9.1　TD-EDA/SOPC 综合实验平台简介

TD-EDA/SOPC 实验系统采用"基本实验平台＋开发板"的结构，用户可选择满足需要的 CPLD/FPGA 开发板。TD-EDA 基本实验平台系统的构成如表 9.1.1 所示。

表 9.1.1　TD-EDA 基本实验平台系统的构成

单元名称	主要电路内容
CPLD/FPGA 开发板单元	根据不同的开发板具有不同功能
信号源单元	方波信号源：提供 20MHz、10MHz、1MHz、100kHz、10kHz、1kHz、100Hz、10Hz、1Hz 频率的方波信号； 正弦波信号源：频率、幅值连续可调的正弦波信号。频率范围：200Hz～80kHz，幅值范围：500mV～10V
输入电路单元	16 组电平开关、4×4 键盘阵列单元、2 组消抖脉冲
输出显示单元	16 位发光二极管显示、交通灯显示、8 位七段数码管显示、液晶显示单元、16×16 点阵单元
单片机及串口通信单元	基于 ISP 技术的 51 单片机最小系统单元
接口单元	串口通信单元、VGA 接口单元、PS/2 接口单元
数据采集单元	使用 8 位、20MSPS 的高速 AD 转换器和 32KB 高速 SRAM 构成一个基本的数据采集通道
信号发生单元	使用 32KB Flash 存储器和 8 位高速 DA 转换器及滤波电路构成一个基本的信号发生器单元
扩展单元	进口面包板、扩展总线、40 脚编程座
系统电源	+5V/2A,±12V/0.2A,3.3V/0.5A

TD-EDA 实验系统采用单元化电路，整个系统包括十八个单元，各单元的功能如下。

1. CPLD/FPGA 开发板

该单元提供了两个 PC104-40 插座，将用户选择的开发板连接到该单元，便构成了 EDA 教学实验系统。开发板提供的引脚以排针形式引出到 I/O 接口单元。实验时与相应单元连线即可完成实验。

2. I/O 接口单元

该单元将开发板的引脚引出，I/O 接口单元信号线说明如表 9.1.2 所示。

表 9.1.2　I/O 接口单元信号线说明

信号线	说明
IO1～IO66	IO 接口扩展引脚，实验时可作为输入/输出引脚
IN1～IN16	输入引脚，5V 设备需要作为输入时使用
CLK0、CLK1、CLK、CLK3	全局时钟引脚，其中 CLK 引脚的频率为开发板上提供的晶振，CLK0、CLK1、CLK3 为开放的时钟引脚
RST	全局复位引脚

说明：开发板上使用的可编程器件，均为低功耗、低电压芯片，外接 5V 器件作为输入时不能直接使用。需要串接限流电阻，并且在 Quartus Ⅱ 13.0 软件中打开可编程器件内部的钳位二极管才可作为输入引脚与 5V 器件连接。如图 9.1.1 所示，I/O 接口单元的 IN1～IN16 对应于开发板上 IO51～IO66 经过限流电阻后的引脚。在使用中需要 5V 器件作为输入时，常常连接到 IN1～IN16 引脚。

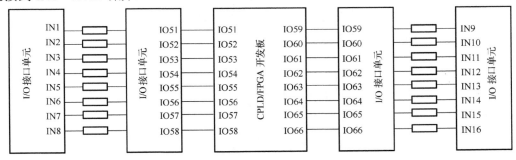

图 9.1.1　5V 器件作为输入引脚

3．方波信号源

方波信号源单元提供 1Hz～20MHz 9 种频率脉冲，用于数字系统设计中提供时钟信号，其原理如图 9.1.2 所示。

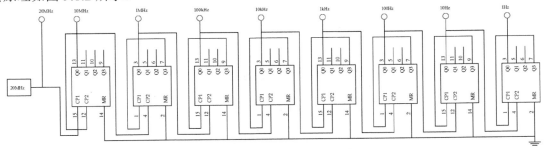

图 9.1.2　方波信号源原理图

4．正弦波信号源

正弦波信号源单元是采用 DDS 技术实现的数字信号源，经滤波电路后产生幅值和频率可调的正弦波信号。通过挡位开关可调节正弦波信号源采样频率范围为 200Hz～20kHz、20～80kHz，幅值范围为 500mV～10V。用户在使用时首先通过调零电位器将波形调零。根据需要进行幅值调节和频率调节。其原理框图如图 9.1.3 所示。

图 9.1.3　正弦波信号源原理图

5．七段数码管显示单元

七段数码管显示单元使用了八个共阴极七段数码管，作为输出显示。

6. 交通灯单元

交通灯单元模拟了一个十字路口的交通灯。采用正逻辑,其原理与 LED 显示单元相同。

7. 点阵单元

点阵单元由四个 8×8 点阵器件构成一个 16×16 的点阵。其中 R1~R16 为行控制信号,L1~L16 为列控制信号。给某行低电平、某列高电平,则对应的 LED 点亮,如使 R1 为 "0",L1 为 "1",则左上角的 LED 点亮。

8. LED 显示单元

LED 显示单元提供了 16 个显示灯,采用正逻辑,指示逻辑电平。

9. 开关单元

开关单元提供了 16 组拨动开关及显示灯,开关拨上为 "1",显示灯亮。开关拨下为 "0",显示灯灭。

10. 键盘单元

键盘单元由 16 个按键构成一个 4×4 键盘扫描阵列。

11. 单脉冲单元

单脉冲单元提供两个单脉冲触发器,由与非门和微动开关等构成两路 R-S 触发器。输出分为上升沿和下降沿,分别以 "+" 和 "−" 表示。其原理如图 9.1.4 所示。

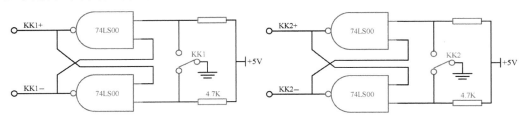

图 9.1.4 单脉冲单元原理图

12. 单片机最小系统单元

单片机最小系统单元由一片基于 ISP 技术的 51 单片机 SST89E554RC 和一片 MAX232 芯片构成了一个单片机最小系统。该单元满足 "CPLD+单片机" 开发的需要。通过短路块 JP2 的切换,可以提供一个串口通信的电平转换。其原理如图 9.1.5 所示。

如果要使用单片机最小系统,需要将 JP1 短路块短接到 EA＝1,JP2 短路块短接到 T/MC、R/MC 处。如果要使用独立的串口,需要将 JP2 短路块短接到 T/CP、R/CP 处。

注意:系统默认将 JP2 短路块接到 T/MC、R/MC。将 JP3 短路块接到 EA＝1。

13. 数据采集单元

数据采集单元由一片 8 位高速 AD、一片 32KB 的高速 SRAM 存储器构成。该单元可以构成一个数据采集通道,并且将 AD 和存储器完全开放,用户进行二次开发时可以单独使用。通过 JP3 的短路块用户可以选择是否开放数据、地址总线。其原理如图 9.1.6 所示。

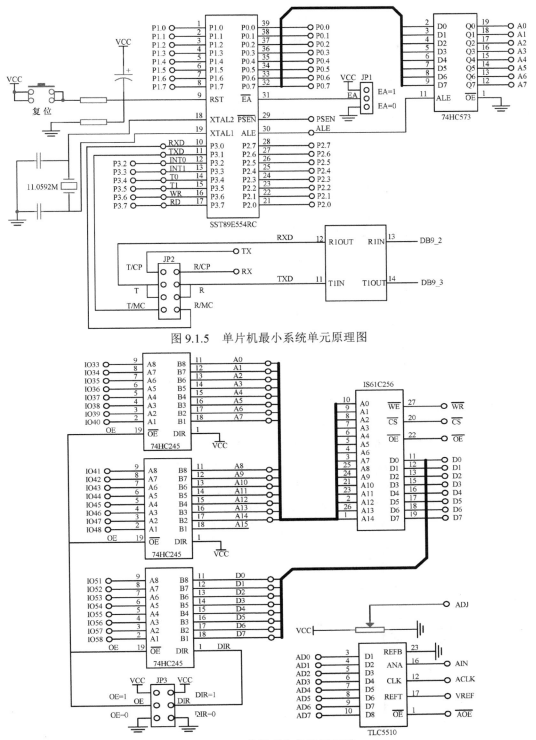

图 9.1.5 单片机最小系统单元原理图

图 9.1.6 数据采集单元原理图

14. 液晶显示单元

液晶显示单元使用的是 16×2 字符型液晶显示器，控制器为 HD44780。其原理如图 9.1.7

所示。如果要使用液晶显示单元,需要将 JP5 短路块接到 VCC 处给液晶显示器供电。

注意:系统默认将 JP5 短路块接到 NC。

15. VGA 单元

VGA 单元提供 EDA 实验系统与 VGA 显示器之间的通信控制功能。VGA 彩色显示器使用 640×480 的分辨率,60Hz 的刷新率。其原理如图 9.1.8 所示。

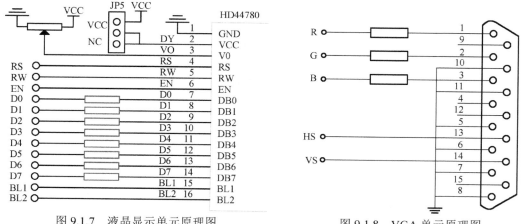

图 9.1.7　液晶显示单元原理图　　　　　图 9.1.8　VGA 单元原理图

16. 信号发生单元

信号发生单元由一片 8 位高速 DA、一片 32KB 的 Flash 存储器及一片运放构成。该单元符合 DDS 实验的要求,并且将 DA 和存储器完全开放,用户进行二次开发时可以单独使用。通过 JP3 的短路块用户可以选择是否开放数据、地址总线。其原理如图 9.1.9 所示。

由图 9.19 可知当 JP3 短路块接到 OE=1、DIR=1 时数据线和地址线关闭,此时 IO33～IO58 可以作为 I/O 引脚使用,DA 和存储器完全开放。当 JP3 短路块接到 OE=0、DIR=0 时数据线和地址线接通,地址线和数据线与 IO33～IO58 引脚进行连接。

注意:系统默认将 JP3 短路块接到 OE=1、DIR=1。

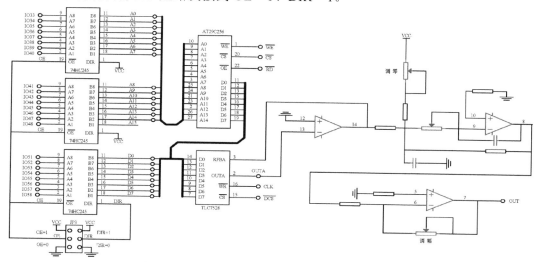

图 9.1.9　信号发生单元原理图

17. PS/2 单元

PS/2 单元提供 EDA 实验系统与计算机的 PC104 键盘或鼠标进行连接的接口，实现串行通信的协议转换。其原理如图 9.1.10 所示。如果使用，需要将 JP4 短路块接到 3.3V 处。

注意：系统默认将 JP4 短路块接到 3.3V。

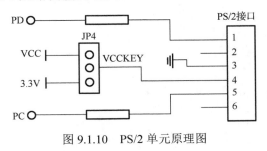

图 9.1.10　PS/2 单元原理图

18. 扩展单元

扩展单元提供一块面包板和若干组转接排线及一个 40 引脚的编程座。便于用户进行二次开发，搭建一些简单的电路。

9.2　DE2 开发板简介

1. DE2 的资源

DE2 的资源非常丰富，包括以下内容。

(1) 核心的 FPGA 芯片——Cyclone Ⅱ 2C35 F672C6，从名称可以看出，它包含 35000 个 LE，在 Altera 的芯片系列中，不算最多，但也绝对够用。Altera 下载控制芯片——EPCS16 以及 USB-Blaste 支持 JTAG 通信。

(2) 存储用的芯片有：512KB SRAM，8MB SDRAM，4MB Flash 存储器。

(3) 经典 I/O 配置：拥有 4 个按钮，18 个拨动开关，18 个红色发光二极管，9 个绿色发光二极管，8 个七段数码管，16×2 字符型液晶显示屏。

(4) 超强多媒体：24 位 CD 音质音频芯片 WM8731(Mic 输入+LineIn+标准音频输出)，视频解码芯片(支持 NTSC/PAL 制式)，带有高速 DAC 视频输出 VGA 模块。

(5) 更多标准接口：通用串行总线(USB)控制模块以及 A、B 型接口，SD Card 接口，IrDA 红外模块，10/100M 自适应以太网络适配器，RS232 标准串口，PS/2 键盘接口。

(6) 其他：50MHz、27MHz 晶振各一个，支持外部时钟，80 针带保护电路的外接 I/O。

2. 程序下载方法

第一种为 RUN 模式，需要将板上 RUN/PROG 开关(LCD 旁)拨到 RUN，用 USB-Blaster 直接将 SOF 文件烧到 Cyclone FPGA 芯片，这样掉电之后就没有了，重启后需要再次烧写。

第二种模式为 AS 模式，将 RUN/PROG 开关拨到 PROG 模式，然后在 Quartus Ⅱ 下载模式设置为 AS 模式，选择 POF 文件下载，这样直接下载到 EPCS16 Configure 芯片中，每次复位，会根据 EPCS16 里面的内容重新烧写 Cyclone Ⅱ 芯片。

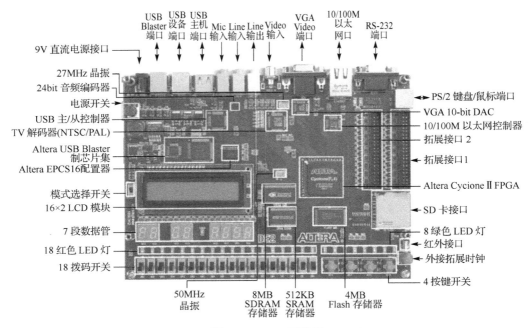

图 9.2.1　DE2 开发板

3. 关于引脚分配

当创建一个 FPGA 用户系统时，到最后要做的工作就是下载，在下载之前必须根据芯片的型号分配引脚，这样才能将程序中特定功能的引脚与实际中的 FPGA 片外硬件电路一一对应。

通常的引脚分配使用的是拖拽法，然而在一个庞大的系统中，这样是非常不现实的，可以使用 CSV 文件分配法，方法是在 Quartus Ⅱ 的 Assignment 菜单下面的 Import Assignment 项中，定位到要分配的引脚文件即可（对开发 Nios 核用到的通用引脚进行分配，可以参照 de2_system\DE2_lab_exercises\DE2_pin_assignments.csv 文件），这里有个前提，就是顶层文件引脚命名必须与 CSV 文件中引脚一致。所以顶层文件如果用 Verilog 来写，将更加方便，当然这是对于做 Nios 核而言的，用户可以直接从 Demo 中复制一个顶层文件作为自己的顶层。只要稍加修改即可，也可以定义自己的额外引脚分配。